PS 转炉炼铜技术进展

The Current Technologies of Copper Metallurgy Based on PS Converters

颜 杰 著

北 京

冶金工业出版社

2023

内 容 提 要

本书系统介绍了 PS 转炉炼铜技术的"前世今生",全书共分为 14 章,内容包括 PS 转炉炼铜技术的基本原理、物理化学、动力学、脱杂能力、装备、生产操作参数、污染防治、工厂设计等相关知识。书中列举的数据来源于企业生产实践,并融入了作者多年专业理论研究成果以及工程应用实践经验,对我国近 30 年的 PS 转炉炼铜技术进行了系统研究。

本书可供冶金行业科研院所的研究人员、设计人员,企业生产技术人员以及大专院校相关专业师生参考阅读。

图书在版编目(CIP)数据

PS 转炉炼铜技术进展/颜杰著. —北京:冶金工业出版社,2023.4
ISBN 978-7-5024-9463-6

Ⅰ. ①P… Ⅱ. ①颜… Ⅲ. ①炼铜—卡尔多转炉吹炼—研究
Ⅳ. ①TF811

中国国家版本馆 CIP 数据核字(2023)第 059291 号

PS 转炉炼铜技术进展

出版发行	冶金工业出版社	**电 话**	(010)64027926
地 址	北京市东城区嵩祝院北巷 39 号	**邮 编**	100009
网 址	www.mip1953.com	**电子信箱**	service@ mip1953.com

责任编辑 杨盈园 美术编辑 燕展疆 版式设计 郑小利
责任校对 王永欣 责任印制 禹 蕊
北京捷迅佳彩印刷有限公司印刷
2023 年 4 月第 1 版,2023 年 4 月第 1 次印刷
710mm×1000mm 1/16;19.25 印张;371 千字;291 页
定价 **239.00** 元

投稿电话 (010)64027932 投稿信箱 **tougao@cnmip.com.cn**
营销中心电话 (010)64044283
冶金工业出版社天猫旗舰店 **yjgycbs.tmall.com**
(本书如有印装质量问题,本社营销中心负责退换)

序

本书作者长期从事三菱法、氧气底吹连续吹炼、多枪顶吹连续吹炼、闪速吹炼、PS 转炉吹炼等炼铜技术的研究和工程设计工作。他不仅具有扎实的理论基础，也具有非常丰富的大规模铜冶炼工程化实践经验，他和他的团队为 PS 转炉吹炼过程数控智能化升级改造和污染防治等方面的创新发展做出了突出贡献。

书中全面总结了 PS 转炉炼铜技术的发展历程，论述了 PS 转炉吹炼过程的基本原理，对比了 PS 转炉吹炼与连续吹炼的差异，深入分析了 PS 转炉吹炼具有的不足和优势，介绍了国内诸多铜企业利用大型 PS 转炉吹炼过程富裕热处理冷铜料、残极等物料的生产实践。针对 PS 转炉吹炼低空污染治理的世界难题，该书系统阐述了捕集逸散的无组织 SO_2 烟气，转变成有组织 SO_2 烟气送脱硫处理，具有节能、减少 CO_2 排放量的显著效果。书中详细描述了 PS 转炉炉子结构、附属设施设计及开炉投料方案，重点介绍了 PS 转炉炼铜技术在数控智能化、低空污染治理等方面取得长足进步的应用案例，还介绍了多个典型铜冶炼厂 PS 转炉吹炼生产运行情况，为我国铜冶炼企业 PS 转炉的升级改造提供了创新性的技术途径。

本书内容十分丰富，许多数据都是来自企业的生产操作一手数据，相信该书的出版对铜冶炼行业的科研、设计人员，企业生产技术人员以及大专院校师生具有很好的指导和参考作用，也可供有关政府部门和企业管理者参考。

中国工程院院士

2022 年 11 月

前　言

1909 年，美国科学家威廉·皮尔斯（William Peirce）和 E. A. C·史密斯（E. A. C. Smith）在美国巴尔的摩成功应用碱性耐火材料内衬卧式吹炼转炉，使 PS 转炉成功用于铜的吹炼。目前我国铜冶炼厂采用 PS 转炉吹炼技术矿产粗铜占比 58.4%，国外铜冶炼厂采用 PS 转炉吹炼技术矿产粗铜占比 83.2%，PS 转炉吹炼技术仍然是当今世界上普遍采用的成熟炼铜技术。近 20 年来，我国新建了多座闪速吹炼、多枪顶吹连续吹炼、氧气底吹连续吹炼的炼铜厂。与此同时，传统 PS 转炉吹炼在大型化、数控智能化、环集烟气捕集等方面也取得长足的发展。特别是在 PS 转炉吹炼过程的低空污染防治方面采取了许多有效防治措施，将逸散的无组织 SO_2 烟气捕集二次烟气、三次烟气转变成有组织 SO_2 烟气送脱硫处理、达标排放，大大改善了厂房内的作业环境，污染得到有效治理。

本书作者长期从事三菱法、氧气底吹连续吹炼、多枪顶吹连续吹炼、闪速吹炼、PS 转炉吹炼等炼铜技术的研发与工程化实践，将多年针对 PS 转炉炼铜技术的突出问题的研发和工程化实践的成果汇总，在书中系统阐述了我国 PS 转炉炼铜技术的进展，以及应采取的措施，防治 PS 转炉吹炼产生的低空污染问题。全书共分 14 章，第 1~3 章主要介绍了现代铜火法冶炼工艺以及国内外 PS 转炉吹炼应用企业情况，对 PS 转炉吹炼与连续吹炼进行差异性对比。第 4~7 章主要对 PS 转炉吹炼过程反应机理、物理化学、动力学、脱杂能力、冶金计算、炉子结构与耐火材料砌筑、开炉方案、耐火材料蚀损和影响炉寿因素进行了详细分析。第 8~9 章主要介绍了 PS 转炉吹炼的附属设施以及数控智能化升级措施。第 10~11 章主要介绍了 PS 转炉吹炼与不同熔炼工序匹配的生产运行参数，分析了 PS 转炉炼铜技术的优势和不足，提出了对污染物进行防治的措施建议。第 12~13 章主要介绍了 PS 转炉吹炼过程的环集烟气捕集和脱硫处理，并论述了将 PS 转炉吹炼过程逸散的无组织 SO_2 烟气捕集转变成有组织二次烟气、三次烟气送脱硫处理。第 14 章主要论述了 PS 转炉吹炼过程产生的大气污染物特征及其影响因素，介绍了采取有效治理措施所达到的治理效果。

　　本书是作者及铜冶炼行业技术研究团队对多年共同研究成果的总结，其中周俊、段绍甫、范魏、张志国、王栋、周安梁、周遵波、吴里鹏、刘大方、郭志厚、万军、钟立桦等企业专家给予了技术支持，董越、徐志韬、郝小红、高永亮、岳焕玲、裴泽、王梨华、吴金财、李炜炜、袁胜利、吴玲、李鸿飞、黄坤程、王小晶等恩菲博士、研究生协助开展了大量的研究和部分章节编写的协助工作，尉克俭为本书审稿。感谢所有本书引用和参考的文献的作者，他们的研究成果为本书写作提供了有用借鉴。同时，本书在写作过程中得到了中国有色金属工业协会、铜陵有色金属集团股份有限公司、江西铜业集团有限公司、中国铜业有限公司、紫金矿业集团股份有限公司、金川集团股份有限公司、白银有色集团股份有限公司、大冶有色金属集团控股有限公司、浙江江铜富冶和鼎铜业有限公司、新疆五鑫铜业有限责任公司、中冶葫芦岛有色金属集团有限公司、中条山有色金属集团有限公司、五矿铜业（湖南）有限公司等企业的大力支持，以及中国恩菲工程技术有限公司董事长刘诚等领导的亲切关怀，在此一并表示衷心的感谢！

　　由于作者水平所限，书中不妥之处，恳请读者批评指正。

作　者

2023 年 3 月

目　　录

1 铜火法冶炼装备工艺概况

1.1 铜火法冶炼的原料——铜精矿

我国是世界最大的铜消费国和进口国之一，2021 年我国铜表观消费量约 1384.7 万吨，占全球消费总量的 54.8%，但我国铜资源仅占全球铜资源量的 3%，且资源禀赋差，品位低，大型矿床少。每年需要大量进口铜精矿，2021 年我国进口铜精矿实物量 2340 万吨，对外依存度高达 78%，加之我国铜冶炼规模较大，导致我国在铜供应链利益分配方面整体处于弱势。截至 2021 年底新签订的 2022 年度铜精矿长单加工费为 65 美元/吨、6.5 美分/磅（1 磅 = 0.454kg），此价格已经不能覆盖冶炼成本（处理费 TC/精炼费 RC = 75/7.5），影响我国铜行业健康可持续发展，铜资源成为我国最紧缺的大宗矿产原料之一。为保障国家经济、国防安全和战略新兴产业发展需求，国务院批复通过的《全国矿产资源规划（2016—2020 年）》（以下简称《规划》）将铜等 24 种矿产列入战略性矿产目录。《规划》明确提出要加强引导和差别化管理，系统开展我国外矿产品供需和资源形势分析，提高资源安全供应能力。近几年我国五矿集团、中国中铜国际、中国有色矿业集团、紫金矿业集团、铜陵有色集团等企业在秘鲁、厄瓜多尔、赞比亚、刚果（金）拥有自己的铜矿，已建成产出大量铜精矿作为我国铜冶炼原料。

1.2 铜精矿资源分布

铜在地壳中的含量约为 0.01%，在个别铜矿床中，铜的含量可以达到 3% ~ 5%。自然界中的铜多以化合物即铜矿物形态存在。总体来看，世界上铜资源比较丰富，世界陆地铜资源量估计为 31 亿吨，深海结核中铜资源量估计为 7 亿吨。据 2021 年美国地质调查局统计，2020 年世界已探明的铜储量为 8.7 亿吨，按 2020 年世界铜矿山产量 2000 万吨计，现有储量的静态保证年限为 43 年。

从全球主要大洲铜矿储量的分布来看，南美洲最多，其次分别是大洋洲、北美洲、亚洲、非洲和欧洲。从地区分布来看，全球铜矿资源较为集中的地区主要有：（1）南美洲秘鲁和智利境内的安第斯山脉西麓；（2）北美大陆西部的科迪勒拉山地区，主要是美国和墨西哥西部沿岸，还有少量位于加拿大；（3）非洲中部的刚果（金）和赞比亚地区；（4）中亚地区，主要是哈萨克斯坦、蒙古和俄罗斯一带；（5）澳大利亚的一些地区。世界铜资源分布，如图 1-1 所示。

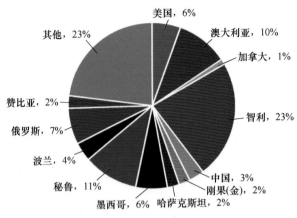

图 1-1　世界铜资源分布示意图

在地壳中已发现铜矿物和含铜矿物约计 250 多种，自然界中自然铜的含量极少，一般都以金属伴生矿的形态存在。铜矿石中常伴生有多种重金属和稀有金属，如金、银、砷、锑、铋、硒、铅、钴、镍、钼等。金、银等贵金属常和铜伴生。根据化合物的性质，铜矿物可分为自然铜、硫化矿和氧化矿三种类型，主要以硫化矿和氧化矿，特别是硫化矿分布最广，目前电解铜 90% 来自硫化矿。

根据大地构造环境和矿床地质条件区分，铜矿床比较重要的工业类型有斑岩铜矿、砂（页）岩铜矿、含铜黄铁矿、铜镍硫化矿、脉状铜矿、矽卡岩铜矿及碳酸盐铜矿。其中斑岩型铜矿储量占世界总储量的 53.5%，居第一位；沉积及沉积变质型铜矿占总储量 31%，居第二位；火山岩黄铁矿型铜矿占总储量的 9%，居第三位；岩浆岩、矽卡岩型及其他类型的储量仅占 6.5% 左右。

与铜矿体共伴生的其他金属矿物在采矿过程中不能做到分采分出，只能随着采出的铜矿石一起进入下一流程——选矿。

铜精矿是铜矿石经选矿富集获得含铜 13% ~ 57% 的精矿，可直接供冶炼厂冶炼成阴极铜。铜的选矿是利用铜矿石中矿物的物理化学性质差异，借助各种选矿设备，将铜矿石中的铜矿物与脉石矿物分离，使得铜矿物相对富集获得高品位铜精矿的过程，包括破碎、磨矿、选别、浓缩、脱水等步骤。

铜精矿经过不同冶炼工艺进行提炼生产阴极铜，我国是铜生产大国和消费大国，特别是我国铜火法冶炼工艺涵盖了世界所有冶炼方法，基本上可以称为世界炉窑博物馆。

1.3　铜冶炼工艺技术简述

铜是全球竞争的重要战略储备资源。我国作为世界铜生产与消费第一大国，铜冶炼技术经过近 20 年发展已达到了世界先进水平，2021 年全球精炼铜产量为

2507 万吨，其中，我国精炼铜产量为 1048 万吨，占世界总产量约 41.8%。

当今世界上铜冶炼工艺技术主要分悬浮熔炼和熔池熔炼，悬浮熔炼工艺流程如下：

（1）闪速熔炼+PS 转炉吹炼+回转式阳极炉精炼。

（2）闪速熔炼+闪速吹炼+回转式阳极炉精炼。

（3）闪速一步炼铜+回转式阳极炉精炼（铜精矿 Cu_2S 含铜≥45%）。

熔池熔炼工艺流程种类比较多，主要有如下几种：

（1）三菱 S 炉熔炼+CL 电炉沉降+三菱 C 炉吹炼+回转式阳极炉精炼。

（2）诺兰达（Noranda）熔炼+诺兰达吹炼+回转式阳极炉精炼。

（3）诺兰达（Noranda）熔炼+PS 转炉吹炼+回转式阳极炉精炼。

（4）特尼恩特（Teniente）熔炼+PS 转炉吹炼+回转式阳极炉精炼。

（5）澳斯麦特（Ausmelt）熔炼+澳斯麦特（Ausmelt）吹炼+回转式阳极炉精炼。

（6）艾萨（ISA）熔炼+PS 转炉吹炼+回转式阳极炉精炼。

（7）澳斯麦特（Ausmelt）熔炼+PS 转炉吹炼+回转式阳极炉精炼。

（8）氧气底吹熔炼+PS 转炉吹炼+回转式阳极炉精炼。

（9）氧气底吹熔炼+氧气底吹吹炼+回转式阳极炉精炼。

（10）双侧吹（瓦纽科夫）熔炼+PS 转炉吹炼+回转式阳极炉精炼。

（11）双侧吹熔炼+多枪顶吹吹炼+回转式阳极炉精炼。

（12）双侧吹熔炼+氧气底吹吹炼+回转式阳极炉精炼。

我国铜冶炼工艺技术除了三菱法和诺兰达法（特尼恩特）外，其他铜冶炼工艺技术都建有生产厂在运行，大部分企业的装备达到世界先进水平，特别是环保排放标准要严于智利、美国等国家，达到欧洲、日本的排放标准，有些治理好的企业的 SO_2 和氮氧化物排放浓度达到世界最低水平。

1.4 装备技术未来发展趋势

1.4.1 我国产业政策及导向

以下是我国相关产业政策。

（1）2011 年 3 月，国家发改委在《产业结构调整指导目录》中进一步提出，要大力推进高效、低耗、低污染、新型冶炼技术。

（2）2019 年，在修订的《铜冶炼行业规范条件》中，相关指标也更加严格：原料中硫的回收率大于 97.5%，硫捕集率大于 99%，每吨粗铜综合能耗小于 180kg（标煤），这些指标都是世界领先水平。

（3）为了控制大气环境质量，2013 年 12 月，环境保护部颁布了《铜、镍、钴行业污染物排放标准》，对包括京津冀、长三角、珠三角在内的"三区十群"中的 47 个城市新建铜冶炼厂提出了特别排放限值：SO_2 浓度小于 $100mg/m^3$，颗粒物浓度小于 $10mg/m^3$，这对铜冶炼厂的环保提出了更高的要求。

1.4.2　我国铜冶炼装备技术未来发展趋势

世界上大型铜企业投资重点在开发铜矿山，铜冶炼厂投资比较少，中国铜冶炼近 20 年发展最快，从 2001 年占世界总产量约 10.87% 上升至 2021 年占比 41.8%。预计未来两年还将有 1 座采用双闪工艺和 3 座采用双侧吹熔炼+多枪顶吹吹炼工艺的铜冶炼厂建成投产，新增矿产铜产能 110 万吨/年。在"双碳"目标下，未来铜冶炼工艺技术向熔池熔炼及热态铜锍连续吹炼方向发展，现有的 PS 转炉吹炼向大型化、智能化、2H1B 或 3H2B 操作模式发展，冶炼过程采用高富氧浓度和纯氧燃烧，实现节能减排和清洁生产。

我国铜冶炼装备水平都实现了自动化控制，有些大企业开始对一些装备进行智能化升级，装备技术未来发展趋势是智能化，如精矿库、主厂房、电解厂房等吊车实现无人驾驶，在危险、有毒、有害等岗位实现无人操作，在物料转运过程实现无人作业，PS 转炉升级成智能数控转炉，减少摇炉次数，从而减少无组织 SO_2 烟气逸散，实现真正意义上现代化工厂。

2 PS 转炉吹炼应用企业状况

2.1 我国 PS 转炉吹炼应用企业状况

20 世纪 50 年代苏联援建大冶、云铜冶炼厂就是采用传统 PS 转炉吹炼，直到 1985 年贵溪冶炼厂主体设备从日本和芬兰引进建成投产，PS 转炉的规格大（$\phi4.0m \times 11.7m$），采用新型密封烟罩、流槽加熔剂和残极加料机加残极的方式取代传统转炉从炉口加熔剂和残极，环保条件得到很大的改善，又经历几代冶金工作者不懈地对传统 PS 转炉吹炼进行改进，PS 转炉规格从最初的 $\phi2.3m \times 3.9m$ 和 $\phi2.4m \times 4.5m$ 发展到 $\phi3.66m \times 7.1m$，然后扩展到 $\phi4.0m \times 11.7m$，最近几年 PS 转炉规格发展到 $\phi4.5m \times 13m$。随着国家对环保要求越来越严，企业对 PS 转炉吹炼不断进行升级改造，将旋转式环保烟罩改成对开式，吹炼厂房全密封来捕集无组织 SO_2 烟气逸散。目前，仍然采用传统 PS 转炉吹炼的铜冶炼厂超过 21 条生产线，PS 转炉规格参差不齐，PS 转炉吹炼的低空污染治理情况好坏参半。2021 年矿产粗铜约 794 万吨/年，其中 PS 转炉产出矿产粗铜约 464 万吨/年，连续吹炼产出矿产粗铜约 330 万吨/年。

PS 转炉采用卧式转动无水冷炉体，热铜锍经冶金铸造桥式起重机吊运并倒入 PS 转炉内进行吹炼，铜锍在 PS 转炉中经过造渣期和造铜期两个阶段后吹炼成粗铜。吹炼过程由风眼向炉内鼓入富氧空气，进行造渣和造铜过程。造渣期是使铜锍中 FeS 和其他杂质氧化，再从 PS 转炉炉口通过皮带秤和活动溜槽加入石英石造渣，除去铜锍中的铁和其他杂质。在此阶段可以通过上料皮带向炉内添加一些低铜冷料。吹炼温度控制在 1200~1300℃，由于铜锍品位提高，为了控制吹炼温度，需要向吹炼风中兑入氧气，将富氧浓度提高至 26%。在造渣期末期，进行筛炉，即所谓净渣操作。造铜期是将白铜锍吹炼成粗铜。在造铜期，通过残极加料机向炉内加入电解残极、外购粗铜和浇铸产生的废阳极板，PS 转炉吹炼最大的优势可处理冷铜料。我国主要 PS 转炉吹炼企业状况见表 2-1。

表 2-1 我国主要 PS 转炉吹炼企业状况

序号	企业名称	PS 转炉规格/m×m	矿产粗铜/万吨·年$^{-1}$	备注
1	贵溪冶炼厂	$\phi4.0 \times 11.7$	50	1 期 6 台
		$\phi4.5 \times 13$		2 期 3 台

续表 2-1

序号	企业名称	PS转炉规格/m×m	矿产粗铜/万吨·年⁻¹	备注
2	铜陵金隆铜业有限公司	φ4.0×13.6	33	1台
		φ4.3×13		3台
3	铜陵金冠铜业澳斯麦特炉厂	φ4.49×13	18.7	3台
4	赤峰金通铜业有限公司（铜陵）	φ4.5×13	22.5	3台
5	紫金铜业有限公司	φ4.5×13	25	3台
6	金川集团铜业有限公司	φ4.1×11.7	30	3台
		φ3.6×11.1		1台
7	白银有色集团股份有限公司铜业公司	φ4.5×13	17.7	3台
8	大冶有色金属有限责任公司	φ4.0×11.7	30	5台
9	浙江江铜富冶和鼎铜业有限公司	φ4.3×11	20	4台
10	中铜云南铜业股份有限公司西南铜业	φ4.0×11.7	19	3台
11	中铜楚雄滇中有色金属有限责任公司	φ3.62×8.1	13	2台
		φ3.6×8.8		1台
12	中铜易门铜业有限公司	φ3.68×10	8.4	2台
13	中铜凉山矿业股份有限公司	φ3.592×10.1	11.15	2台
		φ3.592×8.1		1台
14	吉林紫金铜业有限公司	φ4.0×9	11.8	3台
15	五矿铜业（湖南）有限公司	φ4.0×10.5	11.0	3台
16	山西北方铜业有限公司垣曲冶炼厂	φ3.6×8.8	13.6	3台
17	新疆五鑫铜业有限责任公司	φ4.0×11.7	9.5	3台
18	安徽池州冠华冶炼厂	φ3.6×8.75	12.0	3台
19	巴彦淖尔市飞尚铜业有限公司	φ3.6×8.75	10	3台
20	山东恒邦股份	φ3.6×7.5	10	3台
21	葫芦岛宏跃北方铜业有限责任公司	φ3.2×8.1	8.2	1台
		φ3.2×8.4		2台
		φ3.6×9.75		1台

从表 2-1 可以看出，PS转炉吹炼规格和生产规模差异比较大，在铜行业内将 φ4.0m×10.5m 以上规格的 PS转炉划分为中大型转炉，粗铜产能在 20 万吨/年以上为中大型企业；目前正在使用的 PS转炉都是在 2000 年以后新建或进行了多次改造升级，在环保治理上得到不同程度的改善，但仍然存在无组织 SO_2 烟气逸散

的环境污染风险。不同规格 PS 转炉生产状况，如图 2-1～图 2-3 所示。

图 2-1 φ4.5m×13m 智能化数控 PS 转炉（赤峰金通）

图 2-2 φ4.3m×11m PS 转炉（富冶和鼎）

图 2-3 φ4.0m×11.7m PS 转炉（中铜西南铜业）

2.2　国外 PS 转炉吹炼应用企业状况

国外采用 PS 转炉吹炼的铜冶炼厂比较多，日本东予、德国汉堡等铜冶炼厂的 PS 转炉吹炼在环保烟罩方面均做了大量工作，使得硫的捕集率达到 99%以上，低空污染大大改善，一直是 PS 转炉吹炼清洁生产的示范工厂。国外 PS 转炉规格最大为 $\phi 4.6m×13.4m$，智利、秘鲁、俄罗斯等国家的 PS 转炉吹炼采用翻转式密封烟罩，密封性差，转炉炉口漏风率 100%～120%，环保烟罩采用旋转式，甚至不设环保烟罩，厂房基本不密封，以致吹炼厂房外逸散无组织 SO_2 烟气严重。国外主要 PS 转炉吹炼企业状况见表 2-2。

表 2-2　国外主要 PS 转炉吹炼企业状况

序号	企业名称	PS 转炉规格 /m×m	矿产粗铜 /万吨·年$^{-1}$	备注
1	德国北德精炼（Norddeutsche）铜冶炼厂	$\phi 4.6×12.2$	33	3 台
2	日本东予冶炼厂（闪速熔炼）	$\phi 4.2×11.2$	28	3 台
3	日本福岛（Onahama）铜冶炼厂	$\phi 4.0×9.2$	22	4 台
4	日本玉野（Tamano）铜冶炼厂	$\phi 4.0×13.9$	25	3 台
5	日本左贺关（Saganoseki）铜冶炼厂	$\phi 4.2×11.5$	29	6 台
6	瑞典戎斯卡尔（Ronnskar）铜冶炼厂	$\phi 4.5×13.4$	35	3 台
7	美国迈阿密（Miami）铜冶炼厂	$\phi 4.3×10.6$	28	4 台
8	秘鲁伊诺（ILO）铜冶炼厂（艾萨）	$\phi 4.0×10.7$	28	4 台
9	澳大利亚蒙特艾萨冶炼厂（艾萨）	$\phi 4.0×11$	22	4 台
10	赞比亚堪姗希（Kansanshi）铜冶炼厂	$\phi 4.6×12.8$	34	4 台
11	赞比亚莫弗利拉（Mufulira）铜冶炼厂	$\phi 4.0×9.1$	30	6 台
12	赞比亚谦比希（CCS）铜冶炼厂（艾萨）	$\phi 4.0×11.7$	22	4 台
13	墨西哥拉卡里达（La Caridad）铜冶炼厂	$\phi 4.6×10.7$	25	3 台
14	墨西哥卡纳利（Cananea）铜冶炼厂	$\phi 4.0×9.1$	18	4 台
15	印度韦丹塔（Vedanta）铜冶炼厂	$\phi 4.0×10.1$	10	2 台
16	印度斯特莱（Sterlite）铜冶炼厂	$\phi 4.2×11.2$	30	4 台
17	芬兰哈吉沃特（Harjavalta）铜冶炼厂	$\phi 3.7×7.9$	13	4 台
18	加拿大克利夫（Copper Cliff）铜冶炼厂	$\phi 4.0×13.7$	25	4 台
19	西班牙韦尔法（Huelva）铜冶炼厂	$\phi 4.0×10.1$	20	4 台
20	韩国翁山（Onsan）铜冶炼厂（闪速熔炼）	$\phi 4.2×11.2$	20	3 台
21	智利撒格拉斯（Chagres）铜冶炼厂	$\phi 4.0×9.1$	14	3 台

序号	企业名称	PS 转炉规格 /m×m	矿产粗铜 /万吨·年	备注
22	智利埃特法嘎斯（Altonorte）铜冶炼厂	φ4.6×11	26	3 台
23	智利克莱侗（Caletones）铜冶炼厂	φ4.5×10.7	24	4 台
24	智利邱基卡玛塔（Chuquicamata）铜冶炼厂	φ4.6×13.4	40	4 台
25	智利拉斯温登拉斯（Las Ventanas）铜冶炼厂	φ4.0×9.1	14	3 台
26	智利（ENAMI HVL）铜冶炼厂（Teniente）	φ4.0×9.1	14	3 台
27	保加利亚（Pirdop）铜冶炼厂	φ4.0×9.1	14	3 台
28	俄罗斯乌拉尔铜冶炼厂（瓦纽科夫）	φ4.0×9.1	14	4 台
29	乌兹别克斯坦阿尔马雷克（AMMC）铜冶炼厂	φ4.0×9.1	14.5	4 台
30	巴西巴伊亚州（Paranapanema）铜冶炼厂	φ4.2×10.5	16	3 台
31	塞尔维亚紫金铜业冶炼厂（闪速熔炼）	φ4.5×13	20	3 台

国外只有美国特尼柯特冶炼厂采用闪速吹炼工艺，日本直岛、韩国翁山、印尼格雷西（Gresik）、印度斯坦铜业（HCL）4 家铜冶炼厂采用三菱法连续吹炼（C 炉）在运行，还有加拿大霍恩铜冶炼厂采用诺兰达连续吹炼，特尼恩特（Teniente）和艾萨（ISA）连续吹炼还在研发，没有工业化应用，连续吹炼粗铜产能约 140 万吨/年。另外，赞比亚孔科拉（KCM 停产）、澳大利亚奥林匹克坝、波兰格沃古夫（Glogow）冶炼厂采用闪速炉一步冶炼出粗铜，这 3 家粗铜产能约 40 万吨/年。国外其余铜冶炼厂均采用 PS 转炉吹炼，2021 年海外精铜产量 1459 万吨，其中湿法精炼铜 386 万吨，矿产精铜 1073 万吨；连续吹炼矿产粗铜约 180 万吨/年，PS 转炉吹炼矿产粗铜约 893 万吨/年，占矿产粗铜比约 83.2%，远高于我国 PS 转炉吹炼矿产粗铜占比 58.4%，全球 PS 转炉吹炼矿产粗铜占比 72% 以上。近几年，国外铜冶炼厂由于环保及加工成本无法与中国铜冶炼企业竞争，陆续有些铜冶炼厂关闭。秘鲁南方铜业 ILO 铜冶炼厂 PS 转炉吹炼，如图 2-4 所示，智利拉斯温登拉斯（Las Ventanas）铜冶炼厂 PS 转炉吹炼，如图 2-5 所示。

我国开发的 φ4.5m×13m PS 转炉已实现大型化和智能化，采取新型密封烟罩，密封性好，炉口漏风率 50%~70%，环保烟罩采用固定式和对开式双层环保烟罩、厂房全密封等措施捕集逸散无组织 SO_2 烟气，吹炼厂房环境和操作条件明显好于国外现存 PS 转炉吹炼铜冶炼厂，硫的捕集率不小于 99.2%。国外大多数采用 PS 转炉吹炼的铜冶炼厂在操作水平、环集集烟、对厂房内逸散无组织 SO_2 烟气的捕集和环集烟气脱硫等污染治理措施明显落后于我国的赤峰金通、紫金铜业、铜陵金隆和金冠奥炉厂、贵治、富冶和鼎、中铜西南铜业等企业。

图 2-4　秘鲁南方铜业 ILO 铜冶炼厂

图 2-5　智利拉斯温登拉斯（Las Ventanas）铜冶炼厂

2.3　PS 转炉吹炼环保风险分析

PS 转炉吹炼产生无组织 SO_2 烟气逸散分析如下：

（1）铜锍包和粗铜包吊车倒运过程逸散无组织 SO_2 烟气在厂房内扩散。

（2）吹炼过程所需冷料、残极、冷铜、出渣和出粗铜都需摇炉从炉口进出，摇炉频次多，导致炉口喷溅以及 SO_2 烟气逸散到厂房内。

（3）转炉吹炼过程摇炉加料、铜锍包待料、环保烟罩密闭性不严等造成无组织 SO_2 烟气在厂房内逸散。

（4）转炉吹炼过程采用 4H3B/3H2B/2H1B 不同操作模式造成无组织 SO_2 烟气逸散程度有差异。

总之，铜锍包和粗铜包吊车倒运频次越多以及摇炉次数越多造成无组织 SO_2 烟气在厂房内逸散越严重，需要采取措施对逸散在厂房内无组织 SO_2 烟气加以捕集处理，以免逸散到主厂房外，向周围农田和居民区扩散。我国主要企业 PS 转炉操作模式和环集烟气捕集方式见表 2-3。2H1B 操作模式生产组织，如图 2-6 所示，3H2B 操作模式生产组织，如图 2-7 所示。

表2-3　我国主要企业PS转炉操作模式和环集烟气捕集方式

序号	企业名称	PS转炉规格/m×m	转炉台数/台	操作模式	送风时率/%	残极/粗铜、熔剂加入方式	环集烟罩	环集烟气处理	厂房密封	厂房密封烟气处理
1	贵溪冶炼厂	φ4.0×11.7	1期6	2H1B	78	加料机、溜槽	固定式和对开式	捕集送脱硫	未密封	未捕集处理
		φ4.5×13	2期3		80.71					
2	铜陵金隆铜业有限公司	φ4.0×13.6	1	3H2B	80	加料机、溜槽	固定式和对开式	捕集送脱硫	密封	捕集送脱硫
		φ4.3×13	3							
3	铜陵金冠铜业澳斯麦特炉厂	φ4.49×13	3	2H1B	88	加料机、溜槽	固定式和对开式	捕集送脱硫	密封	捕集送脱硫
4	赤峰金通铜业有限公司（铜陵）	φ4.5×13	3	2H1B	88	加料机、溜槽	固定式和对开式	捕集送脱硫	密封	捕集送脱硫
5	紫金铜业有限公司	φ4.5×13	3	2H1B	91	加料机、溜槽	固定式和对开式	捕集送脱硫	半密封	捕集送脱硫
6	金川集团铜业有限公司	φ4.1×11.7	4	3H2B	76	炉口加入、溜槽	固定式和旋转式	捕集送脱硫	未密封	未捕集处理
		φ3.6×11.1	1							
7	白银有色集团股份有限公司铜业公司	φ4.5×13	3	2H1B	89	加料机、溜槽	固定式和对开式	捕集送脱硫	密封	捕集送脱硫
8	大冶有色金属有限责任公司	φ4.0×11.7	5	4H3B	70	炉口加入、溜槽	固定式和对开式	捕集送脱硫	未密封	未捕集处理

续表 2-3

序号	企业名称	PS 转炉规格/m×m	转炉台数/台	操作模式	送风时率/%	残极/粗铜、熔剂加入方式	环集烟罩	环集烟气处理	厂房密封	厂房密封烟气处理
9	浙江江铜富冶和鼎铜业有限公司	φ4.3×11	4	3H2B	80	加料机、溜槽	固定式和转式	捕集送脱硫	密封	捕集除尘、未送脱硫
10	中铜云南铜业股份有限公司西南铜业	φ4.0×11.7	3	3H2B	78	炉口加入、溜槽	固定式和对开式	捕集送脱硫	密封	捕集送脱硫
11	中铜楚雄滇中有色金属有限责任公司	φ3.62×8.1 / φ3.6×8.8	2 / 1	3H2B	73.87	炉口加冷铜料、溜槽	固定式和对开式	捕集送脱硫	密封	未捕集处理
12	中铜易门铜业有限公司	φ3.68×10	2	1H1B	70	炉口加冷铜料、溜槽	固定式和转式	捕集送脱硫	密封	捕集送脱硫
13	中铜凉山矿业股份有限公司	φ3.592×10.1 / φ3.592×8.1	2 / 1	3H2B	83	炉口加铜包壳、溜槽	固定式和对开式	捕集送脱硫	密封	捕集送脱硫
14	五矿铜业（湖南）有限公司	φ4.0×10.5	3	2H1B	80	炉口加入、溜槽	固定式和旋转式	捕集送脱硫	密封	未捕集处理
15	吉林紫金铜业有限公司	φ4×9	3	2H1B	80~85	加料机、溜槽	固定式和旋转式	捕集送脱硫	密封	捕集送脱硫
16	山西北方铜业有限公司垣曲冶炼厂	φ3.6×8.8	3	2H1B	91	炉口加入、溜槽	固定式和旋转式	捕集送脱硫	未密封	未捕集处理

注：2H1B—3台转炉两用一备，两台作业炉采用不完全期交换作业；3H2B—3台热态2台送风吹炼；3H2B—3台热态3台送风吹炼；4H3B—4台热态3台送风吹炼。

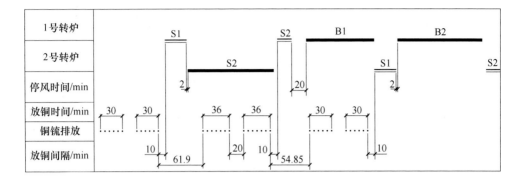

图 2-6 2H1B 操作模式生产组织图
S1—造渣 1 期；S2—造渣 2 期；B1—造铜 1 期；B2—造铜 2 期

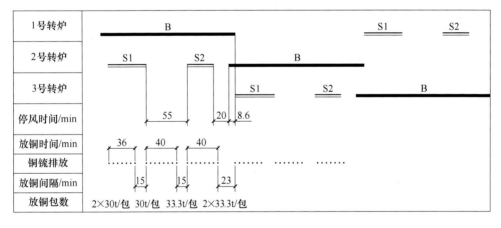

图 2-7 3H2B 操作模式生产组织图

PS 转炉规格越大和使用台数越少吹炼过程产生的无组织 SO_2 烟气在厂房内逸散会减少，送风时率越高说明转炉次数减少，也会减少无组织 SO_2 烟气在厂房内逸散，因此，2H1B 操作模式优于 3H2B 操作模式组织生产，3H2B 操作模式优于 4H3B 操作模式组织生产；环集烟罩采用固定式和对开式双层烟罩对转炉逸散的无组织 SO_2 烟气捕集效果相对要好，吹炼厂房全密封并捕集厂房顶部烟气进行脱硫处理可降低无组织 SO_2 烟气扩散到厂区周围农田和居民区的环境风险。

2.4　我国主要企业 PS 转炉吹炼过程的污染防治情况

我国主要企业在不同程度都采取了污染防治措施，特别是转炉规格大，生产规模大，吹炼厂房配置空间大，相对容易采取措施捕集逸散的无组织 SO_2 烟气进行脱硫处理，PS 转炉吹炼过程污染防治措施得当，较好地降低了环境污染风险；但还有些企业由于沿用 PS 转炉吹炼历史悠久，历次改造都受吹炼厂房原有配置制约，以及转炉规格偏小、使用台数偏多和生产规模小等诸多因素制约，捕集吹炼厂房内逸散的无组织 SO_2 烟气效果不佳，经常存在 PS 转炉吹炼厂房逸散的无组织 SO_2 烟气外逸，扩散到厂区周围农田和居民区，存在一定的环境污染风险。需要采取如下的措施。

（1）转炉采用水冷烟罩对主烟气进行密封，在炉口上方设有环集系统捕集二次烟气，捕集炉口倒渣、粗铜及转炉过程外逸的 SO_2 烟气；同时在每台转炉的正上方厂房顶部设有三次烟气环集系统，再次捕集逸散的 SO_2 烟气。

（2）优化开停风程序，做到开停风不冒烟。

（3）在残极加料机及熔剂溜槽上方加装集烟罩收集加残极、熔剂过程中外逸烟气进环集烟道送脱硫处理。

（4）在吹炼过程中如现场烟气外逸现象，则需制酸系统提高烟气负压，避免烟气外逸或通过调整送风量来避免烟气外逸现象。

（5）在开停风操作中，因人员操作水平参差不齐造成开停风时烟气外逸现象，需开发自动开停风操作系统，有效地解决因操作不规范造成的冒烟问题，大幅降低了开停风操作时烟气外逸的情况。

（6）针对原来外部回转烟罩密封性较差造成烟气外逸问题，需将回转式环集烟罩改为对开式环集烟罩，解决了环集烟罩密封性差问题，避免摇炉炉口倒渣和粗铜时烟气从炉口外逸现象，提高环集烟罩捕集逸散的无组织 SO_2 烟气能力。

（7）针对进料时冒烟问题，通过改变作业方式，利用主系统的抽力将进料时产生的烟气抽走，大大降低进料时烟气外逸。

我国主要企业 PS 转炉吹炼污染防治情况见表 2-4。

表 2-4　我国主要企业 PS 转炉吹炼污染防治情况（生产数据）

序号	企业名称	PS 转炉规格 /m×m	转炉台数 /台	处理铜锍量 /万吨·年⁻¹	铜锍品位 /%	处理外购粗铜量 /万吨·年⁻¹	处理残极量 /万吨·年⁻¹	粗铜生产规模 /万吨·年⁻¹	送制酸烟气量(标态) /万立方米·时⁻¹	烟气含 SO_2 浓度 /%	制酸尾气 SO_2 浓度(标态) /mg·m⁻³	环集烟气量(标态) /万立方米·时⁻¹	脱硫装置	脱硫尾气 SO_2 浓度(标态) /mg·m⁻³	硫的回收率 /%	硫的捕集率 /%
1	贵溪冶炼厂	φ4.0×11.7	6	85.69	59.14	16.58	15.91	82.5	约24	约12	46.73	140	有机胺法	73.04	98.81	99.2
		φ4.5×13	3													
2	铜陵金隆铜业有限公司	φ4.0×13.6	1	54	60~63	12.8	7.4	53.2	15	7~8	0~10	49	镁法+钠法	0~5	99	99.99
		φ4.3×13	3													
3	铜陵金冠铜业澳斯麦特炉厂	φ4.49×13	3	31.81	58.72	3.45	3.49	25.6	10.53	8.21	6.3	40	离子液脱硫	2.0	98.22	99.90
4	赤峰金通铜业有限公司（铜陵）	φ4.5×13	3	37.5	60	4	4.5	31.0	8~10	8~15	<50	60~65	石灰石法	90	98	99.8
5	紫金铜业有限公司	φ4.5×13	3	41.40	61.57	9.48	5.20	39.68	18	11	30	108	液碱法	6.13	98.45	99.96
6	金川集团铜业有限公司	φ4.1×11.7	4	36	58	6.5	8	34.5	22	4~8	<400	40	碱液吸收	<400	98.26	99.2
		φ3.6×11.1	1													
7	白银有色集团股份有限公司铜业公司	φ4.5×13	3	30.59	58	0.4	4.1	22.2	10.6	6.29	46	17.5	离子液脱硫	52	98	99.03

续表 2-4

序号	企业名称	PS 转炉规格 /m×m	转炉台数 /台	处理铜锍量 /万吨·年⁻¹	铜锍品位 /%	处理外购粗铜量 /万吨·年⁻¹	处理残极量 /万吨·年⁻¹	粗铜生产规模 /万吨·年⁻¹	送制酸烟气量(标态) /万立方米·时⁻¹	烟气含 SO₂ 浓度 /%	制酸尾气 SO₂ 浓度(标态) /mg·m⁻³	环集烟气量(标态) /万立方米·时⁻¹	脱硫装置	脱硫尾气 SO₂ 浓度(标态) /mg·m⁻³	硫的回收率 /%	硫的捕集率 /%
8	大冶有色金属有限责任公司	φ4.0×11.7	5	53.60	56	5.5	4.5	40.0	24.82	9	34.95	63.82	钠碱法	31.67	95	98
9	浙江江铜富冶和鼎铜业有限公司	φ4.3×11	4	33.95	58.68	7.89	4.82	32.71	21.9	8~10	31.92	55.3	石灰石法	16.92	97.82	99.4
10	中铜云南铜业股份有限公司西南铜业	φ4.0×11.7	3	32.4	58.4	5.9	10.4	35.3	10.74	6.08	62.82	9.55	铵法脱硫装置	14.52	98.15	99.97
11	中铜楚雄滇中有色金属有限责任公司	φ3.62×8.1	2	23.8	58	5.08	0	18.08	8.5	7~9	45	6.0	铵法脱硫装置	185	98.22	99.19
		φ3.6×8.8	1													
12	中铜易门铜业有限公司	φ3.68×10	2	11.4	73.5	0	0	8.40	4.5	7~10	17.9	20.0	双氧水脱硫	15.6	98.25	99.16
13	中铜凉山矿业股份有限公司	φ3.592×10.1	2	20	53~57	0	0	11.15	9.0	8~13	50	20.0	有机胺液脱硫	77	97	99.1
		φ3.592×8.1	1													

续表 2-4

序号	企业名称	PS 转炉规格 /m×m	转炉台数 /台	处理铜锍量 /万吨·年⁻¹	铜锍品位 /%	处理外购粗铜量 /万吨·年⁻¹	处理残极量 /万吨·年⁻¹	粗铜生产规模 /万吨·年⁻¹	送制酸烟气量(标态) /万立方米·时⁻¹	烟气含 SO_2 浓度 /%	制酸尾气 SO_2 浓度(标态) /mg·m⁻³	环集烟气量(标态) /万立方米·时⁻¹	脱硫装置	脱硫尾气 SO_2 浓度(标态) /mg·m⁻³	硫的回收率 /%	硫的捕集率 /%
14	五矿铜业（湖南）有限公司	φ4.0×10.5	3	19	58	0	1.9	11.02	10.66	7~13	27.95	42.3	电除雾器、制酸双氧水脱硫、环集石灰石膏脱硫	5.74	97.5	99.97
15	吉林紫金铜业有限公司	φ4.0×9	3	19.8	53~55	1.35	1.95	14.8	5.0	7~11	≤50	≤30	活性焦+液碱法	≤50	98.33	99.72
16	山西北方铜业有限公司垣曲冶炼厂	φ3.6×8.8	3	18.61	73.2	0.85	2.3	16.75	15.0	6.06	50	35.0	离子液脱硫	50	98.15	99.65

注：硫的回收率：铜锍或环集脱硫中的硫制酸产出硫酸与铜锍中的硫之比。

硫的捕集率：吹炼烟气或环集烟气脱硫中的硫制酸（变成产品硫酸），固化各种渣中的硫与铜锍中的硫之比，厂房未密封捕集烟气脱硫（≤99.2%）。

粗铜生产规模：矿产粗铜，外购粗铜和残极。

3 PS 转炉吹炼与连续吹炼的差异

"吹炼"是铜冶炼过程中关键工艺环节，虽然近年来我国"吹炼"技术的发展已经日新月异，"闪速吹炼""多枪顶吹吹炼""底吹吹炼"等连续吹炼技术逐步在我国推广应用，并取得很好的环保效果，但传统 PS 转炉吹炼具有处理残极、粗铜锭、废铜料等优势，仍是我国主要大型铜冶炼企业以及全球铜冶炼厂的主要装备。2021 年我国企业采用 PS 转炉吹炼矿产粗铜占比约 58.4% 左右，国外铜企业采用 PS 转炉吹炼矿产粗铜占比约 83.2% 左右，全球占比 72% 以上。

3.1 闪速吹炼技术

2005 年我国引进第一座闪速吹炼工艺在山东阳谷祥光铜业有限公司建成投产。当前世界上有 6 座闪速吹炼炉在运行，其中 5 座在中国，1 座在美国。另外，大冶有色金属集团弘盛铜业正在建设 1 座闪速吹炼炉，已于 2022 年 10 月建成投产，设计规模均为 400kt/a 阴极铜。

闪速吹炼是将细磨干燥后的铜锍进行配料，配好的炉料在旋浮铜锍喷嘴内与工艺富氧风混合，呈高度弥散状态喷入反应塔，在反应塔的高温空间内迅速完成吹炼反应，生成粗铜和吹炼渣。氧化程度（即粗铜含硫）由总的氧料比来控制。闪速吹炼处理的物料全部为粉料，对含铜块料如残极、废阳极、精炼渣、修炉及生产过程产生的固体冷料不能在本系统内处理。"双闪"工艺流程，如图 3-1 所示。闪速吹炼技术主要应用企业状况见表 3-1。

闪速吹炼工艺主要特点是工艺成熟，具有单系列 400kt 铜熔炼规模的成功工业实践。闪速吹炼工艺的优点如下：

(1) 冷铜锍连续、均衡地加入闪速吹炼炉，生产效率高，单台设备生产能力大。

(2) 采用富氧吹炼，吹炼烟气含二氧化硫浓度高，烟气冷却、净化设备小。

(3) 生产设备密闭性好，环境保护好。

(4) 自动化水平高，操作人员少。

(5) 作业率高。

闪速吹炼工艺的缺点如下：

(1) 闪速吹炼的原料为粉状冷铜锍，需将熔融的铜锍粒化、干燥、磨矿，原料制备比较复杂。

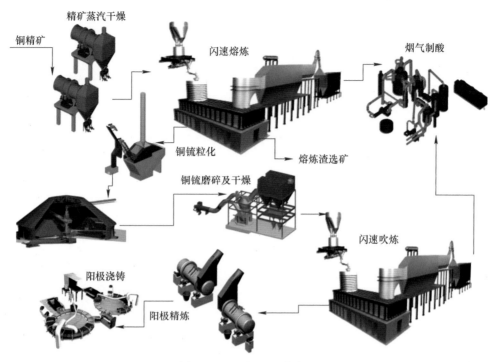

精矿蒸汽干燥

铜精矿

闪速熔炼

烟气制酸

铜锍粒化

熔炼渣选矿

铜锍磨碎及干燥

闪速吹炼

阳极浇铸

阳极精炼

图 3-1　"双闪"工艺流程

表 3-1　闪速吹炼技术主要应用企业状况

序号	企业名称	应用的技术	粗铜生产规模 /万吨·年$^{-1}$	应用起止时间
1	山东阳谷祥光铜业有限公司	闪速吹炼	38.56	2005 年 1 月至今
2	铜陵有色金属集团金冠铜业	闪速吹炼	39	2012 年 12 月至今
3	广西金川有色金属有限公司	闪速吹炼	40.86	2013 年 10 月至今
4	中铜东南铜业有限公司	闪速吹炼	35.39	2018 年 9 月至今
5	中原黄金冶炼厂	闪速吹炼	35	2015 年 7 月至今
6	大冶有色金属集团弘盛铜业	闪速吹炼	40	2022 年 10 月至今

（2）闪速吹炼处理的全部为粉料，对含铜块料如残极、粗铜锭、废阳极等不能在本系统内消化。

（3）由于系统必须另建残极等固体冷料处理系统等，劳动定员、投资和运行成本相对较高。

（4）全水套冷却炉体，循环冷却水量大，也存在安全事故隐患。

（5）需要引进技术和关键设备，投资大。

3.2　多枪顶吹吹炼技术

　　我国自主研发的多枪顶吹连续吹炼技术是借鉴了日本三菱（C 炉）顶吹连续吹炼工艺，并进行了升级。我国已有 3 座多枪顶吹吹炼炉在运行，还有 3 座正在建设中，设计规模一般为 200~300kt/a 阴极铜。

　　多枪顶吹吹炼炉采用固定式水冷炉体，采用热态铜锍连续进料，多支喷枪从炉体顶部鼓入富氧空气，吹炼所需熔剂通过顶部溜管加入炉内，实现铜锍连续进料、连续吹炼，产出粗铜和吹炼渣分别虹吸和溢流排放；可处理含铜块料如残极、精炼渣、修炉及生产过程产生的固体冷料。富氧侧吹熔炼+多枪顶吹连续吹炼工艺流程，如图 3-2 所示。多枪顶吹吹炼技术主要应用企业状况见表 3-2。

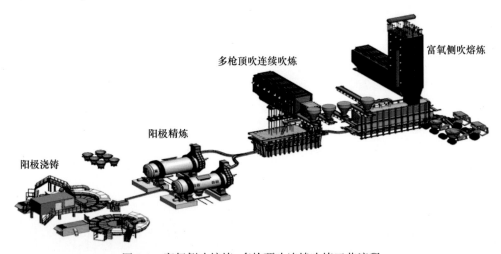

图 3-2　富氧侧吹熔炼+多枪顶吹连续吹炼工艺流程

表 3-2　多枪顶吹吹炼技术主要应用企业状况

序号	企业名称	应用的技术	粗铜生产规模 /万吨·年$^{-1}$	应用起止时间
1	赤峰云铜有色金属有限公司	多枪顶吹吹炼	41.8	2019 年 5 月至今
2	广西南国铜业有限责任公司	多枪顶吹吹炼	27.5	2019 年 6 月至今
3	烟台国润铜业有限责任公司	多枪顶吹吹炼	12	2017 年 7 月至今
4	烟台国兴铜业有限责任公司	多枪顶吹吹炼	20	正在建设中
5	广西金川有色金属有限公司（二期）	多枪顶吹吹炼	30	正在建设中
6	中条山北方铜业	多枪顶吹吹炼	20	正在建设中
7	赤峰金通铜业有限公司二期	多枪顶吹吹炼	30	正在建设中

　　多枪顶吹连续吹炼工艺越来越成熟，近几年在我国推广应用比较快。多枪顶吹连续吹炼工艺的优点如下：

（1）固定式炉体，漏风量少，烟气量小，而且烟气稳定，波动少。

（2）热铜锍连续、均衡地加入多枪顶吹吹炼炉，生产效率高，单台设备生产能力大。

（3）生产过程连续进行，操作人员少。

（4）顶吹吹炼配置紧凑，占地面积少。

（5）顶吹喷枪更换不影响生产，作业率高。

（6）系统热利用率高，能够处理系统自产残极。

（7）具有自主知识产权。

多枪顶吹连续吹炼工艺的缺点如下：

（1）全系统热态连续作业，对操作人员要求较高。

（2）采用顶部不插入熔池喷吹工艺，氧气利用率稍低。

（3）喷枪鼓入富氧空气压力高（0.25～0.35MPa），导致熔体喷溅产生加残极口和上升烟道黏结，以及对耐火材料冲刷。

（4）全水套冷却炉体，循环冷却水量偏大，也存在安全事故隐患。

3.3 氧气底吹连续吹炼技术

我国自主研发的氧气底吹连续吹炼技术于 2014 年成功应用于工业化生产，我国有 6 座氧气底吹连续吹炼炉在运行，设计规模一般为 100～200kt/a 阴极铜。

氧气底吹连续吹炼炉采用卧式转动无水冷炉体，采用热态铜锍连续进料，氧枪从炉体底部鼓入富氧空气，吹炼所需熔剂通过顶部加料口加入炉内，实现铜锍连续进料、连续吹炼，产出粗铜和吹炼渣分别虹吸（间断）和溢流排放；可处理含铜块料如残极、精炼渣、铜米、杂铜、修炉及生产过程产生的固体冷料。双底吹连续炼铜工艺流程，如图 3-3 所示。氧气底吹连续吹炼技术主要应用企业状况见表 3-3。

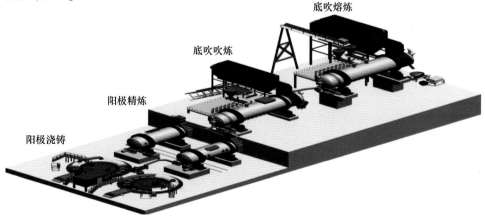

图 3-3 双底吹连续炼铜工艺流程

表 3-3　氧气底吹连续吹炼技术主要应用企业状况

序号	企业名称	应用的技术	粗铜生产规模 /万吨·年⁻¹	应用起止时间
1	豫光金铅股份有限公司	底吹连续吹炼	12	2014 年 3 月至今
2	东营方圆有色金属有限公司	底吹连续吹炼	26	2015 年 9 月至今
3	国投金城冶金有限责任公司	底吹连续吹炼	15	2018 年 9 月至今
4	青海铜业有限责任公司	底吹连续吹炼	14	2018 年 6 月至今
5	包头华鼎铜业有限责任公司	底吹连续吹炼	10	2019 年 5 月至今
6	紫金矿业集团多宝山铜冶炼厂	底吹连续吹炼	18	2019 年 8 月至今

　　氧气底吹连续吹炼技术是中国恩菲工程技术有限公司继氧气底吹熔炼技术成功应用于炼铜后，又进一步研究开发应用于铜锍连续吹炼技术。该技术成熟可靠，在我国得到广泛推广应用，并正在向智利、伊朗、蒙古等国家推广。氧气底吹连续吹炼工艺的优点如下：

　　（1）底吹连续吹炼工艺连续加入热铜锍、连续供风、熔剂等，达到一定规模后并可连续排渣、连续放出粗铜，实现过程连续化。

　　（2）系统热利用率高，能够处理本系统的残极，还可以通过提高吹炼富氧浓度，在不增加设施的条件下，利用余热处理外购二次铜原料。

　　（3）炉型结构简单，氧气从炉子底侧部喷入粗铜层，渣层氧势低，不容易喷炉，操作安全性高。

　　（4）底吹连续吹炼炉炉体无需大量铜水套冷却，设备投资小。

　　（5）底吹连续吹炼炉温稳定，有利于大幅度提高吹炼炉的寿命，降低耐火材料消耗和维修工作量，从而降低炼铜成本。烟气连续稳定，有利于制酸，降低了制酸成本。

　　（6）炉渣含铜低（10% ~ 12%），直收率较高。

　　（7）具有自主知识产权。

　　氧气底吹连续吹炼工艺的缺点如下：

　　（1）由于不送风吹炼时要转动炉体，转炉休风或送风会导致短时间炉口部分烟气逸散到厂房内。

　　（2）喷枪鼓入富氧空气压力高（0.8 ~ 1.0MPa），导致熔体喷溅产生加料口和炉口黏结，以及对耐火材料冲刷。

　　（3）喷枪配置在炉体底部，更换喷枪和枪口砖需要转炉休风，更换枪口砖时间比较长（0.5 ~ 1.0h），影响吹炼作业率。

　　（4）粗铜含硫偏高（0.4%），除杂能力弱。

3.4 PS 转炉吹炼与连续吹炼的差异性对比

当前，我国铜冶炼厂采用 PS 转炉吹炼仍是主流，根据 PS 转炉吹炼、闪速吹炼、多枪顶吹连续吹炼、底吹连续吹炼的生产运行情况分析均不是十全十美，每种吹炼技术都具有自身的优势，也存在不足，4 种吹炼工艺差异性对比见表 3-4。

表 3-4 4 种吹炼工艺差异性对比

序号	名 称	PS 转炉吹炼	多枪顶吹连续吹炼	底吹连续吹炼	闪速吹炼
1	炉子台数/台	3 或 4	1	1	1
2	炉 型	回转卧式	固定式	回转卧式	固定式
3	炉体冷却水套	无	大量水套	无	大量水套
4	处理铜锍状态	热铜锍	热铜锍	热铜锍	冷铜锍，需细磨干燥
5	处理铜锍品位/%	58~73	72~75	72~73	68~70
6	熔剂加入方式	溜管从炉口加入	溜管从炉顶加入	皮带从加料口加入	喷嘴喷入，需细磨干燥
7	渣 型	硅渣	钙渣	硅渣	钙渣
8	渣含铜/%	4~5	18~30	10~14	20~24
9	吹炼渣量	大	最少	少	少
10	粗铜品位/%	≥99	98.5~99	98.5~99	98.5~99
11	粗铜含 S/%	0.03	≤0.3	0.3~0.5	≤0.2
12	处理冷铜料	粗铜、杂铜、残极	残极	铜米、残极	无
13	送制酸烟气量	大	偏小	适中	小
14	环集烟气量	大	小	小	偏小
15	年作业率/%	理论上 100	92~93	90~92	95
16	适用规模/万吨·年$^{-1}$	全覆盖	10~30	10~20	≥30

PS 转炉吹炼与连续吹炼比较存在间断作业、烟气不稳定、后续的烟气处理系统大、吊包倒运铜锍/粗铜、摇炉进铜锍、倒渣和粗铜逸散烟气等不足；但 PS 转炉吹炼与连续吹炼比较又具有很好的匹配性、大量处理冷铜料、作业制度灵活、生产稳定性好、脱除杂质能力强、粗铜品质好等优势。

4 PS 转炉吹炼过程机理及脱杂

4.1 PS 转炉的诞生

1856 年 8 月，英国科学家亨利·贝塞麦爵士（Sir Henry Bessemer）在英国科学协会的切尔滕纳姆会议上发表了一篇题为"无燃料可锻铸铁和钢的大规模生产"的演讲，提出了一种新型冶炼容器——贝塞麦转炉。贝塞麦转炉是一种梨形设备，其底部有用来鼓入空气的风口，顶部有一个锥形的开口，用于进料、排放烟气、排出炉渣和金属产品，如图 4-1 所示。图 4-1 展示了添加铁水、吹炼，然后将成品钢倒入钢包的过程。

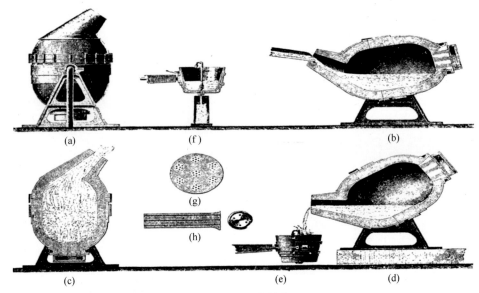

图 4-1 贝塞麦转炉

（1860 年专利，其 1856 年专利是一种固定立式圆柱形容器）

（a）外形；（b）加入铁水；（c）铁水吹炼；（d）倒出钢水；

（e）钢水倒入钢水包；（f）钢水除杂；（g）喷枪分布；（h）喷枪结构

在贝塞麦发表论文的同一年，世界铜产量略高于 0.03 万吨/年，超过 50%~60% 的铜由威尔士斯旺西（Swansea，Wales）的冶炼厂生产。这些工厂采用当时最先进的威尔士工艺（Welsh Process）进行铜冶炼，即利用大量小型燃煤反射炉

（图 4-2）多次分批熔炼矿石得到金属铜。威尔士工艺非常复杂，至少涉及六到七个步骤，要求操作工人具有相当高的技术水平，并且消耗大量的煤。凭借周围丰富的煤炭资源、良好的运输条件、高超的技术水平及严格的技术保密，斯旺西的铜冶炼行业蓬勃发展，并逐渐扩大成为世界上主要的铜熔炼和精炼中心。冶炼所需的矿石和铜锍从遥远的智利、澳大利亚和美国西部运往斯旺西。

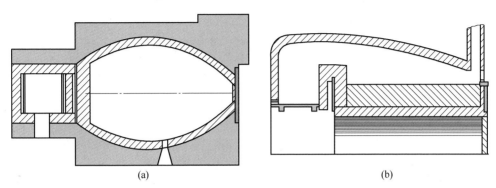

图 4-2　19 世纪 60 年代左右典型的威尔士反射炉

（a）平面图；（b）剖面图

　　面对威尔士大型冶炼厂所造成的垄断以及铜冶炼过程中采用大量煤炭的生产成本，将贝塞麦转炉吹炼技术转化应用到铜冶炼领域在全世界范围内引起了广泛的兴趣。1856 年，英国科学家哥萨奇（Gossage）、巴格斯（Baggs）和基特斯（Keates）获得了将该工艺应用于铜锍的专利。4 年后，亨特（Hunter）获得了类似的专利。1862 年格拉斯（Glass）和莱切尔（Lecere）、1866 年美国科学家拉斯（Rath）、1869 年英国科学家狄克逊（Dixon）、1870 年吉布（Gibb）、盖尔斯索普（Gelsthorp）和泰西·杜莫泰（Tessie du Motay）以及 1874 年拉瓦锡（Lavoisier）等人的专利都能证明人们对将贝塞麦转炉成功用于铜冶炼的渴望。

　　此时的先驱者尚未充分认识贝塞麦法转炉炼钢和炼铜的差别，包括：（1）与炼钢相比，将铜锍转化为铜需要更多的空气；（2）在炼钢过程中，产品钢水的标称密度与原料铁水的标称密度大致相同，要氧化和去除的元素占熔体总量不到 10%，反应仅产生少量熔渣，因此熔体的体积变化不大；与之相对，在当时熔炼产生的铜锍含铜量大多在 15%~40% 的范围内，这意味着在吹炼过程中大约减少 60%~85% 的熔体含量（主要以炉渣的形式撤除）；（3）炼钢产品钢水是成品，而炼铜产品粗铜需要进一步精炼；（4）炼钢过程中炉衬的损耗很小，而贝塞麦转炉用于炉衬的二氧化硅是转炉炼铜过程中主要的助熔剂，因此会因参与冶炼反应而造成较大的炉衬损耗；（5）从底部喷入的空气在吹炼铁水时可以持续进行，但在吹炼铜锍时会将新生成的粗铜冷却从而造成底部冻结、风口阻塞，导致冶炼过程终止。

　　1867 年，匈牙利科学家彼得·冯·里廷格（Peter von Rittinger）在匈牙利的施莫尔尼茨厂进行了贝塞麦法处理硫化铜的试验。1868 年库佩尔维斯（Kupelweisse）和 1871 年约萨（Jossa）与拉利汀（Lalitin）先后进行了贝塞麦转炉试验。但当发现铜在形成时冷却并堵塞了风口时，这些实验被迫终止。这一意外结果导致这些试验得出了一个仓促的假设，即该方法不可行。

　　19 世纪 70 年代中期，英国科学家约翰·霍尔韦（John Hollway）在英国佩尼斯通进行了细致、周密、深入的试验。他试图解决炉底冻结问题的一个方法是在某一点上提高鼓风强度，这导致炉内所有的熔体都从转炉内喷溅出来。霍尔韦并没有因试验的屡次失败而受挫，但其投资人难以继续承受其风险，导致了试验的终止。霍尔韦详细发表了他的试验内容和结果，这使得后继者能够从中受益。

　　霍尔韦的试验确定了贝塞麦法转炉吹炼铜锍的问题包括炉底金属冷却以及产生的大量炉渣。1880 年，法国科学家皮埃尔·曼赫斯（Pierre Manhès）和保罗·大卫（Paul David）在法国沃克吕兹省的韦登铸造厂采用 200kg 贝塞麦炼钢转炉进行了试验。皮埃尔是该厂的拥有者，大卫是其主管工程师。尽管了解上述问题，但是这些知识并不足以使他们做好充足的准备，在不同的条件下进行了多次重复试验，但每一次都是由于风口堵塞导致冶炼终止。曼赫斯和大卫没有坚持采用底吹设计，而是决定将风口从容器底部抬起，以避免粗铜与它们接触。风口水平分布在容器底部上方大概几厘米处，由此产生了第一台侧吹贝塞麦转炉，即曼赫斯转炉（图 4-3）。在之后的试验中，这种设计使得风口得以保持畅通，并完成了吹炼，生产出了优质金属铜。在吹炼过程中，金属铜沉积在风口下方，通过

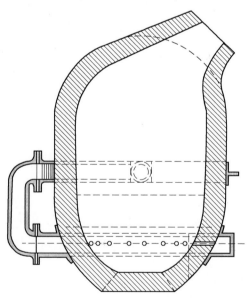

图 4-3　曼赫斯转炉（第一个成功的垂直铜转炉）

充分的热传递，可以保持在熔融状态。通过进行大量不同品位铜锍的试验，确立了相应的物料搭配方法。这些试验还测试了单独添加助熔剂以及通过定期倾斜转炉和倾倒炉渣来撇除炉渣的操作。如前文所述，吹炼铜锍产生的粗铜质量仅为起始铜锍加入量的 1/6~1/2，并且因为粗铜具有更高的密度，所以其体积相当小，这导致了每个操作周期需要多次添加新的铜锍和撇渣。从某种程度来说，这些当时确立的操作制度仍然是当今传统转炉操作的核心。

在韦登进行了为期一年的初步试验后，在沃克吕兹省索尔格斯镇附近的埃吉耶斯冶炼厂采用了更大的规模进行生产。新工厂包括 3 台鼓风炉、2 台反射炉和 3 台转炉。1884 年，该厂规模扩大到 5 台鼓风炉、2 台反射炉、6 台转炉和 2 台精炼炉。在吹炼低品位铜锍时，经常出现富集的铜锍或白锍降低到风口下面，风口只能吹到炉渣，这样就不能完成对铜锍的吹炼得到金属铜。对此，他们采用了将富集的铜锍或白锍转移到另一台转炉中，继续完成后续的吹炼。1885 年，大卫采用了卧式圆筒形转炉（图 4-4），这种转炉可以绕其纵轴线旋转，这样就可以改变风口的相对位置（升高或降低），实现了在单一转炉中处理各种品位的铜锍的需求。

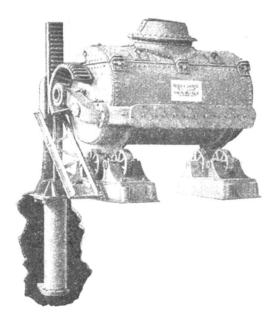

图 4-4　商业卧式转炉

曼赫斯和大卫在韦登取得成功后不久就成立了铜冶金协会以推广这一工艺。美国科学家富兰克林·法雷尔（Franklin Farrel）获得了该工艺的许可，并和其学生一起将之引入到蒙大拿州巴特镇的鹦鹉冶炼厂。在鹦鹉冶炼厂首次采用了系统性捅风眼的操作使得该工艺得到进一步提升。到 1890 年，曼赫斯工艺的优势得到了普遍认可，无论是在美国的阿纳康达镇、大瀑布市和巴特镇，还是在日本的足尾镇都有转炉在使用或建造。

转炉内衬材料最初沿用了钢铁行业的做法即采用酸性耐火材料。然而，由于炉衬中 SiO_2 在转炉吹炼铜锍过程中会与 FeO 结合造渣，所以会被大量消耗，这就造成了转炉的寿命很短。当转炉规格增大时，这一缺点更为明显。大约在 1888年，澳大利亚科学家克劳德·沃廷（Claude Vautin）在澳大利亚的科巴试验了碱性内衬，但后来放弃了这一尝试。1890 年，美国科学家凯勒（Keller）在鹦鹉冶炼厂进行了几次在菱镁矿内衬中吹炼铜锍的试验以失败告终。其他人在旧阿纳康达与波士顿和蒙大拿工厂进行了采用碱性内衬的试验，都没有获得成功。直至1909 年，美国科学家威廉·皮尔斯（William Peirce）和 E. A. C·史密斯（E. A. C. Smith）在巴尔的摩采用碱式（更准确地说是中性）内衬转炉（即 PS 转炉，见图 4-5）获得了成功。

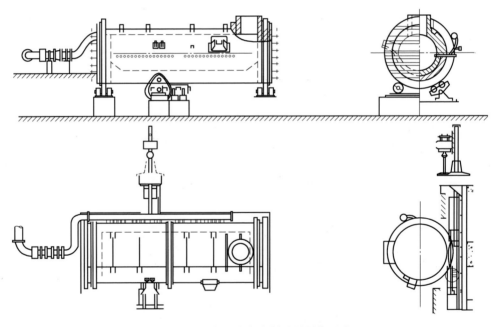

图 4-5　皮尔斯·史密斯转炉的早期形式

后来，加尔（Garr）申请了将硅质材料吹入碱性内衬转炉的专利。1913 年，惠勒（Wheeler）和克雷奇（Krejci）申请了内衬砖覆盖磁铁矿涂层的专利。大约在 1910 年，迪布尔（Dibble）开发了用于捅风眼的球阀装置。

4.2　我国 PS 转炉的发展

铜和铜合金的生产在中国悠久的历史中一直存在，铜在中国的使用可以追溯到公元前 2000 年。但到了近代中国，铜冶炼的发展渐渐落后于西方发达国家。

新中国成立以来，我国各行各业百废待兴，同时又面临西方发达国家的经济技术封锁。铜冶炼行业也是如此，经历了漫长的恢复期和稳步发展期。从 20 世纪 50 年代到 80 年代初，国内采用的熔炼设备主要是鼓风炉、反射炉和矿热电炉，其生产能力较低，与之配套的 PS 转炉的规格也较小。新中国成立初期最早的 PS 转炉可以追溯到沈阳冶炼厂几吨的小转炉（直径约 2m）。之后，陆续建设了 10t（ϕ2.3m×3.9m）、15t（ϕ2.4m×4.5m）、20t（ϕ2.6m×5.2m）、30t（ϕ3.2m×6.6m）和 40t（ϕ3.66m×7.1m）等级别的转炉。

从 20 世纪 80 年代开始，随着改革开放，大量国际先进的铜熔炼技术引入国内，与之配套 PS 转炉的容量一下子跃入百吨级（图 4-6）。1985 年，江西铜业贵溪冶炼厂为配合其闪速炉生产，首次配置了 3 台 150t 的 PS 转炉（ϕ4m×9m）；之后经过三次改造，转炉的长度增加到 11.7m，台数增加到 6 台；到了 2007 年，又增加了 3 台 ϕ4.5m×13m 的转炉。1997 年，铜陵有色金隆冶炼厂为配合其闪速炉生产，配置了 3 台设计容量 160t 的 PS 转炉（ϕ4m×10.7m）；2001 年，经过改造，转炉的长度增加到 13.6m；2007 年增加了 1 台 ϕ4.3m×13m 的转炉。2018 年，铜陵有色金昌冶炼厂"奥炉改造工程"顺利投产，配置了 3 台设计容量 285t 的 PS 转炉（ϕ4.49m×13m）。1997 年 10 月，大冶有色引入诺兰达生产工艺，为满足新的生产需要，对当时冶炼厂的 4 台 PS 转炉中的 2 台（50t、ϕ3.6m×8.1m）进行了加长改造（约 60t、ϕ3.6m×8.8m）；2006 年拆除 1 台 40t 转炉（ϕ3.66m×

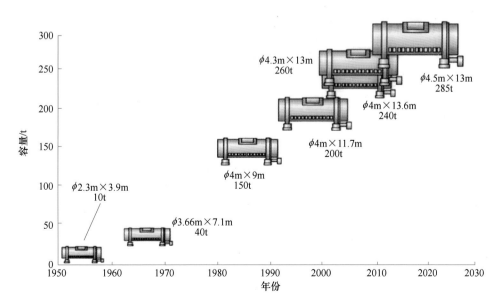

图 4-6　国内 PS 转炉的发展概况

7.1m），新建 2 台 180t 转炉（ϕ4m×11.7m）；2010 年大冶有色的熔炼工艺由诺兰达工艺改为澳斯麦特工艺，随后另 2 台 40t 转炉拆除替换为 180t 转炉（ϕ4m×11.7m）。西南铜业在 1992~1996 年间先后建成 3 台 60t 转炉（ϕ3.66m×8.1m）投入使用，原 8t 转炉（ϕ2.5m×4m，实际使用时间为 1958~1992 年）停用；2001~2003 年间配合艾萨熔炼技术改造项目，先后建成 2 台 180t 转炉（ϕ4m×11.7m）；2014 年为进一步提高产能，又新建了 1 台 180t 转炉。

目前，我国 PS 转炉吹炼技术，在设计、加工制造、生产操作诸方面已达到国际领先水平。大型转炉及其配套的炉口清理机、捅风眼机、残极加料机、铸渣机、熔剂加料系统和余热锅炉等完全实现国产化，技术和设备已出口。

4.3　PS 转炉吹炼过程概述

PS 转炉吹炼过程是间歇式的周期性作业，整个过程分为两个阶段。

第一阶段为造渣期。铜锍中的 FeS 与鼓入的空气中的氧发生强烈的氧化反应，生成 FeO 和 SO_2 气体。FeO 进一步和加入的熔剂石英反应造渣，使得锍中的铜含量逐渐升高。由于锍与炉渣相互溶解度很小而且密度不同，所以在吹炼停风时分成两层，上层炉渣被定期从炉口倒出。这个阶段持续到锍中含 Cu 为 75% 以上、含 Fe 小于 1% 时告终，这时的锍常被称为白锍。

第二阶段为造铜期。继续对白锍吹炼，鼓入空气中的氧与 Cu_2S（白锍）发生强烈的氧化反应，生成 Cu_2O 和 SO_2。Cu_2O 又与未氧化的 Cu_2S 反应生成金属 Cu 和 SO_2，直到生成的粗铜含 Cu 98.5% 以上时第二阶段结束。铜锍吹炼的第二阶段不加入熔剂、不造渣，以产出粗铜为特征。

转炉吹炼过程是通过风口向炉内鼓入空气或富氧空气来实现的。由于大量上升的小气泡与熔体之间接触面积很大，加快了硫化物氧化反应。虽然空气在熔体内停留时间很短（约 0.1~0.13s），但是氧的利用率却高达 95% 以上。

随着硫化物氧化反应和 FeO 造渣反应的进行，放出大量热。在一般情况下，化学反应放出的热不仅能满足吹炼过程对热量的需求，而且有时热量过剩，需要添加适量冷料来调节炉温，防止炉衬耐火材料因过度受热而加快损坏。因此铜的转炉吹炼过程通常不需要额外供给热量。

4.4　PS 转炉吹炼过程的物理化学反应

4.4.1　吹炼过程中的硫化物氧化反应

铜锍的品位通常在 20%~70% 之间，其主要成分是 FeS 和 Cu_2S，此外还含有少量其他金属硫化物和铁的氧化物。硫化物的氧化反应可用下列通式表示：

$$MeS + 2O_2 \Longrightarrow MeSO_4 \tag{4-1}$$

$$MeS + 1.5O_2 \rightleftharpoons MeO + SO_2 \tag{4-2}$$

$$MeS + O_2 \rightleftharpoons Me + SO_2 \tag{4-3}$$

铜锍吹炼的温度通常在 1150~1300℃ 范围内，金属硫酸盐在此温度范围内的离解压都很大，不仅超过了吹炼体系内气相中 SO_2 的分压，而且超过了 $10^5 Pa$（1 个大气压）。因此，$MeSO_4$ 在吹炼温度下不能稳定存在，即硫化物不会按反应式（4-1）进行氧化反应，故不予考虑。反应式（4-2）、反应式（4-3）两过程是吹炼过程中的基本反应，在吹炼条件下，锍中的 Fe、Cu 及其他有色金属进行这两个反应的趋势和结果是不同的。Cu_2S 能够按反应式（4-3）进行反应生成金属铜，而 FeS 只能被氧化成 FeO 入渣。如此，实现了铜与铁的分离，得到粗铜。这个过程的依据是金属氧化物和硫化物的稳定性差异，可以通过热力学的分析来判断金属硫化物氧化反应的结果是生成氧化物还是生成金属。

反应式（4-3）是一个总反应，实际上它是分两步进行的，即

第一步 $$MeS + 1.5O_2 \rightleftharpoons MeO + SO_2 \tag{4-4}$$

第二步 $$MeS + 2MeO \rightleftharpoons 3Me + SO_2 \tag{4-5}$$

对于第一步反应，锍中主要硫化物氧化反应的标准吉布斯自由能变化为：

$$\Delta G^\ominus = \Delta G^\ominus(SO_2) + \Delta G^\ominus(MeO) - \Delta G^\ominus(MeS)$$

图 4-7 中给出 Cu、Ni 和 Fe 相应的硫化物氧化反应的 $\Delta G^\ominus$，与温度 T 的关系。从图 4-7 中看出，在高温下，Fe、Cu 和 Ni 的硫化物氧化反应都是自发过程，所以在吹炼温度下，它们都可能被氧化成氧化物形态。

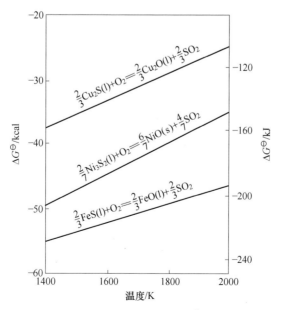

图 4-7 硫化物与氧反应的 $\Delta G^\ominus$-T 关系

对于第二步反应式（4-5），可以通过产物 SO_2 的平衡分压来判断是否向生成金属的方向进行。反应式（4-5）的标准自由变化与 SO_2 平衡分压的关系为：

$$\Delta G^{\ominus} = - RT \ln p_{SO_2} \qquad (4-6)$$

式中，R 为气体常数，8.314J/(mol·K)；T 为温度，K。

图 4-8 是按反应式（4-6）计算出的 Fe、Cu 和其他有色金属的氧化物与其硫化物反应的 SO_2 平衡压力（换算为 $\lg p_{SO_2}$）与温度的关系。各反应的 $\lg p_{SO_2}$-T 曲线与横坐标的交点，相当于 $\lg p_{SO_2}$ = 101.3kPa（1atm）的温度。理论上，转炉内的 $\lg p'_{SO_2}$ 分压为 14kPa 时，相当于直线 2。由 $\lg p_{SO_2}$ 与直线 2 的关系，便可确定在该温度下反应式（4-5）能否进行。

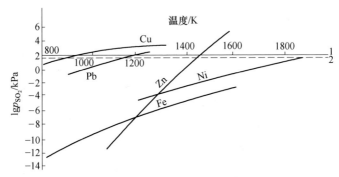

图 4-8　p_{SO_2} 与温度 T 的关系

1— p_{SO_2} = 101.3kPa；2— p_{SO_2} = 14.18kPa

当反应式（4-5）的平衡压力 $\lg p_{SO_2}$ 大于炉气中的 SO_2 分压 p'_{SO_2}（14.18kPa）时，反应向生成金属的方向进行；反之，当 $p_{SO_2} < p'_{SO_2}$ 时，金属被 SO_2 氧化，只能得到氧化物。

从图 4-8 看出，在吹炼温度下，反应 $Cu_2S + 2CuO = 4Cu + SO_2$ 的 SO_2 平衡压力约为 709~810kPa。超过了炉气中 SO_2 分压 p_{SO_2} 的几十倍，反应激烈地向着生成金属的方向进行。但是，反应 $FeS + 2FeO = 3Fe + SO_2$ 的 p_{SO_2} 值极小，因此不可能得到金属 Fe。

总结以上分析得出，在吹炼温度下，Cu 和 Fe 硫化物的氧化反应是：

$$FeS + 1.5O_2 = FeO + SO_2$$

$$2FeO + SiO_2 = 2FeO \cdot SiO_2$$

$$Cu_2S + 1.5O_2 = Cu_2O + SO_2$$

$$2Cu_2O + Cu_2S = 6Cu + SO_2$$

因为以上反应的存在，得以实现用吹炼的方法将锍中的 Fe 与 Cu 分离，完成粗铜制取的过程。

　　铜锍转炉吹炼是自热过程，即吹炼过程中化学反应放出的热量不仅能满足吹炼过程对热量的需求，而且有时还有过剩。另外，转炉吹炼过程是周期性作业，在造渣期和造铜期炉内的化学反应不同，放出的热量不同。

4.4.2　间断吹炼过程的理论分析

4.4.2.1　FeS 和 Cu₂S 氧化的顺序

　　在传统的 PS 转炉中吹炼铜锍成粗铜是分步进行的。分步进行的必要性是由硫化物氧化的热力学决定的。

　　从图 4-7 看出，FeS 氧化反应的标准吉布斯自由能 $\Delta G^{\ominus}$ 最负，所以在锍吹炼的初期它优先于 Cu_2S 氧化。随着 FeS 的氧化造渣，它在锍中的浓度降低，而 Cu_2S 的浓度提高，二者同时氧化的趋势增长。但是，在 FeS 浓度未降到某一数量时，即使 Cu_2S 能氧化成 Cu_2O，它也只能是氧的传递者，按下列反应进行着循环：

$$[Cu_2S] + 1.5O_2 =\!=\!= (Cu_2O) + SO_2$$
$$(Cu_2O) + [FeS] =\!=\!= [Cu_2S] + (FeO)$$

　　(Cu_2O) 作为氧化 $[FeS]$ 的氧传递者的作用随着 $[FeS]$ 浓度的降低而减弱。当 $[FeS]$ 的浓度降低到一定值时，这种作用就会停止，Cu_2O 即能与 Cu_2S 反应生成金属 Cu。

　　$[Cu_2S]$ 与 $[FeS]$ 共同氧化的热力学条件是下列两反应的吉布斯自由能变化相等：

$$[FeS] + 1.5O_2 =\!=\!= (FeO) + SO_2$$

$$\Delta G_{[FeS]} = \Delta G^{\ominus}_{[FeS]} + RT\ln \frac{p_{SO_2} \cdot a_{(FeO)}}{p_{O_2}^{1.5} \cdot a_{[FeS]}}$$

$$[Cu_2S] + 1.5O_2 =\!=\!= (Cu_2O) + SO_2$$

$$\Delta G_{[Cu_2S]} = \Delta G^{\ominus}_{[Cu_2S]} + RT\ln \frac{p_{SO_2} \cdot a_{(Cu_2O)}}{p_{O_2}^{1.5} \cdot a_{[Cu_2S]}}$$

　　当 $\Delta G_{[FeS]} = \Delta G_{[Cu_2S]}$ 时，代入 $\Delta G^{\ominus}_{[FeS]}$ 和 $\Delta G^{\ominus}_{[Cu_2S]}$。同时，由于吹炼过程中硫化物熔体为氧化物所饱和，而且氧化物形成独立的渣相，故可以认为 $a_{(FeO)} = a_{(Cu_2O)} = 1$；此外，将 Cu_2S-FeS 熔体近似作为理想溶液处理，则 $a_{[FeS]} = a_{[Cu_2S]} = 1$。于是，可以得到 FeS 和 Cu_2S 共同氧化时的浓度（摩尔分数）关系：

$$\lg \frac{[Cu_2S]}{[FeS]} = 1.72 + \frac{3416}{T} \tag{4-7}$$

　　由式 (4-7) 计算得出不同温度下 Cu_2S 与 FeS 的浓度比值：

温度/K	1273	1373	1473	1573
[Cu₂S]：[FeS]	$2.5 \times 10^4 : 1$	$1.62 \times 10^4 : 1$	$1.1 \times 10^4 : 1$	$7.8 \times 10^3 : 1$

计算结果表明，在吹炼温度（1200～1300℃）下，只有当熔体中 Cu_2S 浓度约为 FeS 浓度的 7800～25000 倍时，Cu_2S 才能与 FeS 共同氧化或优先氧化。实践中，白锍中的 Fe 含量降到 1% 以下，也就是要等锍中的 FeS 几乎全部氧化之后，Cu_2S 才开始氧化。

以上分析的硫化物氧化顺序说明了在间断吹炼铜锍时分为两个周期的依据。在间断吹炼的情况下，当几乎全部的 FeS 氧化造渣并排出炉外以后，留下的只是白锍相（排不干净的残余渣量很少），吹炼过程是在白锍-金属-炉气三相之间进行的，不会产生 FeO 继续氧化生成 Fe_3O_4 的问题。

4.4.2.2 Cu_2S 的氧化与粗铜的生成

吹炼进入造铜期后，发生 Cu_2S 与 Cu_2O 的反应，即：

$$2Cu_2O + Cu_2S = 6Cu + SO_2$$

生成金属铜，但并不是立即出现金属铜相。该过程可以用 $Cu-Cu_2S-Cu_2O$ 体系状态图来说明（图 4-9）。

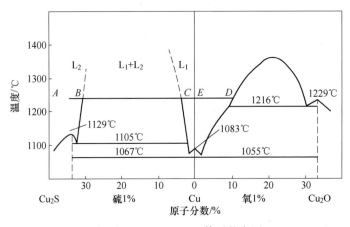

图 4-9 $Cu-Cu_2S-Cu_2O$ 体系状态图

从图 4-9 可以看出，在造铜期开始时，Cu_2S 氧化生成的金属铜溶解在 Cu_2S 中。随着吹炼的进行，Cu_2S 熔体中铜含量越来越高，但此时熔体是均匀的 1 相 (L_2)，即溶解有铜的 Cu_2S 相。此时熔体组成在 A-B 范围内变化。当达到 B 点时，铜在 Cu_2S 中的含量达到饱和。在 1200℃ 时，铜在 Cu_2S 中的含量（质量分数）为 10%。当铜含量超过此值后，熔体组成进入 B-C 段，此时熔体分为 2 层 (L_1 和 L_2)，上层为溶解有少量铜的 Cu_2S 相 (L_2)，下层为溶解有少量 (9%) Cu_2S 的铜相 (L_1)。在温度一定的情况下继续吹炼，两相的组成不变，但是两相的相对量发生了变化，L_1相越来越多，L_2相越来越少。其变化规律服从杠杆定律。当熔体组成达到 C 点时，L_2相消失，体系内只有溶解有少量 Cu_2S 的 L_1 相。铜液中的硫量，取决于氧化程度和温度条件，C-E 线即为铜中含硫量与温度关系。如果继续鼓风，即发生过吹，将使金属铜氧化，进入 E-D 线区铜中含氧量增多，至 D 点时，Cu_2O 开始析出并分层，使熔体成为 Cu_2O+Cu。

生产上，当硫含量脱至 0.5% 时，即停止吹炼。若终点控制不好，过吹时只能缓慢地倒入一定数量的热铜锍还原。

第二周期结束后，产出的粗铜含铜量为 98.5%~99%。粗铜中的含硫量、含氧量与吹炼程度有关，吹炼程度对粗铜含硫量与含氧量的影响见表 4-1。

表 4-1 吹炼程度对粗铜含硫量与含氧量的影响 （%）

吹炼程度	O（体积分数）	S（质量分数）	表面状态
吹炼不足	0.141	0.412	蜂窝状
吹炼适当	0.321	0.04	中泡
稍微过吹	0.561	0.035	大泡

4.4.2.3　Fe_3O_4 的生成与破坏

如上分析，在吹炼的第一周期是 FeS 的氧化，氧化产物可以是 FeO，也可以是 Fe_3O_4；从 FeS 氧化的标准吉布斯自由能变化（表 4-2）可以看出生成 Fe_3O_4 的条件。

表 4-2 FeS 氧化过程中各反应的标准吉布斯自由能 （kJ）

化 学 反 应	反应的标准吉布斯自由能			
	1000℃	1200℃	1400℃	1600℃
反应（1）　$\dfrac{2}{3}FeS + O_2 = \dfrac{2}{3}FeO + \dfrac{2}{3}SO_2$ $\Delta G^{\ominus} = -303577 + 52.71T$	-236.5	-225.9	-215.4	-204.8
反应（2）　$\dfrac{3}{5}FeS + O_2 = \dfrac{1}{5}Fe_3O_4 + \dfrac{3}{5}SO_2$ $\Delta G^{\ominus} = -362510 + 86.07T$	-252.9	-235.7	-218.6	-201.3
反应（3）　$6FeO + O_2 = 2Fe_3O_4$ $\Delta G^{\ominus} = -809891 + 342.8T$	-373.5	-304.9	-236.4	167.8
反应（4）　$\dfrac{9}{5}Fe_3O_4 + \dfrac{3}{5}FeS = 6FeO + \dfrac{3}{5}SO_2$ $\Delta G^{\ominus} = 530577 - 300.24T$	148.4	88.3	28.3	-31.8
反应（5）　$2FeS + SiO_2 = 2FeS \cdot SiO_2$ [①] $\Delta G^{\ominus} = -99064 - 24.79T$	-130.6	-135.6	-140.5	-145.5

化学反应	反应的标准吉布斯自由能			
	1000℃	1200℃	1400℃	1600℃
反应(6) $3Fe_3O_4 + FeS + 5SiO_2 = 5(2FeO \cdot SiO_2) + SO_2$ $\Delta G^{\ominus} = 519397 + 352.13T$	71.1	0.71	-69.7	-140.1

① $2FeO \cdot SiO_2$ 实为固体,此处视为液体,近似处理。Fe_3O_4 会使炉渣熔点升高,黏度和密度也增大,结果既有不利之处,也有有利的作用。利用 Fe_3O_4 的难熔特点,可以在炉壁耐火材料上附着成保护层,有利于炉寿命的提高,这在实践上,被称之为挂炉作业。转炉渣中 Fe_3O_4 含量较高会导致渣含铜显著增高,喷溅严重,风口操作困难。在转炉渣返回熔炼炉处理的情况下,还会给熔炼过程带来很大麻烦。

从表 4-2 数据可以看出:FeS 氧化成 FeO 或 Fe_3O_4,两个反应的热力学趋势相近。熔体中的 Fe_3O_4 可以由 FeS 氧化生成,也可以由 FeO 进一步氧化生成。在无 SiO_2 存在时,Fe_3O_4 很难被 FeS 还原成 FeO,只有当温度达到 1600℃ 时,反应(4)的标准吉布斯自由能变化才是负值。当有 SiO_2 存在时,还原 Fe_3O_4 为 FeO 的反应(6)的趋势大大增加。在吹炼过程过量的空气情况下,FeO 氧化成 Fe_3O_4 是必然的。

除了热力学性质外,转炉内的化学反应条件也影响到 Fe_3O_4 的生成与破坏。生成的 FeO 随着炉内熔体的循环流动,被带到熔体表面,与密度较轻而浮在熔池表面的石英熔剂中的 SiO_2 [反应(5)]形成炉渣。吹炼过程中,FeS 氧化生成 FeO 的反应进行得很快。而在温度低于 1230℃ 时,由于在鼓风作用下的熔体运动迅速,与呈固体状态漂浮在熔体表面的 SiO_2 之间的接触不充分,致使造渣反应进行得较慢。造成一部分 FeO 未能与 SiO_2 反应,仍留在熔体中;当其随熔体运动到风口附近时,被鼓入炉内的空气进一步氧化生成 Fe_3O_4 [反应(3)]。在实际生产中,Fe_3O_4 不能彻底被还原,导致转炉渣中 Fe_3O_4 含量较高,一般为 12%~25%,有时高达 40%。

Fe_3O_4 生成的热力学可由以下反应式进行分析:

$$3(Fe_3O_4) + [FeS] = 10(FeO) + SO_2 \tag{4-8}$$

根据该反应的标准吉布斯自由能变化值与反应的平衡常数式得出的热力学方程如下:

$$\lg a_{Fe_3O_4} = 12790/T - 7.5 + 3.33\lg a_{FeO} + 0.333\lg p_{SO_2} - 0.333\lg a_{FeS} \tag{4-9}$$

吹炼过程中,炉温 T 变化不大,为 1240~1270℃;炉气中 SO_2 分压 p_{SO_2} 14kPa 左右,该两项为给定值。由 Cu_2S-FeS 体系,当锍品位一定时,$a_{FeS} = f(Cu\%)$,a_{FeS} 值则可求得。当吹炼渣成分一定,即 SiO_2 含量一定时,FeO 的活度 a_{FeO} 亦可决定。于是,从式(4-9)计算出吹炼条件下,某一锍品位、渣含 SiO_2

和 a_{FeO} 时吹炼渣中 Fe_3O_4 的活度 $a_{Fe_3O_4}$。为了方便生产上的运用，根据 FeO-Fe_2O_3-SiO_2 体系液态区（1270℃下）的等活度曲线（图 4-10），并经换算，最终得到炉渣中 $Fe_3O_4\%$ 与锍品位（表示为［Cu%］［Fe%］）的关系（图 4-11）。

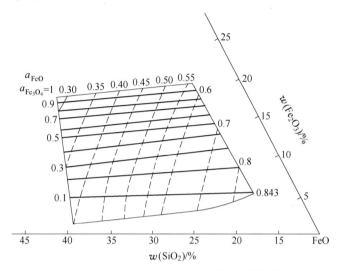

图 4-10　1270℃下 FeO-Fe_2O_3-SiO_2 体系液态区的等活度曲线

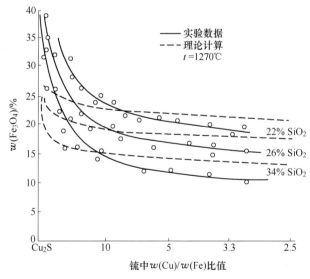

图 4-11　炉渣-锍体系中［Cu%］［Fe%］比值与渣中 $Fe_3O_4\%$ 的关系

由图 4-11 看出，随吹炼过程的进行，锍品位的提高，渣中 Fe_3O_4 的含量增加，在［Cu%］［Fe%］约为 10 即锍品位约为 72% 时，渣中 Fe_3O_4 的含量急剧增加；吹炼至白锍时，渣中的 Fe_3O_4 的含量高达 40% 以上。此外，随吹炼过程的进行，锍品位增加，Fe_3O_4 的相对生成速度也会加快。如图 4-12 所示，吹炼至含 Cu 约 60%~65% 时，Fe_3O_4 的相对生成速度急速升高。

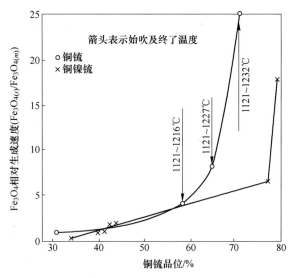

图 4-12　吹炼过程中铜锍品位变化与 Fe_3O_4 的相对生成速度

除了锍品位的影响外，由表 4-2、式（4-8）、式（4-9）和图 4-12 看出，温度、渣型（SiO_2 的量与 a_{FeO}）和炉气中的 p_{SO_2} 对 Fe_3O_4 的生成都在不同程度上有影响。这些，已经有研究结果指出，如图 4-13 和图 4-14 所示。

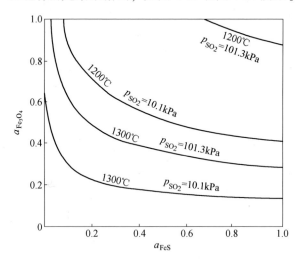

图 4-13　炉气中 SO_2 分压与锍中 a_{FeS} 对渣中 Fe_3O_4 活度影响

提高炉温有利于提高炉渣中的 SiO_2 饱和含量，从而有利于降低炉渣中 FeO 活度和 Fe_3O_4 活度。

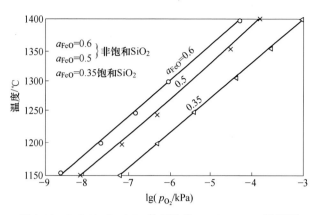

图 4-14　FeO-Fe$_2$O$_3$-SiO$_2$ 体系饱和 Fe$_3$O$_4$-T-p_{O_2} 平衡图

4.4.2.4　Fe$_3$O$_4$ 在炉渣中的溶解与析出

以上分析了 Fe$_3$O$_4$ 生成的热力学因素，由此可得出对渣中 Fe$_3$O$_4$ 数量多少的控制条件。然而，渣中 Fe$_3$O$_4$ 的含量只是问题的一方面，另一方面是炉渣对 Fe$_3$O$_4$ 的溶解能力。倘若炉渣能够溶解较多的 Fe$_3$O$_4$，而不使之析出，那么其危害作用也将减小。影响 Fe$_3$O$_4$ 在炉渣中的溶解与析出的因素仍然是渣成分、温度和渣的氧势或渣含 Fe$_3$O$_4$ 量。

由图 4-15 看出，随温度的升高，Fe$_3$O$_4$ 在渣中的溶解度增加。图 4-14 所示为该体系的饱和 Fe$_3$O$_4$-T-p_{O_2} 平衡图。从图 4-14 可以看出，在氧压一定的条件下，炉渣中 Fe$_3$O$_4$ 达到饱和的平衡温度随渣中 a_{FeO} 的降低而下降。当 lgp_{O_2}=−8 时，饱和 Fe$_3$O$_4$ 的平衡温度约为 1250℃。当炉渣过氧化时，炉渣中 Fe$_3$O$_4$ 的活度增大，与之平衡的氧分压相应增大，例如当 lgp_{O_2}=−7 时，饱和 Fe$_3$O$_4$ 的平衡温度约为 1300℃。这时，如果炉温仍为 1250℃，则渣中的 Fe$_3$O$_4$ 就会析出，使炉渣黏度显著增大。

Fe$_3$O$_4$ 饱和的平衡温度与锍品位的关系可以由下面热力学方程计算出。按式 (4-8) 之平衡常数与其反应物和生成物的活度关系式，在饱和 Fe$_3$O$_4$，SiO$_2$ 接近饱和的 FeO-Fe$_2$O$_3$-SiO$_2$ 中，当温度为 1200~1300℃，p_{SO_2}=10.1kPa，$a_{Fe_3O_4}$=1（Fe$_3$O$_4$ 饱和），a_{FeO}=0.33 时得到：

$$\lg k = 10\lg a_{FeS} - \lg a_{FeS} - 1 \tag{4-10}$$

$$\lg k = -5.88 - \lg a_{FeS} = -35500/T + 20.4 \tag{4-11}$$

$$T = 35500/(\lg a_{FeS} + 26.28) \tag{4-12}$$

由式 (4-12) 得出饱和 Fe$_3$O$_4$ 平衡温度与锍品位的关系，炉渣中 Fe$_3$O$_4$ 饱和温度随锍品位的变化，如图 4-16 所示。可以看出，随着锍品位的增加，饱和 Fe$_3$O$_4$ 的平衡温度随之升高。因此，在锍吹炼过程中，欲避免 Fe$_3$O$_4$ 析出，必须

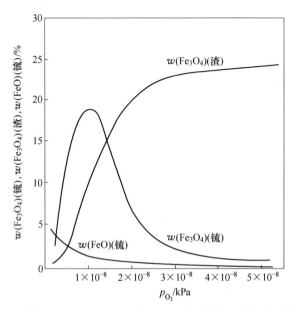

图 4-15　锍中 Fe_3O_4，FeO 和渣中 Fe_3O_4 含量与气相中氧分压的关系

随着锍品位的升高相应地提高炉温，否则 Fe_3O_4 就有可能从炉渣中析出，给生产作业带来麻烦。特别是当吹炼到锍品位接近白铜锍（Cu_2S）时，渣中的 Fe_3O_4 和饱和温度都发生转折，急剧上升。在锍吹炼的造渣期即将结束时，尤其需要特别的注意。

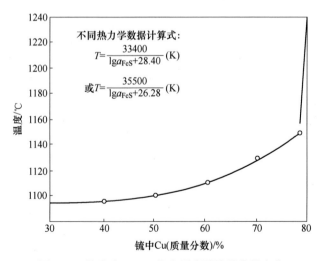

图 4-16　炉渣中 Fe_3O_4 饱和温度随锍品位的变化

从图 4-14 可知，当温度一定时，SiO_2 溶解于炉渣中的数量随氧分压的减小

而增大；渣中 a_{FeO} 降低，随之 Fe_3O_4 的饱和平衡温度降低。当氧分压一定时，随温度的升高，SiO_2 溶解于炉渣中的数量增大，a_{FeO} 即降低，Fe_3O_4 的饱和平衡温度也就下降。

图 4-17 所示为 Fe-O-SiO$_2$ 系的状态图。通常转炉渣组成多在 $abcd$ 液态区顶角很小的范围内。当 SiO_2 含量较低（大约 10%~20%）时，氧分压稍增高，会使 Fe_3O_4 呈固体析出；当 SiO_2 含量较高（大约 35%~40%）时，氧分压稍增高，则会使 SiO_2 固体析出。

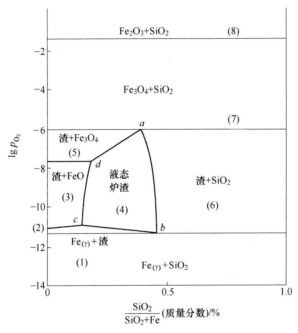

图 4-17 Fe-O-SiO$_2$ 系状态图

4.4.2.5 吹炼过程中的 Fe_3O_4 控制

从上述关于 Fe_3O_4 的生成与破坏、析出与溶解条件可以归纳出在吹炼作业中控制 Fe_3O_4 的措施和途径。

（1）在兼顾炉子耐火材料寿命的情况下，适当提高吹炼温度。P-S 转炉正常吹炼的温度在 1250~1300℃之间。过高的温度是不适宜的。因为炉衬耐火材料中的主要成分之一是 MgO，它在转炉渣的 $2FeO \cdot SiO_2$ 中有一定的溶解度，而且随着炉渣的过热，其溶解度也增加。同时，炉衬抵抗强烈翻动熔体的冲刷能力也随着炉温的升高而减弱。这样就会较明显地缩短转炉寿命。所以在吹炼时，炉温不宜超过 1300℃。

（2）保持渣中一定的 SiO_2 含量。单纯为了减少渣中的 Fe_3O_4 含量而过多地加入石英熔剂是不适当和不经济的。上述分析已经指出,渣中 SiO_2 含量过高容易导致其固体析出,为吹炼温度所不允许。SiO_2 含量过高的炉渣的熔点升高,在转炉内得不到过热,甚至过量的石英熔剂在炉内反应不完全,夹杂或悬浮在渣中,使炉渣黏度增大,渣含铜升高,并给风口操作带来一定困难。此外,炉渣中 SiO_2 含量过高,还会加速碱性炉衬的化学浸蚀,缩短炉寿命。因此,在吹炼第一阶段(造渣期),SiO_2 含量控制要适当,特别在吹炼最后一包热锍时,要特别注意掌握准确的石英量。

加入炉内的石英熔剂粒度要适当,过大的颗粒不容易熔化,过细的则进入烟尘,一般为 10~15mm。

转炉渣中 SiO_2 的含量一般控制在 22%~28%。相应的 Fe_3O_4 含量(质量分数)见表 4-3。

表 4-3　转炉渣中 Fe_3O_4 含量随 SiO_2 含量的变化　　　　　(%)

$w(SiO_2)$	16	17	18	19	20	21	22	23	24	25	26	27	28
$w(Fe_3O_4)$	27.0	25.6	24.2	22.8	21.3	19.9	18.5	17.1	15.7	14.3	12.8	11.4	10.0

4.4.3　吹炼过程中杂质元素的行为及其在产物中的分配

4.4.3.1　吹炼过程中杂质元素的行为

一般铜锍中的主要杂质有 Ni、Pb、Zn、Bi 及贵金属。它们在 PS 转炉吹炼过程中的行为分析如下。

A　Ni_3S_2 在吹炼过程中的变化

Ni_3S_2 是一种在高温下稳定存在镍的硫化物。从图 4-7 上的直线位置看出,在吹炼温度下,Ni_3S_2 氧化是在 FeS 之后、Cu_2S 之前。

当熔体中有 FeS 存在时,NiO 能被 FeS 硫化成 Ni_3S_2:

$$3NiO + 3FeS + O_2 \Longrightarrow Ni_3S_2 + 3FeO + SO_2$$

只有在 FeS 浓度降低到很小时,Ni_3S_2 才被氧化为:

$$Ni_3S_2 + 3.5O_2 \Longrightarrow 3NiO + 2SO_2 \qquad \Delta_r H_m^{\ominus} = +1186kJ/mol$$

不过氧化反应的速度很慢,NiO 不能完全入渣。

在铜锍吹炼温度下,正如图 4-8 所示,由于 Ni_3S_2 与 NiO 交互反应的 SO_2 平衡压很小,不能生成金属镍。但是在造铜期,当熔体内有大量的铜和 Cu_2O 时,少量 Ni_3S_2 可反应生成金属镍:

$$Ni_3S_2 + 4Cu \Longrightarrow 3Ni + 2Cu_2S$$

$$Ni_3S_2 + 4Cu_2O \Longrightarrow 3Ni + 8Cu + 2SO_2$$

在铜锍的吹炼过程中,难以将镍大量除去,粗铜中 Ni 含量仍有 0.5%~0.7%。

B CoS 在吹炼过程中的变化

CoS 只在造渣末期，即在 FeS 含量较低时才被氧化成 CoO：

$$CoS + 1.5O_2 \rightleftharpoons CoO + SO_2$$

生成的 CoO 与 SiO$_2$ 结合成硅酸盐进入转炉渣。研究表面，当硫化物熔体中含铁约 10% 或稍低于此值时，CoS 开始剧烈氧化造渣。在处理含 Co 的物料时，后期转炉渣含 Co 可达 0.4%~0.5% 或者更高一些，因此，可以作为提 Co 的原料。

C ZnS 在吹炼过程中的变化

在铜锍吹炼过程中，锌以金属 Zn、ZnS 和 ZnO 三种形态分别进入烟尘和炉渣中。

以 ZnO 形态进入吹炼渣：在吹炼的造渣期末，锍中大部分 FeS 氧化之后，ZnS 反应氧化造渣，即：

$$ZnS + 1.5O_2 \rightleftharpoons ZnO + SO_2 \qquad \Delta G^{\ominus} = -521450 + 120T(\text{J/mol})$$

$$ZnO + 2SiO_2 \rightleftharpoons ZnO \cdot 2SiO_2$$

$$ZnO + SiO_2 \rightleftharpoons ZnO \cdot SiO_2$$

比较 FeS 与 ZnS 氧化反应的标准吉布斯自由能变化可知，ZnS 的氧化反应几乎与 FeS 一样剧烈，并具有大致相同的反应速度。因此，锍中的一部分 ZnS 氧化成 ZnO 并以硅酸盐或含锌铁橄榄石形态进入转炉渣中。转炉渣中 ZnO 含量有时可高达 20%。含 ZnO 高的转炉渣黏度和熔点都比较高，使渣含铜增高。

以 ZnS 形态进入烟尘：在吹炼温度下，ZnS 具有一定的蒸气压。由实验测得不同组成的锍与炉渣上的 ZnS 蒸气压列于表 4-4。对转炉熔体上炉气的分析证明，锌在吹炼的第 1 周期主要以 ZnS 形态挥发。实测的硫化锌蒸气压与上述实验数据相接近。

表 4-4 吹炼程度对粗铜含硫量与含氧量的影响

名称	成分/%				p_{ZnS}/Pa
	$w(Cu)$	$w(Fe)$	$w(Pb)$	$w(Zn)$	
锍 1	42.77	20.00	5.44	6.56	228.0
锍 2	46.30	14.67	6.46	5.32	222.6
锍 3	50.90	12.32	6.63	3.77	209.3
锍 4	65.30	4.82	4.98	2.98	197.3
锍 5	76.13	3.30	3.50	10.50	85.3
炉渣 1	5.80	39.19	3.50	10.50	85.3
炉渣 2	1.85	40.86	4.45	11.85	68.0

以金属 Zn 形态进入烟尘：锌呈蒸气形态挥发是由于在吹炼温度下发生下列

反应的结果，即

$$ZnS + 2ZnO \rule[0.5ex]{1.2em}{0.4pt} 3Zn(g) + SO_2$$

ZnS 与 ZnO 的反应在锌沸点（906.97℃）以上的平衡常数可计算成：

$$\lg K = \lg(p_{Zn}^3 \cdot p_{SO_2}) = \frac{-231010}{4.575}T + 4 \times 1.75\lg T + 12.9 \quad (4\text{-}13)$$

由式（4-13）计算出各温度下的平衡常数可见表 4-5。

表 4-5　各温度下的平衡常数

温度/K	827	927	1127	1170	1327	1527
$\lg K$	−11.8	−7.6	−1.2	0	+3.7	+7.4

　　由数据看出，在吹炼温度下，ZnO 与 ZnS 反应生成的锌蒸气平衡压力很大，在转炉吹炼条件下，反应能顺利向右进行。

　　在铜锍吹炼的造渣期末、造铜期初，由于熔体内有金属铜生成，将发生下面的反应：

$$ZnS + 2Cu \rule[0.5ex]{1.2em}{0.4pt} Cu_2S + Zn(g) \quad (4\text{-}14)$$

在不同温度下，式（4-14）中锌蒸气压可见表 4-6。

表 4-6　各温度下的锌蒸气压

温度/℃	1000	1100	1200	1300
p_{Zn}/Pa	6850	12159	25331	46610

　　由数据看出，ZnS 与 Cu 反应的锌蒸气压随温度升高而增大。因为转炉烟气中锌的蒸气压很小，所以金属 Cu 与 ZnS 的反应能顺利地向生成锌蒸气的方向进行。

　　生产实践表明，锍中的 Zn 约有 70% ~ 80% 进入转炉渣，20% ~ 30% 进入烟尘。

　　D　PbS 在吹炼过程中的变化

　　在锍吹炼的造渣期，熔体中 PbS 的 25% ~ 30% 被氧化造渣，40% ~ 50% 直接挥发进入烟气，25% ~ 30% 进入白铜锍中。

　　PbS 的氧化反应在 FeS 之后、Cu_2S 之前进行，即在造渣末期大量 FeS 被氧化造渣之后，PbS 才被氧化，并与 SiO_2 造渣。

$$PbS + 1.5O_2 \rule[0.5ex]{1.2em}{0.4pt} PbO + SO_2$$

$$2PbO + SiO_2 \rule[0.5ex]{1.2em}{0.4pt} 2PbO \cdot SiO_2$$

　　由于 PbS 沸点较低（1280℃），在吹炼温度下，有相当数量的 PbS 直接从熔体中挥发处理进入烟气中。不同锍成分上的 PbS 蒸气压见表 4-7。

表 4-7　不同锍成分上的 PbS 蒸气压

名称	成分/%					p_{PbS}/Pa			
	$w(Cu)$	$w(Pb)$	$w(Zn)$	$w(Fe)$	$w(S)$	1000℃	1100℃	1175℃	1200℃
锍 1	22.33	14.32	6.63	37.00	17.37	226.6	933.2	1426.6	3239.7
锍 2	38.40	7.31	7.60	18.20	19.60	53.3	133.3	946.6	2173.2

在吹炼的造铜期末，白锍中的 PbS 与 PbO 反应生成金属铅挥发，即

$$PbS + 2PbO = 3Pb(g) + SO_2 \qquad \Delta G^{\ominus} = 192949 - 157.54T(J/mol)$$

由反应的标准吉布斯自由能变化与温度的关系式可以计算出不同温度下的 p_{SO_2}。在 1000℃时，$p_{SO_2} = 206.7kPa$。可见，反应的 SO_2 平衡压力很大，所以在吹炼条件下，反应能激烈地向生成金属铅的方向进行。由于金属铅易挥发，反应生成的铅大部分进入气相，并被炉气氧化成 $PbSO_4$ 和 PbO。只有极少量的铅留在粗铜中。

E　Bi_2S_3 在吹炼过程中的变化

Bi_2S_3 易挥发。在 700~1150℃温度范围内，Bi_2S_3 蒸气压与温度有如下关系：

$$lg p_{Bi_2S_3} = -1019.9/T + 0.94(kPa)$$

在 1100℃时，Bi_2S_3 蒸气压为 1.574kPa，可见在吹炼温度下 Bi_2S_3 有一定的挥发。

锍中的 Bi_2S_3 在吹炼时被氧化成 Bi_2O_3：

$$2Bi_2S_3 + 9O_2 = 2Bi_2O_3 + 6SO_2$$

Bi_2O_3 在不同温度下的饱和蒸气压可见表 4-8。

表 4-8　Bi_2O_3 在不同温度下的饱和蒸气压

温度/℃	1100	1150	1200	1250	1300
$p_{Bi_2S_3}$/kPa	26.93	61.99	130.66	262.65	510.62

生成的 Bi_2O_3 可与 Bi_2S_3 反应生成金属铋：

$$2Bi_2O_3 + Bi_2S_3 = 6Bi + 3SO_2$$

在 1000℃以上，反应强烈地向生成金属铋的方向进行。金属铋的熔点为 271℃，沸点为 1506℃。在 271~1680℃范围内，蒸气压与温度关系为：

$$lg p_{Bi} = \frac{-10.4 \times 10^3}{T} - 1.26 lg T + 11.48(kPa)$$

在 1100℃时，铋的蒸气压约为 900Pa。

由于以上铋及其化合物的行为，所以在吹炼温度下铋显著挥发，大约有 90% 以上进入烟尘，只有少量留在粗铜中。

F　砷、锑化合物在吹炼过程中的变化

在吹炼过程中砷和锑的硫化物大部分被氧化成 As_2O_3 和 Sb_2O_3 挥发、少量被氧化成 As_2O_5 和 Sb_2O_5 进入炉渣。只有极少数砷和锑以铜的砷化物和锑化物的形态留在粗铜中。

G　贵金属在吹炼过程中的变化

在吹炼过程中金、银等贵金属基本上以金属形态进入粗铜相中，只有少量随铜进入转炉渣中。

4.4.3.2　杂质元素在吹炼产物中的分配

吹炼期间从铜锍中去除的主要元素是 Fe 和 S，但也有很多其他杂质会被部分去除，进入烟气或渣中。表4-9 列出了某些杂质元素在粗铜、炉渣和烟尘中的典型分配情况。

表 4-9　在 PS 转炉中进行铜锍吹炼的杂质元素分配比较 　　　　（%）

元素	分配比例														
	粗铜					炉渣					烟气				
	1[②]	2	3	4	5	1	2	3	4	5	1	2	3	4	5
Pb	5	4	5	5	7	10	48	49	36	41	85	46	46	59	52
Ni	75			70	76	25			28	22				2	2
Bi	5	13	55	22	18		17	23	7	7	95	67	22	71	75
Sb	20	29	59	19	20	20	7	26	76	66	60	64	15	5	14
Se	60	72	70			30	6	5			10	21	25		
Te	60					30					10				
As	15	28	50	37	42	10	13	32	30	27	75	58	18	33	31
Zn	0	11	8			70	86	79			30	3	13		
贵金属[①]	90														

① 包括 Au、Ag 和铂族元素，大多数报道认为贵金属进入粗铜中。

② 1 为文献《现代铜冶金学》（朱祖泽、贺家齐）中转炉的数据，入炉铜锍铜品位约为60%；2 和 3 为文献《铜冶炼技术》（原著第四版，W. G. 达达波特等）中的转炉数据，入炉铜锍铜品位分别为54%和70%，4 和 5 为国内某厂转炉吹炼数据，入炉铜锍铜品位为 56%~61%。

从这些数据可以看出，在粗铜产品中残留的杂质随铜锍品位的增加而显著增加。这是因为吹炼含铜高的铜锍所需量少，形成的渣也少。据天满屋（Tenmaya）等人 1993 年报道，在冶炼末期额外再鼓入空气可以降低粗铜中的 As、Pb 和 Sb。

在多相多组元熔体中，影响杂质挥发进入气相的因素是较为复杂的。板垣乙未生和矢泽（A. Yazawa）的研究指出，分配主要取决于工艺因素，如杂质元素的饱和蒸气压、烟气量及其温度，以及铜锍与鼓风之间的接触良好与否，杂质元素在锍中的初始浓度和锍品位也是重要的因素。烟尘中含有足以在熔炼炉进行回收利用的铜，然而，这种返回使用也将烟气中的杂质带入循环过程。为此，一些冶炼厂在烟尘返回利用之前，要对烟尘进行处理，去除里边的杂质元素，并回收其中的有价元素。

4.4.4 吹炼过程热化学

4.4.4.1 空气吹炼

铜锍转炉吹炼是自热过程，即吹炼过程中化学反应放出的热量不仅能满足吹炼过程对热量的需求，而且有时还有过剩。另外，转炉吹炼过程是周期性作业，在造渣期和造铜期炉内的化学反应不同，放出的热量不同。

在造渣期开始加入铜锍时，炉温为1100℃，到造渣期末升至1250℃。造渣期反应的热效应如下：

$$2FeS + 3O_2 + SiO_2 \Longrightarrow 2FeO \cdot SiO_2 + 2SO_2$$

$$\Delta_r H_m^\ominus = + 1030.09kJ/mol$$

1kg FeS氧化造渣反应可以放出约5.85kJ的热量。造铜期反应的热效应为：

$$Cu_2S + O_2 \Longrightarrow 2Cu + SO_2$$

$$\Delta_r H_m^\ominus = - 217.4kJ/mol$$

1kg Cu_2S氧化成金属铜可以放出约1.37kJ的热量。可见，造铜期的热条件远不如造渣期好。根据工厂实践，在造渣期每鼓风1min，炉内熔体的温度可升高0.9~3.0℃；而停止鼓风1min，熔体温度下降1~4℃。在造铜期每鼓风1min，炉内熔体温度上升0.15~1.2℃；而停止鼓风1 min，熔体温度下降3~8℃。

吹炼过程的正常温度在1150~1300℃范围内。当温度低于1150℃时，熔体有凝结的危险，风眼易黏结、堵塞。而当温度高于1300℃时，转炉炉衬耐火材料的损坏明显加快。控制炉温的办法主要是调节鼓风量和加入冷料（如固体、包子上的冷壳等）。

4.4.4.2 富氧吹炼

在锍吹炼中，特别在吹炼高品位锍时应用富氧空气，无论在热力学或动力学上都有明显的优势。使用富氧减少了烟气量，从而减少了烟气的热支出，大大提高了过程的热利用率。杨慧振、吴扣根等人在对云南铜业转炉富氧吹炼的试验工作中，根据转炉吹炼热平衡模型和富氧吹炼热过程模型，得出了富氧吹炼节能模型。每个吹炼周期因采用富氧节约的热量为：

$$\Delta Q = \Delta V \int_{T_0}^{T} C_{p,N_2} dT + q_g \Delta T \times 10^{-3}$$

式中，ΔQ为每吹炼周期因采用富氧节约的热量，kJ；ΔV为因富氧而少带入炉内的氮气量，m^3；T，T_0 分别为转炉烟气与入炉富氧空气的温度，K；C_{p,N_2} 为氮气的定压比热，$kJ/(m^3 \cdot K)$；q_g 为单位时间内随烟气带出损失的热流量，kJ/h；ΔT 为每吹炼周期因富氧而节省的吹炼时间，h。

考虑到风口及风管送风时的风量损失，吹炼周期内少带入的氮气量为：

$$\Delta V = 4.762 \times 10^{-3} m_{mat}/(y\eta) V_0(y-21)[1405(T-T_0) + q_g/(V_d\beta)]$$

式中，V_0 为单位锍量氧化所需的氧气量，其与锍品位及 FeS 和 Cu_2S 含量有关，m^3；η 为氧气有效利用系数，即氧效率；V_d 为转炉鼓风强度，m^3/h；β 为鼓风效率；y 为氧浓度；m_{mat} 为锍量，t。

4.5　PS 转炉内的流体流动及吹炼动力学

4.5.1　PS 转炉内的喷流现象及其性质

吹炼过程是一个熔体与气体之间的传质和传热过程。依靠鼓风造成熔池激烈的搅动，使熔体与气体良好地混合接触是完成传热和传质的保证条件。如图 4-18 所示，气流从 PS 转炉的风口鼓入熔池中时，受到熔体的阻碍被击散立即形成若干小流股和气泡。在风口处的这些气泡由于流体动力学的原因是不稳定的，它们在风口上面不远的地方分裂成更小的气泡，滞留在熔体内。但是，并不是均匀地分布在熔体中使整个熔池表面膨胀，而是随着流体的运动形成羽状卷流或弯面流股。这是因为

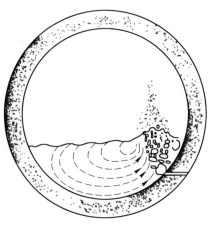

图 4-18　PS 转炉内流体运动示意图

除了气泡夹带熔体上浮外，更主要是由于喷口区的负压与其他区域的正压造成的压力差，使流体向与流股界面成垂直的方向流动。滞留气体在熔池面上形成的这种弯面喷流或羽状卷流是 PS 转炉吹炼的基本条件。了解气流形成的气泡体积、混合能量、喷入熔体中喷流运动现象、喷流性质、气泡形成与运动以及气流穿透等喷流的基本规律是研究吹炼动力学和风口与炉衬损坏的基础，并为获得高的生产率与长的炉寿命提供理论分析基础。

4.5.1.1　液体-气体界面面积

在诺兰达炉熔池侧面喷射气流形成的穿面喷流中，滞留气体与熔体之间的界面面积是传热和传质的主要参数。决定气-液界面积的因素有单位熔体鼓风量、气泡在熔体内停留时间、气泡直径以及熔体温度等。

A 鼓风量

传统转炉的长度与直径的比（L/D）在 2~3.5 之间。关于 PS 转炉的鼓风量与炉子容积的关系是通过对生产炉子的统计得出的。图 4-19 所示为 PS 转炉鼓风量与其容积的关系曲线。

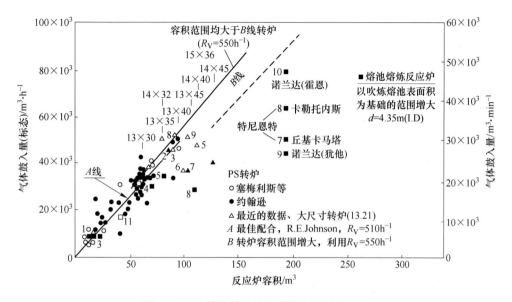

图 4-19 PS 转炉鼓风量与其容积的关系曲线

B 熔池表面的气体流速

鼓风量决定了熔池内的搅动强度，也决定了熔池表面上的气体流速。低的速度意味着熔池面之上自由空间内的飞溅物数量减少；反之，高的表面气流速度会增加飞溅物和烟尘的数量。因而，鼓风量受到气流表面速度的限制。气流表面速度是指在一定的温度下的单位鼓风量对熔池表面积的比值。当然，除了鼓风量外，还应该考虑单位鼓风量所通过的风口数量。

C 气体-液体间的界面面积

PS 转炉内，液体与全部气泡在任何瞬间的界面面积是在理想气体定律的基础上按球形气泡计算的，即：

$$A_i = V_{tuy} \frac{T_m}{273} \frac{1}{P_{vc}} t_b \frac{\sigma}{d_b} \tag{4-15}$$

式中，A_i 为液-气界面面积，m^2；V_{tuy} 为通过风口的气体流速，m^3/s；T_m 为熔体温度，K；P_{vc} 为气泡内平均压力的补偿系数，kPa（诺兰达炉取值为 1.25×101.3kPa）；t_b 是直径为 d_b 的气泡在熔体中的停留时间，s；σ/d_b 为直径是 d_b 的气泡表面积对体积之比。

4.5.1.2 气泡的滞留体积

气泡在熔体中的滞留体积 V_{hol}，可表示为：

$$V_{hol} = V_{tuy} \frac{T_m}{273} \frac{1}{P_{vc}}$$

式中的符号意义同式（4-15）。

4.5.1.3 熔池中的混合能量及熔体的流动状况

由于气体鼓入的冲击力及气泡上升和膨胀，给熔体带来了很大的搅动能量。向密度为 ρ_m 的熔体鼓入气体时，此能量 P_m 可以表示为：

$$P_m = 0.74QT\ln(1 + \rho_m Z/p_a)$$

式中，Q 为喷入气体的流量，m^3/s；T 为熔体温度，K；ρ_m 为熔体密度，g/cm^3；Z 为风口浸没深度，cm；p_a 为大气压力，$p_a = 101.3kPa$；P_m 为搅动能量，或称混合能，W。

P_m 值也可以表达为单位熔体质量的搅动功率，即：

$$\varepsilon = P_m/W_m$$

式中，ε 为单位质量熔体所接受的混合能，kW/t；W_m 为熔体的质量，t。在铜锍吹炼 PS 转炉中，该能量为 20 ~ 30kW/t。图 4-20 所示为塞梅利斯（N. J. Themelis）给出的包括钢铁冶金在内的各种吹炼炉的搅动能量与搅动时间的比较。

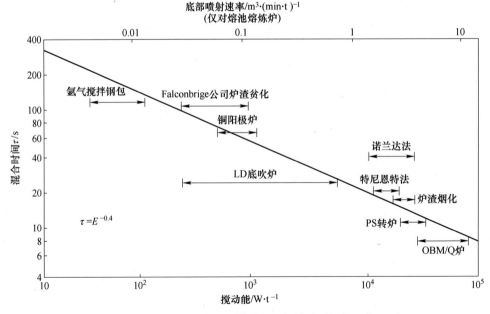

图 4-20 各种吹炼炉的搅动能量与搅动时间的比较

4.5.1.4 侧吹浸没风口喷流的运动轨迹

为了便于了解转炉内流体运动的特性，首先来看侧吹浸没风口的喷流运动轨迹。该轨迹可以由理论计算得出，通过理论计算轨迹方程描述的模型，能够对喷流现象中的主要因素进行研究，有助于对转炉内的流体运动规律的分析。

描述喷流运动轨迹的方程是由塞梅利斯等人模拟侧吹转炉，从气体-液体动量的传递关系，基于气体离开风口时形成锥形流股的运动轨迹来计算的。锥形流股轨迹是这样的：在风口处形成流股的同时，卷入了气体，产生气泡。气体和气泡的分布密度从风口起向远处逐渐由密集变得稀疏。由于气体与液体进行动量交换，而在流股周围产生了压力差，导致风口附近区域形成负压，引起熔体流动（图 4-21）。由流股的几何图（图 4-22），推导出射流中心线上喷射流运动轨迹的无因次方程为：

$$\frac{\mathrm{d}^2 y_{\mathrm{r}}}{\mathrm{d}x_{\mathrm{r}}^2} = 4N'_{\mathrm{Fr}} \left[\frac{\tan^2(\theta_{\mathrm{c}}/2)}{\cos\theta_0} \right] \left[1 + \left(\frac{\mathrm{d}y_{\mathrm{r}}}{\mathrm{d}x_{\mathrm{r}}} \right)^2 \right]^{1/2} x_{\mathrm{r}}^2 c \tag{4-16}$$

式中，$y_{\mathrm{r}} = y/d_0$ 为距喷出口的无因次垂直距离；$x_{\mathrm{r}} = x/d_0$ 是喷出口的无因次水平距离，d_0 为喷孔直径；θ_{c} 为喷流锥体角；θ_0 为流股初始运动方向的中心线与水平线的夹角；N'_{Fr} 为弗劳德（Froude）数的倒数（修正弗劳德数），

$$N'_{\mathrm{Fr}} = \rho_{\mathrm{g}} u_0^2 / [g(\rho_{\mathrm{L}} - \rho_{\mathrm{g}})] d_0 \tag{4-17}$$

c 为距喷出口水平距离 x 处喷射流中气体的体积分数（浓度），

$$c = d_0/d [c + (1 - c)(\rho_{\mathrm{L}}/\rho_{\mathrm{g}})]^{0.5}$$

$d = 2x\tan(\theta_{\mathrm{c}}/2) = x/B$，$B$ 为喷嘴出口处的无因次距离。于是：

$$c = (Bd_0/x) [c + (1 - c)(\rho_{\mathrm{L}}/\rho_{\mathrm{g}})]^{0.5} \tag{4-18}$$

式（4-18）表明，随水平距离的增加，喷流中夹带的熔体增多，喷流中气体的体积浓度减少。图 4-23 所示为喷流速度及喷流中气体的体积浓度与距喷出口无因次水平距离的关系。

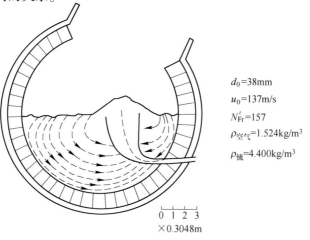

$d_0 = 38\mathrm{mm}$

$u_0 = 137\mathrm{m/s}$

$N'_{\mathrm{Fr}} = 157$

$\rho_{空气} = 1.524\mathrm{kg/m}^3$

$\rho_{锍} = 4.400\mathrm{kg/m}^3$

0 1 2 3
×0.3048m

图 4-21　用来计算喷流运动轨迹方程的流体运动轨迹模型

（1969 年，塞梅利斯和泰拉索夫等）

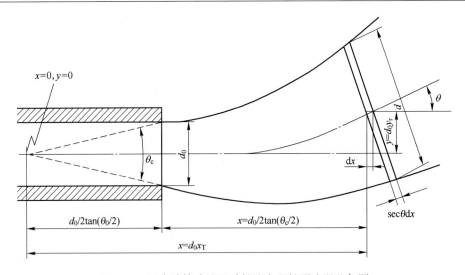

图 4-22   用来计算喷流运动轨迹方程锥形流股几何图

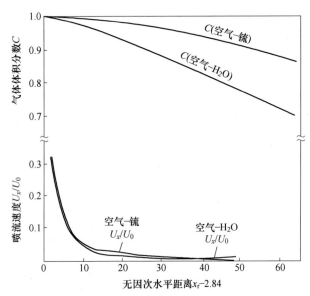

图 4-23   气体体积分数（浓度）及喷流速度与水平距离（无因次量）的关系

求解式（4-16）的微分方程的边界条件为：

$y_r = 0$（当 $x_r = 0.5\tan(\theta_c/2)$ 时，即喷口处射流的垂直位置定为 0）

$\mathrm{d}y_r/\mathrm{d}x_r = \tan\theta_0$（当射流的起始方向被确定时）

图 4-24 给出了按上列边界条件求解的结果。从图 4-24 看出，修正弗劳德数 N'_{Fr} 对流股运动轨迹的影响很显著。N'_{Fr} 的数值越大，流股深入熔体的无因次水平距离越大，即 y_r/x_r 越小；随修正弗劳德数的减小，在垂直方向上流股深入熔体

的距离增加越陡。

彭一川对塞梅利斯在计算中关于"上升液体流中气体的浓度 c 同水平距离 x 的关系与水平气液喷流中气体的浓度完全相同"的假定作了修正。虽然在弗劳德数较大的情况下有较大的差别，但两者的曲线趋势仍然是一致的，都有和图 4-24 同样的规律。

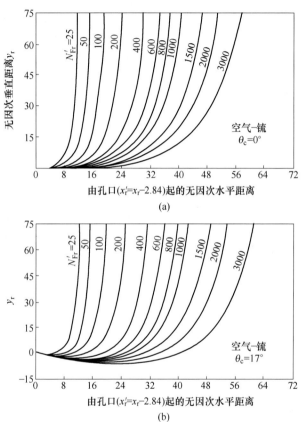

图 4-24　空气喷入铳熔体中，不同喷吹角时流股中心线轨迹
[按方程式（4-10）计算] 与 $N'_{Fr} = (1/N_{Fr})$ 的关系
（a）$\theta_c = 0°$；（b）$\theta_c = 17°$

在塞梅利斯等人的研究之后，奥利尔（G. N. Oryall）和布里马科姆（J. K. Brimacombe）的研究指出了塞梅利斯描述的轨迹是不正确的。奥利尔和布里马科姆发现喷入液体金属汞的空气喷流锥角 θ_c 为 155°，比在空气-水体系中的锥体角 20°大得多（图 4-25），这说明空气-汞体系喷流锥角膨胀极为迅速，以致在喷口处立即形成柱体向上运动，基本上不存在水平轨迹。实验已经证明，锥体膨胀角迅速增大的情况只与流体的密度、表面张力等物理性质有关，与喷口直径无关。彭一川的研究也推测了空气喷入铜液时锥角膨胀可能达到 155°。

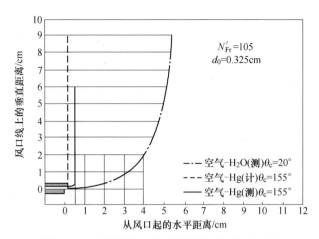

图 4-25　实际测定与理论计算的喷流轨迹比较

虽然，塞梅利斯导出的理论轨迹方程描述被后来的研究所否定，但是基于锥形角的喷流计算仍然对以后的转炉内流动现象研究有一定的意义。

4.5.1.5　喷流穿透距离与喷流类型

上述的理论计算和实验测定已经指出了喷流股轨迹深入液体的无因次水平距离和无因次垂直距离与修正弗劳德数 N'_{Fr} 的关系。除此之外，N'_{Fr} 还决定着喷流向前的穿透距离。

如图 4-26 所示，以空气/惰性气体-水、空气/惰性气体-汞以及空气/惰性气体-盐溶液等不同的体系进行模拟实验，得到了 N'_{Fr} 与 l/d_0 之间呈线性关系，即：

$$l/d_0 = 10.7 N'^{0.46}_{Fr} \, (\rho_g / \rho_L)^{0.35} \tag{4-19}$$

式中，l 为穿透距离；d_0 为风口直径；l/d_0 表示相对风口直径的穿透深度；ρ_g 和 ρ_L 分别为气体和流体的密度，体系一定时，ρ_g / ρ_L 为一常数。由式（4-19）和图 4-26 可知，风口前面的穿透距离随 N'_{Fr} 的增大而增大。从式（4-17）可知，当风口直径 d_0 一定时，N'_{Fr} 与气流速度平方成正比。所以，l/d_0 实际上与风口处的速度平方成正比。风口处气流速度大，动量大，气流穿透力也大。

在 N'_{Fr} 很大的稳流状态下，从喷口出来的气流绝大部分向前深入液体，仅很少部分周期性的气体向风口后面穿透，间或产生较大的气泡。当气流速度（或压力）较小时，穿透深度很浅，几乎就在风口处向上扩展，形成不连续的气泡，并出现脉冲压力。

在 N'_{Fr} 与 ρ_g / ρ_L 较小和脉冲式喷流条件下的气-液体系属于气泡产生的体系。而无脉冲压力、呈稳流状态以流股形式出现的喷流称之为射流。图 4-27 所示为用 N'_{Fr} 和 ρ_g / ρ_L 作出的喷流性质区域划分图。从图 4-27 看出，锍的转炉吹炼属于气泡产生体系，而不是射流。

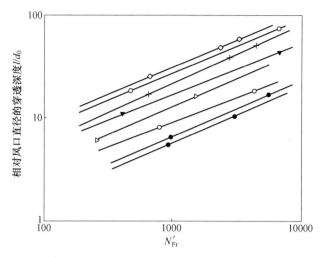

图 4-26　喷流无因次穿入深度与 N'_{Fr} 的关系

（Hg 体系：半风口，$d_0 = 0.2$cm；气体系：全风口，$d_0 = 0.325$cm）

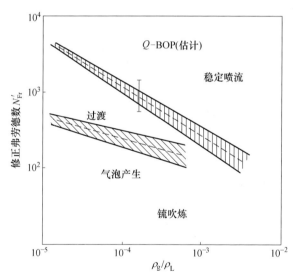

图 4-27　由 N'_{Fr} 和 ρ_g/ρ_L 决定的喷流性质区域划分图

4.5.1.6　锍吹炼转炉内的气泡行为及其对炉衬的冲刷

在铜转炉吹炼条件，如图 4-27 所描述的那样，N'_{Fr} 为 10～14 是很小的，属于低的 N'_{Fr} 值区。赫菲勒（E. O. Hoeffele）和布里马科姆从对转炉上的实际测量证实了喷入的空气不仅基本上是垂直上升的，而且服从数的规律，以大气泡的形式排出，亦即转炉吹炼是在气泡产生的情况下进行工作的，而 N'_{Fr} 非如早先塞梅利斯提出的喷射流股模型。因此，赫菲勒和布里马科姆的转炉吹炼模型图（图 4-28）更能反映实际情形。

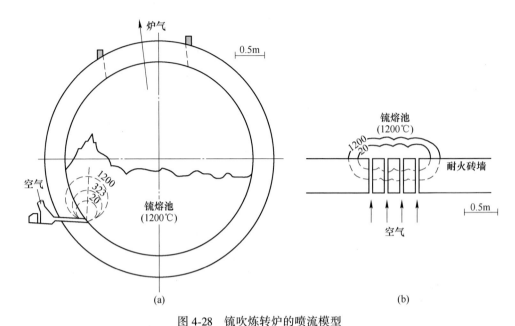

图 4-28　锍吹炼转炉的喷流模型
（a）风口前气泡情形，风口上标注的数字为温度（℃）；（b）风口砖处的放大图

由图 4-28 看出，气体从风口出来即形成气泡，并在风口端部膨胀上升，相邻风口处的气泡互相重叠成大气泡。

研究指出，气体从风口进入熔池（在风口附近）时，有一个初始气流区。此区内，气泡连续地产生和分离，在初始气泡区之上是一个很短的气泡自由运动区。气体继续向上，大气泡即破裂成小气泡，通常称该区域为气泡卷流。气体最后到熔池面时，气泡通过液体面发生破裂，并脱离熔体逸出。安纳布（P. E. Anabgo）等用下列的分散数来划分各区：

$$N_D = \frac{Z}{d_0} \left(\frac{g d_0^5}{Q_0^2 \rho_g \rho_L^{-1}} \right)^{0.3}$$

式中，N_D 为分散数，无量纲数；Z 为熔体深度，m；d_0 为风口直径，m；g 为重力加速度，m/s²；Q_0 为气体喷出口流速，m³/s；ρ_g 为空气密度，kg/m³；ρ_L 为熔体密度，kg/m³。

当 $N_D < 2$、$N_D > 4.5$ 时，处于气泡卷流区；当 $2 < N_D < 4.5$ 时，处于自由气泡区。

在前述理论轨迹的推导中，对轨迹方程的气体浓度（体积分数）参数分布作了描述，如图 4-29 和图 4-30 所示。从这两个图上看出，在风口处的气体浓度最高。当气体以脉冲方式进入液体时，气泡的发生分布也有着同样的规律，仍然是风口处最大。奥利尔等人的研究结果（图 4-30）表明，在风口中心线垂直面上的气泡几乎全部集中于风口端部（0.5~1cm 距离）布里马科姆（Brimacombe）和比斯托（A. A. Bustos）等人应用高速摄影机研究了半个风眼端部空气-汞体系下的气泡发生情况。实验条件是模拟铜转炉的吹炼。不连续的气泡以 $10s^{-1}$ 的频率排出。高速摄影的图像显示，气泡只在很短的距离内深入熔池和在风口后面生长。

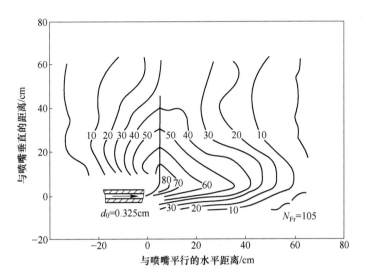

图 4-29　通过风口中心线垂直面上气体体积分数（浓度）分布

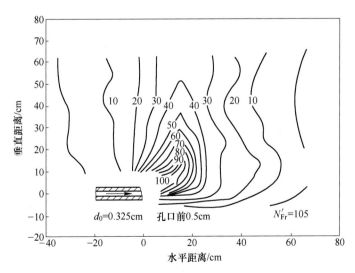

图 4-30　通过风口中心线垂直面上的气泡分布（气泡频率以气泡数目/s 计）

风口气泡生成后还要向前，也向后继续膨胀。向后则紧贴炉壁，即气泡总是与风口线上的炉衬相接触。气泡脱离风口端部后，因浮力的作用而向上运动，导致液体形成流股，冲刷着风口后墙。由于气泡是脉冲式的形成、生长和破裂，这种流股的冲刷也就是脉冲式的进行。

此外，在风口端部的气泡集中区，气泡与硫化物的反应剧烈，尽管有气泡的搅拌作用使熔池内的热量和质量分布均匀化，但总是存在局部温度较高的情况，从而加剧了流股与气泡对后墙的冲刷腐蚀。

从气泡的形成与膨胀来看，低流速和低风压下的气泡体系不可避免地带来后炉壁的磨损与侵蚀。

4.5.1.7　风口压力变化与风口结瘤现象

在转炉的修正弗劳德数小的气泡产生体系下，脉冲式的气泡生长与膨胀可以由实际测量看出。比斯托和理查德（G. G. Richards）等人在转炉风口内装置了带显示的压力测量仪，得出了如图4-31（a）所示的风口压力曲线图。风口处的气泡一脱离风口，熔体即回灌入风口，产生了曲线的尖峰，压力的衰减是气泡的生长（气泡的内压力与气泡形成过程中的半径变化以及液体性质有着较复杂的关系，风口处的压力又由气泡内压力决定）。这种脉冲变化的频率是随着炉子的进料过程而变化的。布里马科姆等人对几个冶炼厂转炉的脉冲频率测量得到大约是 $14 \sim 4 \mathrm{s}^{-1}$。在熔体回灌入风口的同时，受到了气体的冷却，产生了黏结物，随气泡脉冲周而复始的进行，产生了风口结瘤。由于气泡是向上运动的，因而结瘤是从风口的下半圆开始生长起；大约180s后，结瘤面积最大，以后自行消融。保

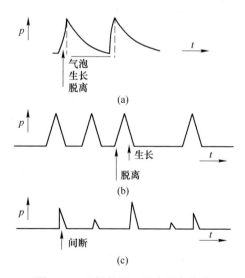

图 4-31　理想的风口压力测定曲线

（a）典型的；（b）不稳定包裹；（c）流股通道

持风口区使结瘤自行消融的热平衡是防止结瘤堵塞的条件，锍品位、鼓风中的富氧浓度、炉气的排出、冷料制度和停吹时间等操作因素都对此有重要的影响。

布里马科姆等用 X 衍射法分析了风口结瘤的组成，发现造渣期采取的试样主要是由高温下较稳定的 $Cu_{1.96}S$ 组成。同时也指出，当风口线上温度较高能够减少结瘤时，Fe_3O_4 对结瘤形成的作用就加大了。

为了清出风口的结瘤，保障送风顺畅，生产上都采用风口钎清理的办法，这无疑造成了风口的机械损害。因此，赫菲勒和布里马科姆等人提出了使用高压风来进行吹炼，将风压增大使风在风口中呈节流状态，改变低 N'_{Fr} 的喷流状态，即由气泡产生体系变为稳定的喷射体系。美国熔炼和精炼公司的塔科玛（Tacoma）冶炼厂对此进行了试验。在 $\phi 4m \times 10.7m$ 的转炉上装置了 4 个高压风口。高压风压力为 414kPa（正常低压风操作为 103kPa），高压风吹炼期间，风量保持不变（低压操作时，造渣期为 651m³/min，造铜期为 538m³/min），鼓入空气中氧气浓度为 26%。试验结果指出，使用高压风在不捅风口的情况下清洁而通畅地吹炼，对耐火材料的腐蚀影响未能作出结论，凭推测影响可能减少；在高压风吹炼提高了产量从而降低生产费用与其动力消耗增加成本方面不能作出结论。近些年来，由于吹炼过程多集中于炉型与喷吹方式的开发方面，对于仍在卧式侧吹转炉中的高压风吹炼似乎兴趣不大了。

4.5.1.8　临界气体速度

由以上的内容可以看出，锍吹炼转炉是以低的修正弗劳德数下气泡产生与发展为特点的。浸没式侧吹风口砖及后墙的寿命和熔池内的喷溅决定了必需是这样的特点。增加气泡的数量与体积是提高反应速度的根本途径。赫菲勒和布里马科姆根据模型实验得出了气泡体积与风口处气体流速可近似地表示为：

$$V = \beta g^{-0.6} Q^{1.2} \tag{4-20}$$

式中，V 为气泡体积，cm³；β 为常数，风口深入流体时，$\beta = 1.138$，不同流体有不同的值，如汞的 β 值为 1.57，水的 β 值为 0.88；g 为重力加速度，cm/s²；Q 为气体流速，cm³/s。从式（4-20）中可见，气泡体积与风口处的气体流速成指数关系。然而，气体流速的提高却受到了熔池内喷溅以及相关的炉口黏结、耐火材料被冲刷腐蚀加剧等问题的限制。对一定的转炉容积，气体流速有一定的限制，图 4-32 所示为约翰逊（R. E. Johnson）和塞梅利斯等人统计得出的转炉容积与气体流速的关系。布里马科姆和比斯托的模型实验较为清楚地显示了当气体流速增加后引起的熔池喷溅情形。如图 4-33 和图 4-34 所显示的那样，在无喷溅的情况下，从风口到对面炉墙的液体面上，呈水平面上的波动；而当喷溅的情况下，熔池面上呈向前和向后的运动，其频率大约有 1Hz。一些喷流还达到前墙上。图 4-35 表示出了气泡及喷流时间分数与气体流速的关系。从图 4-35 看出，在流速达超音速以前，气泡的产生、发展的时间分数不变，当达到超音速之后，形成气泡的时间分数急剧下降，而与之对应的不产生气泡连续喷流的时间分数则急剧增大，也就是在超音速之后，由气泡柱变为喷射流。实验指出，曲线的转折点即是对风口浸蚀加剧的临界速度。

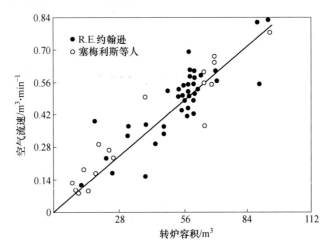

图 4-32   铜锍吹炼的气流速度与转炉容积的关系

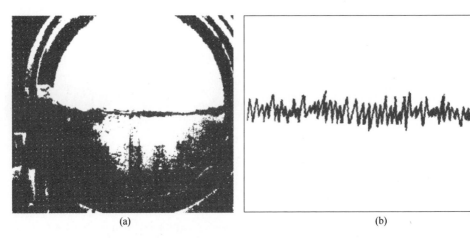

图 4-33   无喷溅情况下的熔池状况及风口中心的压力曲线

(a) 无喷溅情况下的熔池状况；(b) 风口中心的压力曲线测量（水平刻度为 0.5s/格，

垂直刻度为 0.18kPa/格，气流速度为 3.7s^{-1}，液体充满度为 40%，风口浸没深度为 130mm）

4.5.2   吹炼过程动力学

4.5.2.1   临界气体速度

从热力学方面看，铜锍中硫化物的氧化反应具有很大的平衡常数。在转炉中，反应速度也是很快的，在不计漏风时，进入熔池的氧的利用率一般为 90%～

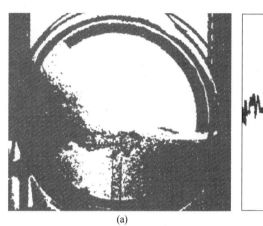 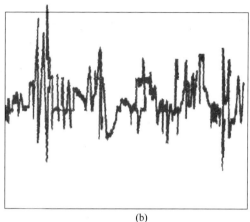

　　　　　(a)　　　　　　　　　　　　　　　　　　　　(b)

图 4-34　产生喷溅情况下的熔池状况及风口中心的压力曲线

（a）产生喷溅情况下的熔池状况；（b）风口中心的压力曲线测量（水平刻度为 0.5s/格，

垂直刻度为 0.18kPa/格，气流速度为 20s⁻¹，液体充满度为 40%，风口浸没深度为 130mm）

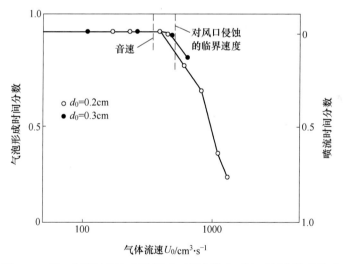

图 4-35　风口气流速度与气泡形成时间分数和喷流时间分数的关系

　　95%，从这一点看是存在着一定的动力学问题。布里马科姆和比斯托等认为，在转炉 1227℃ 的温度下，FeS 的氧化反应速度本质上是相当快的，过程速率是受质量传输所控制，反应的平衡只存在于局部的锍-气界面上。在多相反应体系中，传输控制的判定可以由质量传输方程和化学计量因素得出。

　　FeS 到气-锍界面上的传输成为速率限制步骤时：

$$C_{FeS} < 0.64(k_{O_2}/k_{FeS})[p_{O_2}/(RT)] \tag{4-21}$$

式中，C_{FeS} 是锍中 FeS 的体积浓度，mol/cm^3；k_{O_2} 与 k_{FeS} 分别为气相中 O_2 与锍中 FeS 的质量传输系数，cm/s；p_{O_2} 为气相中的体积分压，kPa；R 为气体常数，为 $82.06cm^3 \cdot atm/(mol \cdot K)$ 或 $8312.7cm^3 \cdot kPa/(mol \cdot K)$；$T$ 为温度，K。

O_2 到气-锍界面上的传输成为速率限制步骤时：

$$C_{FeS} > 0.64(k_{O_2}/k_{FeS})(p_{O_2}/(RT)) \tag{4-22}$$

式中的各符号意义与式（4-21）相同。

FeS 和 O_2 的传输都是限制步骤时：

$$C_{FeS} = 0.64(k_{O_2}/k_{FeS})(p_{O_2}/(RT)) \tag{4-23}$$

设气体温度为 573K，氧分压为 0.21atm（21.27kPa），锍密度取为 $4.1g/cm^3$，O_2 在空气中的扩散率为 $0.64cm^2/s$，FeS 在锍中的扩散率为 $10^{-5}cm^2/s$，应用赫比（Hibie）的锍与气体有相等更新时间的表面更新模型，计算出 k_{O_2}/k_{FeS} 后，得到式（4-21）~式（4-23）的结果值为 1.5%。该值比正常造渣吹炼区获得的 C_{FeS} 值要小许多。因而，气相中 O_2 的传输是速率限制的步骤。O_2 传输可以表达为：

$$n_{O_2} = k_{O_2}A[p_{O_2}/(RT)]$$

式中，n_{O_2} 为 O_2 的质量传输速率，mol/s；A 为熔体-气体界面积，cm^2；其余符号意义与上述公式相同。

造渣阶段快结束时，C_{FeS} 变小，Cu_2S 的氧化开始。与 FeS 的氧化一样，Cu_2S 的氧化速率也是被 O_2 在气-液界面上的传输所控制。

在整个的吹炼周期，硫化物的氧化反应由气相中的质量传输限制着。气相的传输速率是很高的，绝大部分氧气都消耗到了氧化反应上。

4.5.2.2　转炉内气-液界面的质量传输

前述已经分析和讨论了侧吹浸没式风口的锍吹炼转炉属于修正弗劳德数值较小的气泡产生体系或气泡柱体系，而非流股喷射体系。因此，气-液界面之间的质量传输就不能够以射流的情形来分析。换言之，用单位长度的流股轨迹来衡量气体 O_2 和液体 FeS 的消耗量是不合乎实际的，而应该用气泡内的氧传输模型来描述。对单个气泡和气泡之间距离较大情况下的质量传输模型已有研究。可以肯定，气泡柱内的气相传质要比单个气泡大得多。

4.5.2.3　转炉熔池内的成分均匀化及其搅拌能量

在侧吹浸没式风口的转炉中，由于气泡柱的连续不断上升，引起了熔池内的环流运动。加上扩散以及湍动，导致了熔池内的成分基本上是比较均匀的。在环流、扩散和湍动等因素中，环流的作用是在大体积范围内混合熔体，湍流则是局部混合。扩散是分子大小范围内的过程。显然，在成分均匀过程中，环流作用是决定性的。造成环流的能量主要是气泡上升浮力做功形成的搅拌能。小部分是气泡进入高温熔体时的膨胀功以及气体的喷射动能（喷射流程度很小）。T. 罗伯特逊（T. Robertson）和 A. K. 萨巴瓦尔（A. K. Sabharwal）提出了以下面公式来计算熔池中的单位浮力功和动力能：

$$E_k = (0.5\rho_a U_0^2 Q)/m_b$$

$$E_b = \{2QP_a \ln[(P_a + g\rho_a h_b)/P_a]\}/m_b$$

式中，E_k 和 E_b 分别为单位质量熔体之动能与浮力功，kW/t；ρ_a 为气体密度，kg/m^3；U_0 为风口中气体速度，m/s；Q 为气体流量，m^3/s；m_b 和 h_b 分别为熔池质量，kg 和熔体高度，m；P_a 为大气压，101.3kPa。

布里马科姆和比斯托等给出了如图 4-36 所示的风口浸没深度与浮力功的关系。该图同时描绘了喷溅与非喷溅的区域划分。从图 4-36 看出，随着浸没深度的增加，单位熔体的浮力功增加。当浮力功在直线左上方时，将发生喷溅，即气体达到了临界流速状态。图 4-37 所示为约翰逊等人对许多国家的转炉进行调查的结果（即图 4-37 中的线和图 4-36 中的线是一条线）。图 4-37 上的各数据点分布也存在着随浸没深度增加浮力功增加的趋势。指出了绝大多数的转炉都在接近临界喷溅线上工作，有着高流速的倾向。

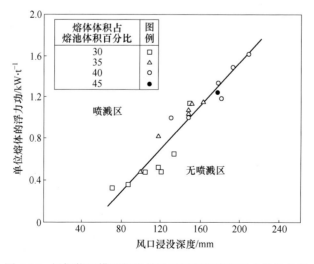

图 4-36 根据物理模型得出的风口浸没深度与浮力功的关系

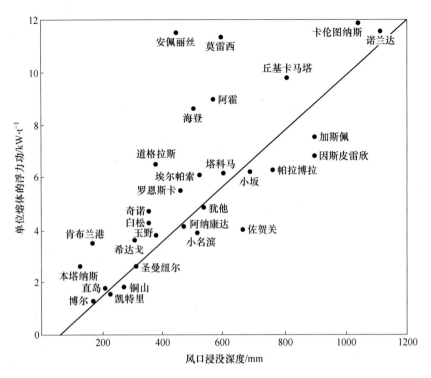

图 4-37　约翰逊等对世界各国转炉浸没深度与浮力功关系的统计

贝塞麦转炉的发明和应用启发了铜冶炼行业的工作者，由此开发出了曼赫斯转炉。经过近 20 年的改造和调整最终发展成了现在广泛应用的 PS 转炉。国内 PS 转炉的发展经历了大型化和数控智能化的过程，在设计、加工制造、生产操作诸方面已达到世界领先水平。PS 转炉吹炼过程是通过风口向炉内鼓入空气或富氧空气来实现的。由于大量上升的小气泡与熔体之间接触面积很大，加快了硫化物氧化反应。通过研究 PS 转炉吹炼过程的物理化学、流体流动和吹炼动力学，可以为提高生产率、延长炉寿、资源回收和环境保护提供理论分析基础。

5 PS 转炉吹炼冶金计算

物料平衡和热平衡对于 PS 转炉吹炼工艺设计和生产实践具有重要的理论指导和现实意义，其作用主要在于：

（1）对于给定规模和成分的原料、辅料和燃料，根据 PS 转炉吹炼工艺设计标准，通过物料平衡和热平衡计算确定相关的工艺参数，作为 PS 转炉吹炼工艺设计和生产操作的理论基础。

（2）在一定的工艺条件及边界约束范围内，通过物料平衡和热平衡对 PS 转炉吹炼多种不同的工艺条件进行模拟和计算，确定最优的工艺条件，指导设计和生产。

5.1 物料平衡和热平衡计算原理

5.1.1 PS 转炉吹炼物料平衡计算原理

PS 转炉吹炼物料平衡计算是 PS 转炉吹炼冶金过程计算的基础，其目的是保证元素在多个不同维度的平衡，这些维度分别受以下元素平衡条件的约束：

（1）对于单个元素，其投入总量与产出总量相等。

（2）对于单个投入物或产出物，其元素质量分数之和为 100%。

（3）对于所有的投入物和产出物，投入物总量与产出物总量相等。

（4）对于某种投入物或产出物来说，其化合物组成形式一旦确定，相关元素之间即建立了元素约束。

（5）其他约束，如渣中 Fe/SiO_2 比，产出物中元素或组分成分等约束。

$$\sum_m \sum_{c=Var} E_{c,e} \cdot X_{m,c}^{in} + \sum_{m=Var} \sum_{c=Con} E_{c,e} \cdot C_{m,c}^{in} \cdot X_m^{in} + \sum_{m=Con} \sum_{c=Con} E_{c,e} \cdot C_{m,c}^{in} \cdot M_m^{in} -$$

$$\sum_m \sum_{c=Var} E_{c,e} \cdot X_{m,c}^{out} - \sum_{m=Var} \sum_{c=Con} E_{c,e} \cdot C_{m,c} \cdot X_m^{out} - \sum_{m=Con} \sum_{c=Con} E_{c,e} \cdot C_{m,c} \cdot M_m^{out} = 0$$

5.1.2 PS 转炉吹炼热平衡计算原理

PS 转炉吹炼热平衡计算根据工艺设计标准，从冶金热力学角度计算 PS 转炉吹炼热平衡工艺条件。在满足工艺设计标准的前提下进行热平衡计算，是保证 PS 转炉吹炼过程热力学可行的重要手段和必要步骤。

PS 转炉吹炼热平衡计算的总则是保证热收入与热支出的相等。

热收入包括：

（1）投入物料显热。投入物包括加入 PS 转炉吹炼炉内的热铜锍、熔剂、冷料、粗铜、残极、杂铜等，其显热计算根据物料中化合物的数量以及温度，加和计算物料中所有化合物的显热。给定温度下每摩尔化合物的显热根据化合物的热容系数从 298K 至变量温度 $T(K)$ 进行积分求出，若化合物在温度区间范围内有相变热产生，须对温度区间进行分段积分并加上物质的相变热。

（2）化学反应热。计算化学反应热时，分别计算投入物和产物中的所有化合物生成焓 H298 并求和，并用产物中的求和数值减去投入物中的求和数值，即是化学反应热的数值。较早的热平衡计算习惯中，把燃料燃烧热也作为热收入的一种，实际上燃烧热也是化学反应热的一种。

PS 转炉吹炼热平衡支出项包括粗铜显热、炉渣显热、烟气和烟尘显热以及热损失 4 项，较早的热平衡计算习惯中会把分解热、蒸发热等作为热支出项，这些化学反应热中的一种，可以合并移入到热收入中的化学反应热一项（添加负号）。

上述总的 PS 转炉吹炼热平衡计算原理可以简明表示为：

$$\sum_i \Delta H_{298,Ai} + \sum_i \int_{298}^{T_i} Cp_{Ai} dT = \sum_j \Delta H_{298,Bj} + \sum_j \int_{298}^{T} Cp_{Bj} dT + Q_{Loss}$$

通过热平衡计算出的工艺条件包括：

（1）冷料加入的数量。

（2）适合的工艺控制参数，如粗铜品位、富氧浓度。

（3）合理的温度梯度趋势，烟气、炉渣和粗铜三相间温度分布和趋势。

（4）合理的物流去向，包括烟尘的处理方式、冷料的处理方式等。

5.2　PS 转炉吹炼物料平衡与热平衡计算方法

PS 转炉吹炼物料平衡计算与热平衡计算相互融合，相互影响，两者不可单独割裂进行，其计算方式和方法历经手工计算时代和电子表格计算时代，目前，国内 PS 转炉吹炼物料平衡与热平衡计算早已步入专业软件计算时代，计算方式不断更新，计算体系更加科学，计量结果更加准确。

在手工计算时代，采用纸张记录演算过程，并大量使用经验公式，数值计算采用计算器完成。受限于当时的软硬件条件，采用该种方式耗时长、易出错，并难于方便地运用到新的项目，计算效率低，计算结果较粗。

在电子表格计算时代，工业计算机的兴起以及以 Microsoft Excel 为主导的商业电子软件逐渐运用到各行各业，通过电子表格程序对计算过程重新进行编程，国内 PS 转炉吹炼物料平衡和热平衡计算效率大幅提高，但是由于缺乏普遍性的冶金热力学数据库的支持以及全流程计算方法的技术应用，在此阶段总体物料平衡和热平衡计算思路仍然没有跳出传统计算方法的条框局限，计算过程中大量经验公式的运用在所难免。基于样本和特定条件获得的经验公式难以反映更加普遍性的规律，并且对于物料平衡来说，很难同时保证满足上述 5 个维度的完全平衡，因此，在没有专业软件引进并应用的客观条件下，物料平衡和热平衡计算仍然具有一定的局限性。

近年来，随着国外专业软件的引进和国内专业软件的不断开发，采用专门的冶金流程计算软件进行建模，完成物料平衡和热平衡已成为当前国内外 PS 转炉吹炼工艺设计和指导生产实践的普遍现象。这类软件的共同特点是具备完备的化合物冶金热力学数据库以及能够实现全流程计算，冶金工程师只需要专注于工艺过程本身，专业软件能够准确完成物料平衡和热平衡计量。

在这些冶金流程计算和模拟软件中，最具有代表性的是澳大利亚的麦特信（METSIM）软件以及国内自主开发的麦特珂（MetCal）软件。除此之外，芬兰热力学分析（OutotecHSC Chemistry）以及澳大利亚过程模拟（SysCAD）等软件也具备对冶金过程进行流程计算和模拟的功能。

5.3　PS 转炉吹炼物料平衡及热平衡计算步骤

上述已提到，采用专业软件对 PS 转炉吹炼物料平衡和热平衡进行计算是目前普遍采用的方法，即通过专业软件建立 PS 转炉吹炼冶金流程计算模型。其基本步骤是按照单元建立模型，根据单元的化学反应过程添加必要的化学反应和工艺过程控制参数，并通过物质流线连接各单元，最后全流程计算。

由于各个软件之间的建模操作有差异，此处以麦特信（METSIM）软件为例说明 PS 转炉吹炼物料平衡和热平衡计算的步骤。麦特信（METSIM）是国际冶金、化工和矿物处理领域广泛应用的工艺模拟和流程计算软件，专门用于协助工程师完成质量及能量平衡计算，辅助相关工艺设计，包括质量及能量平衡、稳态模拟、动态模拟等多个内置计算模块。

麦特信（METSIM）PS 转炉炼铜建模过程遵循以下步骤：

（1）建模之前收集整理好所有和建模有关的信息。

（2）构建包括所有单元和物质流的工艺流程草图。

（3）列出建模过程中需要使用到的各个相，以及各相中分别包含的化合物。

（4）启动麦特信（METSIM）软件，初始化模型，输入项目的基本信息，设定好时间和质量单位。

（5）按照步骤（3）准备的化合物列表，从麦特信（METSIM）数据库中添加相应的化合物到模型文件中。

（6）选择合适的麦特信（METSIM）单元，并给每个单元按需要添加化学反应方程式，在此基础上根据步骤（2）准备的工艺草图按分区（Section）完成麦特信（METSIM）模型流程图构建。

（7）给各个单元添加数据信息，这些信息包括相的分配比例、设备尺寸、热平衡数据等。

（8）给模型所有的输入物质流填入准确的数量和成分，同时给循环物质流输入初步预估值。

（9）单元试算，通过查看计算结果来验证输入和模拟机制，并调试模型。

（10）添加控制器控制主要工艺指标，执行主运算程序并调试模型。

（11）模型调试正确后，输出所需的计算结果报告或数据信息。

建立完整的 METSIM PS 转炉吹炼模型，总体上来说需要对上述建模内容进行分区（Section），再按照基于单元（Unit）的逻辑分别实现各个工序的模拟。由于流程较长，循环物质流较多，单元的化学和过程控制点量大，因此合理构建模型非常重要，好的模型不仅能准确反映工艺过程，而且能加速运算时间，提高计算效率。

5.4　PS 转炉吹炼化合物热力学数据

热力学数据是热平衡计算的基础，各个冶金流程计算商业软件热力学数据的引用源可能不同，因此同一种化合物在不同的软件中其热力学数据也可能不同。

以下是某个 PS 转炉吹炼模型中的化合物热力学数据，主要用于计算物质的显热。其中绝大部分是从麦特信（METSIM）软件化合物数据库中提取，有一小部分自定义数据或外源数据。基于麦特信（METSIM）软件的 PS 转炉炼铜化合物热力学数据见表 5-1。

表 5-1　基于麦特信（METSIM）软件的 PS 转炉炼铜化合物热力学数据

序号	化合物简称	温度范围/K		化合物显热计算系数			
				HTG-A	HTG-B	HTG-C	HTG-D
1	sOthers	298	2327	−386441	−25.8901	−10.0349	−27.6544
2	sCuFeS$_2$	298	1155	−42814	−16.8177	−25.5056	−0.6021
3	sCu$_2$S	298	1400	−6850	−41.0984	−8.3321	−19.5719
4	sCu$_3$As	298	1098	−20053	−35.0701	−14.1729	−10.7823
5	sFeS$_2$	298	1000	−37543	−13.1706	−10.8001	−6.9883
6	sFe$_3$O$_4$	298	1800	−243067	−58.6967	−18.943	−46.8195
7	sPbS	298	1387	−19310	−25.3606	−6.0903	−7.7465
8	sZnS	298	1300	−45078	−16.829	−6.1745	−6.9629
9	sSb$_2$S$_3$	298	823	−28938	−42.0751	−20.9808	−10.5197
10	sBi$_2$S$_3$	298	1036	−35732	−50.6988	−18.9155	−14.2222

序号	化合物简称	温度范围/K		化合物显热计算系数			
				HTG-A	HTG-B	HTG-C	HTG-D
11	sSiO$_2$	298	2000	−210342	−16.8483	−6.1496	−14.5464
12	sCaO	298	2000	−146099	−14.8629	−4.7096	−10.7418
13	sMgO	298	2000	−138544	−11.5487	−4.4916	−9.9661
14	sAl$_2$O$_3$	298	2327	−386441	−25.8901	−10.0349	−27.6544
15	gCl	298	3000	33174	−44.2898	−1.3324	−8.0341
16	sHg	298	2000	17277	−44.7247	−1.7495	−4.7563
17	sCd	298	594	619	−10.9552	−5.4243	−1.6754
18	sAu	298	1338	2029	−12.9859	−3.1817	−3.7494
19	sAg	298	1235	1738	−11.2831	−3.4879	−3.2773
20	sCu$_5$FeS$_4$	298	1200	−65685	−105.427	−38.6832	−48.4107
21	sFeS	298	1465	−15384	−24.3293	−5.7317	−14.8853
22	sCu$_2$O	298	1517	−35159	−26.4978	−8.6262	−10.6708
23	sCuO	298	1400	−33457	−13.0102	−6.0452	−7.0849
24	sCu	298	1358	1948	−9.4355	−3.1931	−3.6331
25	sPbO	298	1159	−49836	−16.1929	−7.8424	−5.1452
26	sZnO	298	2000	−78590	−15.548	−4.6868	−9.751
27	sFe$_2$O$_3$	298	1800	−182323	−34.6418	−13.7715	−28.2755
28	sFeO	298	1600	−60048	−19.0598	−5.9536	−9.2221
29	sAs$_2$S$_3$	298	585	−19015	−33.0378	−23.854	−7.5509
30	sAs$_2$O$_3$	298	551	−156252	−15.5735	−25.3004	−4.5601
31	sAs$_2$O$_5$	298	600	−220316	−12.0421	−31.8829	−5.4336
32	sCr$_2$O$_3$	298	2000	−258812	−33.8056	−11.1096	−25.6352
33	sCdS	298	1100	−32607	−18.9357	−6.9154	−5.9058
34	sCdO	298	1500	−57528	−16.7016	−5.7063	−7.7701
35	sHgS	298	900	−12557	−14.7661	−12.3605	−2.4681
36	sC	298	3000	2405	−3.3866	−1.5836	−5.1587
37	sNa$_2$CO$_3$	298	1123	−263315	−31.8205	−22.4925	−14.0741
38	sS	298	388	−17426	27.5308	−9.8249	1.7212
39	sFe	298	1811	2679	−8.2139	−4.0925	−5.4957
40	sSn	298	505	2423	−15.2803	−1.9194	−4.0114
41	sSnO$_2$	298	1800	−132778	−17.2492	−8.1077	−11.8055

序号	化合物简称	温度范围/K		化合物显热计算系数			
				HTG-A	HTG-B	HTG-C	HTG-D
42	$sCaCO_3$	298	1200	−283124	−23.3813	−15.1456	−11.0884
43	$sMgCO_3$	298	1000	−262924	−12.6352	−17.0228	−7.374
44	$sAl_6Si_2O_{13}$	298	2023	−1582313	−109.414	−45.3343	−92.1943
45	$sCaFe_2O_4$	298	1500	−349217	−46.9683	−19.484	−26.4745
46	sCa_2SiO_4	298	2403	−531875	−48.6792	−15.9269	−37.7386
47	$sCaSiO_3$	298	1817	−380673	−28.0815	−12.235	−19.0049
48	$sFeSiO_3$	298	1493	−338531	−41.3901	−20.3881	−22.976
49	sFe_2SiO_4	298	1490	−341648	−44.5723	−20.2816	−23.2007
50	$sCuFe_2O_4$	298	1338	−217274	−44.1722	−24.3801	−27.6155
51	$sMgSiO_3$	298	1850	−359501	−25.7162	−11.1681	−20.9164
52	$sPbSiO_3$	298	1037	−269464	−26.1953	−16.9872	−9.8343
53	$sZnSiO_3$	298	1702	−287379	−26.3256	−12.3315	−13.995
54	sCo_3S_4	298	900	−79155	−38.3585	−31.5404	−14.7491
55	$sNiO$	298	2000	−50990	−15.8559	−4.8757	−11.6236
56	$sCoO$	298	1800	−51069	−18.7108	−5.2438	−10.6243
57	sSb_2O_3	298	928	−164029	−30.2384	−16.97	−10.782
58	sBi_2O_3	298	1098	−135425	−29.4791	−22.9055	−5.0221
59	$sCuSO_4$	298	1100	−178999	−25.1941	−19.9552	−11.4131
60	$sFe_2(SO_4)_3$	298	900	−609349	−50.6281	−64.3656	−21.1117
61	$sCu_2As_2O_5$	1517	1800	14	−51.29	−4.94	−101.783
62	$sCu_2Fe_2O_4$	1470	1600	−199735	−80.5226	−19.7282	0
63	$sPbSO_4$	298	1363	−219508	−26.1449	−23.7625	−3.1275
64	sPb_2SO_4	298	1000	−274608	−44.8803	−29.0677	−12.4019
65	sPb_3O_4	298	1000	−163150	−51.4795	−27.7171	−17.6567
66	$sZn_3S_2O_9$	298	1200	−587205	30.1223	−89.8185	88.5421
67	$sZnSO_4$	298	1200	−235668	−13.4765	−26.1443	−0.2712
68	sPb	298	601	544	−13.908	−5.5553	−1.556
69	sZn	298	693	834	−9.1557	−4.7988	−1.9233
70	sAs	298	876	1214	−8.6835	−3.9801	−2.4318
71	sNi	298	1728	3122	−10.1656	−3.1379	−5.8385
72	sSb	298	904	1165	−10.8837	−4.1584	−2.3695

序号	化合物简称	温度范围/K		化合物显热计算系数			
				HTG-A	HTG-B	HTG-C	HTG-D
73	sBi	298	545	1087	−13.3477	−4.3744	−2.2715
74	aH$_2$O	298	373	−70630	−1.0739	−26.4253	0
75	fSO$_2$	100	6000	−68441	−63.7491	−3.2343	−2.6802
76	eOthers	298	2327	−386441	−25.8901	−10.0349	−27.6544
77	eCu	1358	2839	15177	−19.2287	−1.2741	−50.6392
78	eFe	1811	3000	23276	−21.2611	−1.544	−100.583
79	eSn	505	2000	6788	−21.0108	−2.0153	−11.4001
80	ePb	601	2000	6970	−23.3039	−1.9235	−14.1793
81	eZn	693	1180	5508	−15.7522	−2.9089	−8.9267
82	eNi	1728	2000	−45940	15.0929	−7.8181	329.5551
83	eSb	904	1860	12109	−22.6801	−1.802	−22.3439
84	eBi	545	1837	7996	−24.0536	−1.8797	−12.2306
85	eAu	1338	2000	12382	−21.0527	−1.5988	−35.6781
86	eAg	1235	2000	11429	−19.4855	−1.7165	−31.1871
87	mOthers	298	2327	−386441	−25.8901	−10.0349	−27.6544
88	mCu$_2$S	1400	1600	−4595	−45.82	−6.8	0
89	mCu$_2$O	1517	1800	14	−51.2934	−4.9411	−101.783
90	mFeS	1465	1600	−8414	−30.8867	−4.9672	0
91	mPbS	1387	1600	1122	−40.7449	−2.8971	−80.0641
92	mZnS	298	1300	−45078	−16.829	−6.1745	−6.9629
93	mFe$_3$O$_4$	1870	2000	−203569	−91.42	−13.2308	0
94	mAs$_2$S$_3$	298	585	−19015	−33.0378	−23.854	−7.5509
95	mFe$_2$O$_3$	298	1800	−182323	−34.6418	−13.7715	−28.2755
96	mCu$_3$As	298	1098	−20053	−35.0701	−14.1729	−10.7823
97	mCo$_3$S$_4$	298	900	−79155	−38.3585	−31.5404	−14.7491
98	mSb$_2$S$_3$	298	823	−28938	−42.0751	−20.9808	−10.5197
99	mBi$_2$S$_3$	298	1036	−35732	−50.6988	−18.9155	−14.2222
100	mO$_2$	100	6000	1895	−52.3284	−2.209	−2.1324
101	mS	298	388	−17426	27.53	−9.825	1.72
102	mSO$_2$	100	6000	−68441	−63	−3.2	−2.68
103	oOthers	298	2327	−386441	−25.8901	−10.0349	−27.6544

序号	化合物简称	温度范围/K		化合物显热计算系数			
				HTG-A	HTG-B	HTG-C	HTG-D
104	oAu	1338	2000	12382	−21.0527	−1.5988	−35.6781
105	oAg	1235	2000	11429	−19.4855	−1.7165	−31.1871
106	oCaO	298	2000	−146099	−14.8629	−4.7096	−10.7418
107	oMgO	298	2000	−138544	−11.5487	−4.4916	−9.9661
108	oSiO$_2$	1996	3000	−177514	−35.2811	−2.77	−203.711
109	oCu	1358	2839	15177	−19.2287	−1.2741	−50.6392
110	oCu$_2$O	1517	1800	14	−51.2934	−4.9411	−101.783
111	oCa$_2$SiO$_4$	298	2403	−531875	−48.6792	−15.9269	−37.7386
112	oCaFe$_2$O$_4$	1489	1800	−253913	−107.427	−10.4368	−277.368
113	oCuFe$_2$O$_4$	1358	1500	−212463	−56.4955	−18.9202	0
114	oCu$_2$S	1400	1600	−4595	−45.82	−6.8	0
115	oNa$_2$O	298	1300	−95586	−19.3198	−11.2023	−8.1549
116	oFeO	1700	3000	−28942	−36.8962	−2.3586	−138.615
117	oFe$_2$O$_3$	298	1800	−182416	−34.525	−13.8053	−28.61
118	oFe$_3$O$_4$	1870	2000	−203569	−91.42	−13.2308	0
119	oPbO	1159	1500	−30362	−35.1995	−3.0659	−49.6205
120	oNiO	298	2000	−50990	−15.8559	−4.8757	−11.6236
121	oZnO	298	2000	−78590	−15.548	−4.6868	−9.751
122	oSnO$_2$	298	1500	−133586	−16.0166	−8.7772	−10.2054
123	oFeSiO$_3$	1493	1700	−234538	−112.118	−7.2314	−435.28
124	oFe$_2$SiO$_4$	1490	2000	−266721	−96.9124	−11.0533	−281.764
125	oPbSiO$_3$	1037	1800	−236603	−59.6479	−7.4186	−97.4576
126	oZnSiO$_3$	298	1702	−287379	−26.3256	−12.3315	−13.995
127	oCaSiO$_3$	1817	2200	−326569	−62.5618	−6.1172	−229.029
128	oMgSiO$_3$	1850	2000	−306343	−75.6597	0	0
129	oAl$_2$O$_3$	2327	2500	−364648	−36.7635	−9.556	0
130	oAlSiO	298	2000	−1571631	−109.158	−46.7706	−92.253
131	oCu$_2$Fe$_2$O$_4$	1470	1600	−199735	−80.5226	−19.7282	0
132	oCu$_2$As$_2$O$_5$	1517	1800	14	−51.29	−4.94	−101.783
133	oAs$_2$O$_5$	298	600	−220316	−12.0421	−31.8829	−5.4336
134	oAs$_2$O$_3$	298	551	−156252	−15.5735	−25.3004	−4.5601
135	oCoO	298	1800	−51069	−18.7108	−5.2438	−10.6243

序号	化合物简称	温度范围/K		化合物显热计算系数			
				HTG-A	HTG-B	HTG-C	HTG-D
136	oSb$_2$O$_3$	298	928	−164029	−30.2384	−16.97	−10.782
137	oBi$_2$O$_3$	298	1098	−135425	−29.4791	−22.9055	−5.0221
138	oFeS	1465	1600	−8414	−30.8867	−4.9672	0
139	gN$_2$	100	6000	2472	−50.6528	−1.8693	−2.5573
140	gO$_2$	100	6000	1895	−52.3284	−2.209	−2.1324
141	gO$_2$(e)	100	6000	1895	−52.3284	−2.209	−2.1324
142	giO$_2$	100	6000	1895	−52.3284	−2.209	−2.1324
143	gO$_2$(sh)	100	6000	1895	−52.3284	−2.209	−2.1324
144	gPbS	298	2000	35965	−64.9692	−3.1958	−8.2016
145	gZnS	298	2000	53153	−61.8303	−3.1945	−8.3895
146	gAs$_2$O$_3$	551	1500	0	0	0	0
147	gH$_2$	100	6000	1782	−34.3385	−2.0256	−2.0167
148	gS$_2$	298	3000	36779	−61.1987	−2.4876	−11.8193
149	gCO	100	6000	−24452	−50.7641	−2.0284	−2.1884
150	gCO$_2$	100	6000	−91711	−55.2776	−3.1604	−2.4336
151	gSO$_2$	100	6000	−68441	−63.7491	−3.2343	−2.6802
152	gSO$_3$	298	3000	−83474	−72.7135	−5.1012	−22.3776
153	gH$_2$O	298	2000	−54212	−48.4557	−3.8711	−6.7579
154	gCH$_4$	298	2000	−14673	−45.4106	−7.1789	−6.9854
155	gC$_2$H$_6$	298	1000	−19821	−48.2326	−15.8609	−2.9266
156	gC$_3$H$_8$	298	700	−25623	−51.9368	−24.8783	−2.196
157	gC$_4$H$_{10}$	298	1500	−24334	−69.838	−25.6515	−13.3922
158	gH$_2$S	298	2000	−1229	−52.4032	−4.2869	−7.0969
159	gHg	298	2000	17277	−44.7247	−1.7495	−4.7563
160	gHgS	298	2000	36594	−65.8245	−3.221	−8.426
161	gAs$_4$O$_6$	298	1000	−275695	−99.86	−30.46	−20.60

5.5　PS 转炉吹炼物料平衡和热平衡计算案例

以下用案例演算 PS 转炉吹炼物料平衡和热平衡，采用的软件为麦特信（METSIM），软件版本 19.04，PS 转炉吹炼麦特信（METSIM）模型计算界面，如图 5-1 所示。

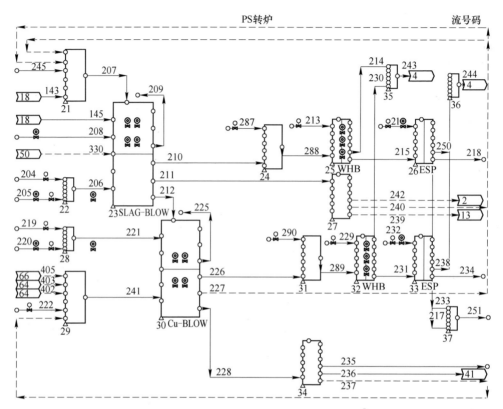

图 5-1　PS 转炉吹炼麦特信（METSIM）模型计算界面

5.5.1　ϕ4.5m×13m PS 转炉工况条件计算结果

年处理 40 万吨铜锍，采用 3 台 ϕ4.5m×13m PS 转炉，2 台操作 1 台备用，工作模式 2H1B 下处理不同品位的铜锍时在不同工况条件下的 PS 转炉吹炼主要计算参数见表 5-2。

表 5-2　ϕ4.5m×13m PS 转炉不同工况条件下的转炉吹炼主要计算参数汇总

序号	参数名称	工况条件			备注
		铜锍品位 62%	铜锍品位 60%	铜锍品位 58%	
1	铜锍处理量/t·炉⁻¹	290	290	290	造渣期
2	入炉冷料量/t·炉⁻¹	24	26	27	
3	入炉冷料率/%	11.5	12.0	12.5	

序号	参数名称	工况条件			备注
		铜锍品位62%	铜锍品位60%	铜锍品位58%	
4	转炉送风量（标态）/$m^3 \cdot h^{-1}$	44401	45166	45932	造渣期
5	其中：氧气（标态）/$m^3 \cdot h^{-1}$	2479	2522	2565	
6	空气（标态）/$m^3 \cdot h^{-1}$	41922	42644	43367	
7	鼓风富氧浓度/%	25.00	25.00	25.00	
8	送风时间/$h \cdot 炉^{-1}$	1.65	1.90	2.15	
9	熔剂消耗量/$t \cdot 炉^{-1}$	17.34	19.72	22.10	
10	白铜锍产量/$t \cdot 炉^{-1}$	242.27	234.21	226.16	
11	吹炼渣产量/$t \cdot 炉^{-1}$	73.45	82.25	91.04	
12	其中：渣含 Cu/%	4.00	4.00	4.00	
13	出炉烟气量（标态）/$m^3 \cdot h^{-1}$	39971	40651	41338	
14	其中：SO_2/%	17.10	17.06	17.04	
15	烟气温度/℃	1250	1252	1255	
16	转炉送风量（标态）/$m^3 \cdot h^{-1}$	44401	45166	45932	造铜期
17	其中：氧气（标态）/$m^3 \cdot h^{-1}$	1355	1378	1402	
18	空气（标态）/$m^3 \cdot h^{-1}$	43046	43788	44530	
19	鼓风富氧浓度/%	23.00	23.00	23.00	
20	送风时间/$h \cdot 炉^{-1}$	3.75	3.57	3.38	
21	出炉烟气量/$m^3 \cdot h^{-1}$	43580	44328	45077	
22	其中：SO_2/%	20.48	20.47	20.47	
23	烟气温度/℃	1229	1221	1212	
24	粗铜量/$t \cdot 炉^{-1}$	246	240	235	
25	其中：Cu/%	99.00	99.00	99.00	
26	S/%	0.05	0.05	0.05	
27	O/%	0.30	0.30	0.30	
28	送风时率/%	90.05	91.14	92.18	

5.5.1.1 铜锍品位62%

铜锍品位62%转炉吹炼烟气量及成分见表5-3，热平衡见表5-4，物料平衡见表5-5。

表 5-3　铜锍品位 62%转炉吹炼烟气量及成分

周　期	烟气位置名称		烟气成分					烟气量/m³·(h·台)⁻¹	烟气温度/℃
			SO_2	SO_3	O_2	N_2	H_2O		
造渣期	转炉出口（标态）	m³/h	6835		543	31748	828	39954	1250
		%	17.11		1.36	79.46	2.07	100	
	锅炉入口（标态）	m³/h	6835		6303	53419	1377	67933	795
		%	10.06		9.28	78.63	2.03	100	
	锅炉出口（标态）	m³/h	6596	135	7365	58682	1510	74287	350
		%	8.88	0.18	9.91	78.99	2.03	100	
	电收尘器出口（标态）	m³/h	6596	135	8527	63051	1620	79928	280
		%	8.25	0.17	10.67	78.88	2.03	100	
造铜期	转炉出口（标态）	m³/h	8924		809	33012	835	43580	1229
		%	20.48		1.86	75.75	1.92	100	
	锅炉入口（标态）	m³/h	8924		7090	56640	1433	74086	772
		%	12.05		9.57	76.45	1.93	100	
	锅炉出口（标态）	m³/h	8637	176	8405	62378	1578	81174	350
		%	10.64	0.22	10.35	76.84	1.94	100	
	电收尘器出口（标态）	m³/h	8637	176	9638	67014	1695	87160	280
		%	9.91	0.20	11.06	76.89	1.94	100	

表 5-4　铜锍品位 62%热平衡

周　期	热收入				热支出			
	序号	名称	热值/MJ·炉⁻¹	占比/%	序号	名称	热值/MJ·炉⁻¹	占比/%
造渣期	1	铜锍显热	242571	49.19	1	白铜锍显热	185974	37.72
	2	炉料及鼓风显热	2318	0.47	2	转炉渣显热	117573	23.84
	3	化学反应热	248211	50.34	3	烟气/烟尘显热	135228	27.42
					4	炉体散热（含停风散热）	54325	11.02
		总计	493100	100.00		总计	493100	100.00
造铜期	1	白铜锍显热	185974	33.92	1	粗铜显热	198258	36.16
	2	炉料及鼓风显热	0	0.00	2	烟气/烟尘显热	317506	57.92
	3	化学反应热	362230	66.08	3	炉体散热（含停风散热）	32441	5.92
		总计	548205	100.00		总计	548205	100.00

表5-5 铜锍品位62%物料平衡

名称	物料量/t·a⁻¹	物料量/t·d⁻¹	Cu %	Cu t/d	Fe %	Fe t/d	S %	S t/d	Zn %	Zn t/d	Pb %	Pb t/d	SiO₂ %	SiO₂ t/d
加入														
铜锍	400000.00	1159.42	62.00	718.84	11.58	134.30	21.86	253.48	0.75	8.65	0.90	10.48		
石英石	23925.89	69.35			1.00	0.69	21.86	10.61	0.75	0.36	0.90	0.44	94.00	65.19
铜锍包子壳	16741.62	48.53	62.00	30.09	11.58	5.62								
转炉喷溅物	16501.33	47.83	4.00	1.91	46.13	22.06	1.05	0.50	2.46	1.18	1.18	0.56	20.97	10.03
精炼渣	1785.66	5.18	35.00	1.81	0.19	0.01			6.94	0.36	20.07	1.04	0.00	0.00
粗铜包子壳	15463.41	44.82	99.00	44.37	0.00	0.00	0.05	0.02	0.05	0.02	0.23	0.11		
电解残极	38233.82	110.82	99.50	110.27	0.00	0.00	0.00	0.00	0.01	0.01	0.13	0.14		
外购粗铜	40000.00	115.94	96.50	111.88	0.01	0.01	0.00	0.00			0.70	0.81		
废阳极板	4921.50	14.27	99.50	14.19	0.00	0.00	0.00	0.00	0.01	0.00	0.13	0.02		
浇铸冷料	3300.00	9.57	99.50	9.52	0.01	0.01	0.00	0.00	0.01	0.00	0.13	0.01		
加入小计				1042.89		162.70		264.61		10.58		13.61		75.22
产出														
粗铜	339035.24	982.71	99.00	972.88	0.00	0.01	0.05	0.49	0.05	0.45	0.23	2.30		
转炉渣	101365.29	293.81	4.00	11.75	46.13	135.53	1.05	3.07	2.46	7.23	1.18	3.46	20.97	61.61
转炉喷溅物	16501.33	47.83	4.00	1.91	46.13	22.06	1.05	0.50	2.46	1.18	1.18	0.56	20.97	10.03
吹炼WHB烟尘	7645.74	22.16	29.94	6.64	18.28	4.05	9.61	2.13	0.77	0.17	3.24	0.72	10.12	2.24
吹炼ESP返尘	3411.14	9.89	26.90	2.66	7.30	0.72	9.48	0.94	1.55	0.15	10.41	1.03	6.54	0.65
吹炼ESP开路尘	5077.27	14.72	7.90	1.16	2.10	0.31	8.01	1.18	9.28	1.37	36.42	5.36	4.63	0.68
制酸烟气	898137.22	2603.30	0.00	0.04	0.01	0.01	9.71	252.86	0.00	0.02	0.00	0.06	0.00	0.01
环保烟气	6776.70	19.64						3.42						
粗铜包子壳	15463.41	44.82	99.00	44.37	0.00	0.00	0.05	0.02	0.05	0.02	0.23	0.11		
无组织排放	512.08	1.48	99.00	1.47	0.00	0.00	0.05	0.00	0.05	0.00	0.23	0.00		
产出小计				1042.89		162.70		264.61		10.58		13.61		75.22

5.5.1.2　铜锍品位 60%

铜锍品位 60%转炉吹炼烟气量及成分见表 5-6，热平衡见表 5-7，物料平衡见表 5-8。

表 5-6　铜锍品位 60%转炉吹炼烟气量及成分

周　期	烟气位置名称		烟气成分					烟气量 /m³· (h·台)⁻¹	烟气温度 /℃
			SO₂	SO₃	O₂	N₂	H₂O		
造渣期	转炉出口	m³/h	6937		552	32306	842	40637	1252
	（标态）	%	17.07		1.36	79.50	2.07	100	
	锅炉入口	m³/h	6937		6411	54345	1400	69092	803
	（标态）	%	10.04		9.28	78.66	2.03	100	
	锅炉出口	m³/h	6710	137	7538	59698	1535	75617	350
	（标态）	%	8.87	0.18	9.97	78.95	2.03	100	
	电收尘器出口	m³/h	6710	137	8706	64092	1646	81291	280
	（标态）	%	8.25	0.17	10.71	78.84	2.03	100	
造铜期	转炉出口	m³/h	9075		823	33581	849	44328	1221
	（标态）	%	20.47		1.86	75.75	1.92	100	
	锅炉入口	m³/h	9075		7211	57614	1457	75358	767
	（标态）	%	12.04		9.57	76.45	1.93	100	
	锅炉出口	m³/h	8781	179	8548	63451	1605	82564	350
	（标态）	%	10.64	0.22	10.35	76.85	1.94	100	
	电收尘器出口	m³/h	8781	179	9802	68169	1724	88656	280
	（标态）	%	9.91	0.20	11.06	76.89	1.94	100	

表 5-7　铜锍品位 60%热平衡

周期	热收入				热支出			
	序号	名称	热值/MJ·炉⁻¹	占比/%	序号	名称	热值/MJ·炉⁻¹	占比/%
造渣期	1	铜锍显热	246224	45.54	1	白铜锍显热	179940	33.28
	2	炉料及鼓风显热	2251	0.42	2	转炉渣显热	132395	24.49
	3	化学反应热	292201	54.04	3	烟气/烟尘显热	172364	31.88
					4	炉体散热（含停风散热）	55977	10.35
		总计	540676	100.00		总计	540676	100.00
造铜期	1	白铜锍显热	179940	33.96	1	粗铜显热	194159	36.64
	2	炉料及鼓风显热	0	0.00	2	烟气/烟尘显热	304779	57.51
	3	化学反应热	349972	66.05	3	炉体散热（含停风散热）	30975	5.85
		总计	529913	100.00		总计	529913	100.00

表5-8 铜锍品位60%物料平衡

名称	物料量/t·a⁻¹	物料量/t·d⁻¹	Cu %	Cu t/d	Fe %	Fe t/d	S %	S t/d	Zn %	Zn t/d	Pb %	Pb t/d	SiO₂ %	SiO₂ t/d
								加入						
铜锍	400000.00	1159.42	60.00	695.65	13.17	152.75	22.27	258.24	0.75	8.74	0.90	10.41		
石英石	27214.52	78.88			1.00	0.79							94.00	74.15
铜锍包子壳	16741.41	48.53	60.00	29.12	13.17	6.39	22.27	10.81	0.75	0.37	0.90	0.44		
转炉喷溅物	18476.87	53.56	4.00	2.14	46.86	25.10	1.05	0.56	2.22	1.19	1.05	0.56	21.30	11.41
精炼渣	1752.47	5.08	35.00	1.78	0.19	0.01	0.05	0.02	7.13	0.36	20.66	1.05	0.00	0.00
粗铜包子壳	15129.82	43.85	99.00	43.42	0.00	0.00	0.05	0.02	0.05	0.02	0.24	0.11		
电解残极	38233.82	110.82	99.50	110.27	0.00	0.00	0.00	0.00	0.01	0.01	0.13	0.15		
外购粗铜	41500.00	120.29	96.50	116.08	0.01	0.01	0.00	0.00	0.00	0.00	0.70	0.84		
废阳极板	4812.19	13.95	99.50	13.88	0.00	0.00	0.00	0.00	0.01	0.00	0.13	0.02		
浇铸冷料	3300.00	9.57	99.50	9.52	0.00	0.00	0.00	0.00	0.01	0.00	0.13	0.01		
加入小计		1021.85				185.05		269.63		10.69		13.59		85.56
								产出						
粗铜	331576.30	961.09	99.00	951.48	0.00	0.01	0.05	0.48	0.05	0.45	0.24	2.33		
转炉渣	113500.74	328.99	4.00	13.16	46.86	154.16	1.05	3.44	2.22	7.30	1.05	3.47	21.30	70.07
转炉喷溅物	18476.87	53.56	4.00	2.14	46.86	25.10	1.05	0.56	2.22	1.19	1.05	0.56	21.30	11.41
吹炼WHB返尘	7892.59	22.88	28.27	6.47	20.10	4.60	9.08	2.08	0.75	0.17	3.11	0.71	11.26	2.58
吹炼ESP返尘	3446.33	9.99	25.97	2.59	8.18	0.82	9.18	0.92	1.55	0.15	10.23	1.02	7.38	0.74
吹炼ESP开路尘	5096.94	14.77	7.67	1.13	2.37	0.35	7.92	1.17	9.33	1.38	36.04	5.32	5.07	0.75
制酸烟气	920350.23	2667.68	0.00	0.04	0.00	0.01	9.65	257.38	0.00	0.02	0.00	0.06	0.00	0.02
环保烟气	7150.56	20.73						3.58						
粗铜包子壳	15129.82	43.85	99.00	43.42	0.00	0.00	0.05	0.02	0.05	0.02	0.24	0.11		
无组织排放	494.19	1.43	99.00	1.42	0.00	0.00	0.05	0.00	0.05	0.00	0.24	0.00		
产出小计		1021.85				185.05		269.63		10.69		13.59		85.56

5.5.1.3　铜锍品位 58%

铜锍品位 58%转炉吹炼烟气量及成分见表 5-9，热平衡见表 5-10，物料平衡见表 5-11。

表 5-9　铜锍品位 58%转炉吹炼烟气量及成分

周期	烟气位置名称		烟气成分					烟气量/m³·(h·台)⁻¹	烟气温度/℃
			SO₂	SO₃	O₂	N₂	H₂O		
造渣期	转炉出口（标态）	m³/h	7043		562	32865	856	41325	1255
		%	17.04		1.36	79.53	2.07	100	
	锅炉入口（标态）	m³/h	7043		6519	55277	1423	70262	834
		%	10.02		9.28	78.67	2.03	100	
	锅炉出口（标态）	m³/h	6824	139	7701	60720	1561	76944	350
		%	8.87	0.18	10.01	78.91	2.03	100	
	电收尘器出口（标态）	m³/h	6824	139	8879	65151	1673	82666	280
		%	8.26	0.17	10.74	78.81	2.02	100	
造铜期	转炉出口（标态）	m³/h	9226		837	34150	864	45077	1212
		%	20.47		1.86	75.76	1.92	100	
	锅炉入口（标态）	m³/h	9226		7333	58589	1482	76631	762
		%	12.04		9.57	76.46	1.93	100	
	锅炉出口（标态）	m³/h	8926	182	8690	64525	1632	83955	350
		%	10.63	0.22	10.35	76.86	1.94	100	
	电收尘器出口（标态）	m³/h	8926	182	9967	69326	1754	90154	280
		%	9.90	0.20	11.06	76.90	1.95	100	

表 5-10　铜锍品位 58%热平衡

周期	热收入				热支出			
	序号	名称	热值/MJ·炉⁻¹	占比/%	序号	名称	热值/MJ·炉⁻¹	占比/%
造渣期	1	铜锍显热	249877	42.48	1	白铜锍显热	173905	29.56
	2	炉料及鼓风显热	2184	0.37	2	转炉渣显热	147215	25.03
	3	化学反应热	336189	57.15	3	烟气/烟尘显热	206630	35.13
					4	炉体散热（含停风散热）	60500	10.28
		总计	588250	100.00		总计	588250	100.00
造铜期	1	白铜锍显热	173905	33.99	1	粗铜显热	190047	37.15
	2	炉料及鼓风显热	0	0.00	2	烟气/烟尘显热	291770	57.03
	3	化学反应热	337713	66.01	3	炉体散热（含停风散热）	29801	5.82
		总计	511618	100.00		总计	511618	100.00

表 5-11　铜锍品位 58% 物料平衡

名称	物料量/t·a⁻¹	物料量/t·d⁻¹	Cu %	Cu t/d	Fe %	Fe t/d	S %	S t/d	Zn %	Zn t/d	Pb %	Pb t/d	SiO_2 %	SiO_2 t/d
加入														
铜锍	400000.00	1159.42	58.00	672.46	14.76	171.18	22.68	263.00	0.76	8.84	0.89	10.34		
石英石	30502.26	88.41			1.00	0.88							94.00	83.11
铜锍包子壳	16741.20	48.53	58.00	28.14	14.76	7.16	22.68	11.01	0.76	0.37	0.89	0.43	21.57	12.79
转炉喷溅物	20451.24	59.28	4.00	2.37	47.45	28.13	1.05	0.62	2.03	1.20	0.95	0.56	0.00	0.00
精炼渣	1710.13	4.96	35.00	1.73	0.19	0.01	0.05	0.02	7.37	0.37	21.09	1.05		
粗铜包子壳	14795.06	42.88	99.00	42.46	0.00	0.00	0.00	0.00	0.05	0.02	0.25	0.11		
电解残极	38233.85	110.82	99.50	110.27	0.00	0.00	0.00	0.00	0.01	0.01	0.14	0.15		
外购粗铜	43000.00	124.64	96.50	120.28	0.01	0.01	0.00	0.00			0.70	0.87		
废阳极板	4681.23	13.57	99.50	13.50	0.00	0.00	0.00	0.00	0.01	0.00	0.14	0.02		
浇铸冷料	3300.00	9.57	99.50	9.52	0.00	0.00	0.00	0.00	0.01	0.00	0.14	0.01		
加入小计				1000.73		207.38		274.65		10.81		13.55		95.89
产出														
粗铜	324092.93	939.40	99.00	930.01	0.00	0.01	0.05	0.47	0.05	0.46	0.25	2.35		
转炉渣	125629.07	364.14	4.00	14.57	47.45	172.79	1.05	3.81	2.03	7.39	0.95	3.45	21.57	78.54
转炉喷溅物	20451.24	59.28	4.00	2.37	47.45	28.13	1.05	0.62	2.03	1.20	0.95	0.56	21.57	12.79
吹炼 WHB 返尘	8139.15	23.59	26.69	6.30	21.80	5.14	8.58	2.03	0.74	0.17	3.00	0.71	12.33	2.91
吹炼 ESP 返尘	3481.59	10.09	25.06	2.53	9.05	0.91	8.89	0.90	1.55	0.16	10.05	1.01	8.20	0.83
吹炼 ESP 开路尘	5116.56	14.83	7.45	1.11	2.63	0.39	7.83	1.16	9.40	1.39	35.65	5.29	5.50	0.82
制酸烟气	942594.97	2732.16	0.00	0.04	0.00	0.01	9.59	261.91	0.00	0.02	0.00	0.06	0.00	0.02
环保烟气	7507.81	21.76						3.74						
粗铜包子壳	14795.06	42.88	99.00	42.46	0.00	0.00	0.05	0.02	0.05	0.02	0.25	0.11		
无组织排放	476.33	1.38	99.00	1.37	0.00	0.00	0.05	0.00	0.05	0.00	0.25	0.00		
产出小计				1000.73		207.38		274.65		10.81		13.55		95.89

5.5.2　ϕ4.0m×11.7m PS 转炉工况条件计算结果

年处理 45 万~47 万吨铜锍，采用 4 台 ϕ4.0m×11.7m PS 转炉，3 台操作 1 台备用，工作模式 3H2B 下处理不同品位的铜锍时在不同工况条件下的 PS 转炉吹炼主要计算参数见表 5-12。铜锍品位 62% 工况条件下，铜锍处理量为 47 万吨/a；铜锍品位 60% 工况条件下，铜锍处理量为 46 万吨/a；铜锍品位 58% 工况条件下，铜锍处理量为 45 万吨/a。

表 5-12　ϕ4.0m×11.7m PS 转炉不同工况条件下的转炉吹炼计算参数

序号	参数名称	工况条件			备注
		铜锍品位 62%	铜锍品位 60%	铜锍品位 58%	
1	铜锍处理量/t·炉$^{-1}$	227	222	217	
2	入炉冷料量/t·炉$^{-1}$	17	18	19	
3	入炉冷料率/%	10.9	11.4	12.0	
4	转炉送风量（标态）/m^3·h^{-1}	32987	32987	32987	
5	其中：氧气（标态）/m^3·h^{-1}	1842	1424	1424	
6	空气（标态）/m^3·h^{-1}	31145	31563	31563	
7	鼓风富氧浓度/%	25.00	24.00	24.00	
8	送风时间/h·炉$^{-1}$	1.73	2.07	2.33	造渣期
9	熔剂消耗量/t·炉$^{-1}$	13.50	15.04	16.50	
10	白铜锍产量/t·炉$^{-1}$	188.54	178.54	168.79	
11	吹炼渣产量/t·炉$^{-1}$	57.10	62.64	67.89	
12	其中：渣含 Cu/%	4.00	4.00	4.00	
13	出炉烟气量（标态）/m^3·h^{-1}	29696	29793	29491	
14	其中：SO$_2$/%	17.10	16.33	16.30	
15	烟气温度/℃	1215	1220	1223	
16	转炉送风量（标态）/m^3·h^{-1}	32987	32987	32987	
17	其中：氧气（标态）/m^3·h^{-1}	1007	1007	1007	
18	空气（标态）/m^3·h^{-1}	31980	31980	31980	
19	鼓风富氧浓度/%	23.00	23.00	23.00	
20	送风时间/h·炉$^{-1}$	3.93	3.72	3.51	
21	出炉烟气量（标态）/m^3·h^{-1}	32379	32378	32376	
22	其中：SO$_2$/%	20.48	20.48	20.48	造铜期
23	烟气温度/℃	1223	1216	1209	
24	粗铜量/t·炉$^{-1}$	186	177	169	
25	其中：Cu/%	99.00	99.00	99.00	
26	S/%	0.05	0.05	0.05	
27	O/%	0.30	0.30	0.30	
28	送风时率/%	71	72	73	

5.5.2.1 铜锍品位62%

铜锍品位62%转炉吹炼烟气量及成分见表5-13，热平衡见表5-14，物料平衡见表5-15。

表 5-13 铜锍品位 62%转炉吹炼烟气量及成分

周期	烟气位置名称		烟气成分					烟气量/m³·(h·台)⁻¹	烟气温度/℃
			SO_2	SO_3	O_2	N_2	H_2O		
造渣期	转炉出口（标态）	m³/h	5078		403	23587	616	29684	1215
		%	17.11		1.36	79.46	2.07	100	
	锅炉入口（标态）	m³/h	5078		4683	39687	1023	50471	788
		%	10.06		9.28	78.63	2.03	100	
	锅炉出口（标态）	m³/h	4901	100	5472	43597	1122	55192	350
		%	8.88	0.18	9.91	78.99	2.03	100	
	电收尘器出口（标态）	m³/h	4901	100	6335	46843	1204	59383	280
		%	8.25	0.17	10.67	78.88	2.03	100	
造铜期	转炉出口（标态）	m³/h	6632		601	24526	620	32379	1223
		%	20.48		1.86	75.75	1.92	100	
	锅炉入口（标态）	m³/h	6632		5267	42081	1064	55044	768
		%	12.05		9.57	76.45	1.93	100	
	锅炉出口（标态）	m³/h	6421	131	6247	46344	1172	60315	350
		%	10.65	0.22	10.36	76.84	1.94	100	
	电收尘器出口（标态）	m³/h	6421	131	7162	49785	1259	64758	280
		%	9.92	0.20	11.06	76.88	1.94	100	

表 5-14 铜锍品位 62%热平衡

周期	热收入				热支出			
	序号	名称	热值/MJ·炉⁻¹	占比/%	序号	名称	热值/MJ·炉⁻¹	占比/%
造渣期	1	铜锍显热	190014	49.36	1	白铜锍显热	144733	37.60
	2	炉料及鼓风显热	1697	0.44	2	转炉渣显热	91490	23.77
	3	化学反应热	193235	50.20	3	烟气/烟尘显热	104270	27.09
					4	炉体散热（含停风散热）	44454	11.55
		总计	384946	100.00		总计	384946	100.00
造铜期	1	白铜锍显热	144733	33.92	1	粗铜显热	150168	35.19
	2	炉料及鼓风显热	0	0.00	2	烟气/烟尘显热	245782	57.60
	3	化学反应热	281942	66.08	3	炉体散热（含停风散热）	30725	7.20
		总计	426675	100.00		总计	426675	100.00

表 5-15　铜锍品位 62%物料平衡

名　称	物料量/t·a⁻¹	物料量/t·d⁻¹	Cu %	Cu t/d	Fe %	Fe t/d	S %	S t/d	Zn %	Zn t/d	Pb %	Pb t/d	SiO₂ %	SiO₂ t/d
加入														
铜锍	470000.00	1362.32	62.00	844.64	11.58	157.80	21.86	297.84	0.75	10.16	0.90	12.31		
石英石	27944.50	81.00			1.00	0.81							94.00	76.14
铜锍包子壳	16741.62	48.53	62.00	30.09	11.58	5.62	21.86	10.61	0.75	0.36	0.90	0.44	21.00	11.71
转炉喷溅物	19241.71	55.77	4.00	2.23	46.20	25.77	1.05	0.58	2.45	1.36	1.13	0.63	21.00	11.71
精炼渣	1785.66	5.18	35.00	1.81	0.19	0.01			6.94	0.36	20.07	1.04	0.00	0.00
粗铜包子壳	17695.96	51.29	99.00	50.78	0.00	0.00	0.05	0.03	0.05	0.02	0.23	0.12		
电解残极	38233.82	110.82	99.50	110.27	0.00	0.00	0.00	0.00	0.01	0.01	0.13	0.14		
外购粗铜	43000.00	124.64	96.50	120.28	0.01	0.01	0.00	0.00	0.01	0.00	0.70	0.87		
废阳极板	4921.50	14.27	99.50	14.19	0.00	0.00	0.00	0.00	0.01	0.00	0.13	0.02		
浇铸冷料	3300.00	9.57	99.50	9.52	0.00	0.00	0.00	0.00	0.01	0.00	0.13	0.01		
加入小计		1183.80		1183.80		190.03		309.06		12.28		15.59		87.85
产出														
粗铜	384667.52	1114.98	99.00	1103.83	0.00	0.01	0.05	0.56	0.05	0.52	0.23	2.59		
转炉渣	118199.10	342.61	4.00	13.70	46.20	158.30	1.05	3.58	2.45	8.38	1.13	3.88	21.00	71.95
转炉喷溅物	19241.71	55.77	4.00	2.23	46.20	25.77	1.05	0.58	2.45	1.36	1.13	0.63	21.00	11.71
吹炼 WHB 返尘	8828.91	25.59	29.73	7.61	18.49	4.73	9.55	2.44	0.78	0.20	3.27	0.84	10.25	2.62
吹炼 ESP 返尘	3913.16	11.34	26.82	3.04	7.43	0.84	9.48	1.08	1.58	0.18	10.59	1.20	6.66	0.75
吹炼 ESP 开路尘	5880.46	17.04	7.80	1.33	2.12	0.36	8.02	1.37	9.35	1.59	36.70	6.26	4.65	0.79
制酸烟气	1048872.92	3040.21	0.00	0.04	0.00	0.01	9.72	295.42	0.00	0.02	0.00	0.08	0.00	0.02
环保烟气	7914.39	22.94					17.42	4.00						
粗铜包子壳	17695.96	51.29	99.00	50.78	0.00	0.00	0.05	0.03	0.05	0.02	0.23	0.12		
无组织排放	429.73	1.25	99.00	1.23	0.00	0.00	0.05	0.00	0.05	0.00	0.23	0.00		
产出小计		1183.80		1183.80		190.03		309.06		12.28		15.59		87.85

5.5.2.2　铜锍品位60%

铜锍品位60%转炉吹炼烟气量及成分见表5-16，热平衡见表5-17，物料平衡见表5-18。

表5-16　铜锍品位60%转炉吹炼烟气量及成分

| 周期 | 烟气位置名称 | | 烟气成分 | | | | | 烟气量/m³·(h·台)⁻¹ | 烟气温度/℃ |
			SO_2	SO_3	O_2	N_2	H_2O		
造渣期	转炉出口（标态）	m³/h	4864		387	23909	622	29783	1220
		%	16.33		1.30	80.28	2.09	100	
	锅炉入口（标态）	m³/h	4864		4681	40062	1031	50637	814
		%	9.61		9.24	79.11	2.04	100	
	锅炉出口（标态）	m³/h	4705	96	5516	43984	1130	55432	350
		%	8.49	0.17	9.95	79.35	2.04	100	
	电收尘器出口（标态）	m³/h	4705	96	6370	47196	1211	59578	280
		%	7.90	0.16	10.69	79.22	2.03	100	
造铜期	转炉出口（标态）	m³/h	6631		601	24526	620	32378	1216
		%	20.48		1.86	75.75	1.92	100	
	锅炉入口（标态）	m³/h	6631		5267	42080	1064	55042	764
		%	12.05		9.57	76.45	1.93	100	
	锅炉出口（标态）	m³/h	6418	131	6246	46343	1172	60310	350
		%	10.64	0.22	10.36	76.84	1.94	100	
	电收尘器出口（标态）	m³/h	6418	131	7161	49785	1259	64755	280
		%	9.91	0.20	11.06	76.88	1.94	100	

表5-17　铜锍品位60%热平衡

| 周期 | 热收入 | | | | 热支出 | | | |
	序号	名称	热值/MJ·炉⁻¹	占比/%	序号	名称	热值/MJ·炉⁻¹	占比/%
造渣期	1	铜锍显热	188772	45.68	1	白铜锍显热	137172	33.20
	2	炉料及鼓风显热	1627	0.39	2	转炉渣显热	100911	24.42
	3	化学反应热	222814	53.92	3	烟气/烟尘显热	128960	31.21
					4	炉体散热（含停风散热）	46170	11.17
		总计	413213	100.00		总计	413213	100.00
造铜期	1	白铜锍显热	137172	33.96	1	粗铜显热	143460	35.51
	2	炉料及鼓风显热	0	0.00	2	烟气/烟尘显热	231274	57.25
	3	化学反应热	266778	66.04	3	炉体散热（含停风散热）	29216	7.23
		总计	403950	100.00		总计	403950	100.00

表 5-18　铜锍品位 60%物料平衡

名称	物料量/t·a⁻¹	物料量/t·d⁻¹	Cu %	Cu t/d	Fe %	Fe t/d	S %	S t/d	Zn %	Zn t/d	Pb %	Pb t/d	SiO₂ %	SiO₂ t/d
加入														
铜锍	460000.00	1333.33	60.00	800.00	13.17	175.66	22.27	296.97	0.75	10.05	0.90	11.97		
石英石	31132.53	90.24			1.00	0.90							94.00	84.82
铜锍包子壳	16741.41	48.53	60.00	29.12	13.17	6.39	22.27	10.81	0.75	0.37	0.90	0.44		
转炉喷溅物	21107.70	61.18	4.00	2.45	46.92	28.71	1.05	0.64	2.21	1.35	1.02	0.62	21.33	13.05
精炼渣	1752.47	5.08	35.00	1.78	0.19	0.01	0.05	0.02	7.13	0.36	20.66	1.05	0.00	0.00
粗铜包子壳	16792.57	48.67	99.00	48.19	0.00	0.00	0.05	0.02	0.05	0.02	0.24	0.12	0.00	0.00
电解残极	38233.82	110.82	99.50	110.27	0.00	0.00	0.00	0.00	0.01	0.01	0.13	0.15		
外购粗铜	41500.00	120.29	96.50	116.08	0.01	0.01	0.00	0.00	0.01	0.00	0.70	0.84		
废阳极板	4812.19	13.95	99.50	13.88	0.00	0.00	0.00	0.00	0.01	0.00	0.13	0.02		
浇铸冷料	3300.00	9.57	99.50	9.52	0.00	0.00	0.00	0.00	0.01	0.00	0.13	0.01		
加入小计				1131.27		211.68		308.45		12.16		15.22		97.87
产出														
粗铜	366863.63	1063.37	99.00	1052.74	0.00	0.01	0.05	0.53	0.05	0.52	0.24	2.52	0.00	0.00
转炉渣	129661.59	375.83	4.00	15.03	46.92	176.36	1.05	3.93	2.21	8.30	1.02	3.82	21.33	80.16
转炉喷溅物	21107.70	61.18	4.00	2.45	46.92	28.71	1.05	0.64	2.21	1.35	1.02	0.62	21.33	13.05
吹炼 WHB 返尘	8915.57	25.84	28.02	7.24	20.35	5.26	9.01	2.33	0.76	0.20	3.15	0.81	11.41	2.95
吹炼 ESP 返尘	3855.41	11.18	25.92	2.90	8.36	0.93	9.20	1.03	1.58	0.18	10.45	1.17	7.54	0.84
吹炼 ESP 开路尘	5768.09	16.72	7.57	1.27	2.39	0.40	7.95	1.33	9.43	1.58	36.40	6.09	5.11	0.85
制酸烟气	1066599.81	3091.59	0.00	0.04	0.00	0.01	9.53	294.53	0.00	0.02	0.00	0.07	0.00	0.02
环保烟气	8334.78	24.16					16.97	4.10						
粗铜包子壳	16792.57	48.67	99.00	48.19	0.00	0.00	0.05	0.02	0.05	0.02	0.24	0.12	0.00	0.00
无组织排放	494.19	1.43	99.00	1.42	0.00	0.00	0.05	0.00	0.05	0.00	0.24	0.00	0.00	0.00
产出小计				1131.27		211.68		308.45		12.16		15.22		97.87

5.5.2.3 铜锍品位58%

铜锍品位58%转炉吹炼烟气量及成分见表5-19，热平衡见表5-20，物料平衡见表5-21。

表5-19 铜锍品位58%转炉吹炼烟气量及成分

周期	烟气位置名称		烟气成分					烟气量 /m³·(h·台)⁻¹	烟气温度 /℃
			SO_2	SO_3	O_2	N_2	H_2O		
造渣期	转炉出口	m³/h	4807		383	23676	616	29483	1223
		%	16.31		1.30	80.31	2.09	100	
	锅炉入口	m³/h	4807		4634	39665	1020	50126	858
		%	9.59		9.24	79.13	2.04	100	
	锅炉出口	m³/h	4658	95	5483	43548	1119	54903	350
		%	8.48	0.17	9.99	79.32	2.04	100	
	电收尘器出口	m³/h	4658	95	6322	46703	1198	58976	280
		%	7.90	0.16	10.72	79.19	2.03	100	
造铜期	转炉出口	m³/h	6629		601	24526	620	32376	1209
		%	20.48		1.86	75.75	1.92	100	
	锅炉入口	m³/h	6629		5267	42079	1064	55039	760
		%	12.04		9.57	76.45	1.93	100	
	锅炉出口	m³/h	6416	131	6245	46342	1172	60305	350
		%	10.64	0.22	10.36	76.84	1.94	100	
	电收尘器出口	m³/h	6416	131	7160	49785	1259	64752	280
		%	9.91	0.20	11.06	76.89	1.94	100	

表5-20 铜锍品位58%热平衡

周期	热收入				热支出			
	序号	名称	热值/MJ·炉⁻¹	占比/%	序号	名称	热值/MJ·炉⁻¹	占比/%
造渣期	1	铜锍显热	187408	42.60	1	白铜锍显热	129804	29.50
	2	炉料及鼓风显热	1558	0.35	2	转炉渣显热	109855	24.97
	3	化学反应热	250986	57.05	3	烟气/烟尘显热	152572	34.68
					4	炉体散热（含停风散热）	47720	10.85
		总计	439951	100.00		总计	439951	100.00
造铜期	1	白铜锍显热	129804	34.00	1	粗铜显热	136937	35.87
	2	炉料及鼓风显热	0	0.00	2	烟气/烟尘显热	217126	56.87
	3	化学反应热	252006	66.00	3	炉体散热（含停风散热）	27747	7.27
		总计	381810	100.00		总计	381810	100.00

表 5-21　铜锍品位 58%物料平衡

名称	物料量/t·a⁻¹	物料量/t·d⁻¹	Cu %	Cu t/d	Fe %	Fe t/d	S %	S t/d	Zn %	Zn t/d	Pb %	Pb t/d	SiO₂ %	SiO₂ t/d
加入														
铜锍	450000.00	1304.35	58.00	756.52	14.76	192.58	22.68	295.87	0.76	9.94	0.89	11.63		
石英石	34161.82	99.02			1.00	0.99							94.00	93.08
铜锍包子壳	16741.15	48.53	58.00	28.14	14.76	7.16	22.68	11.01	0.76	0.37	0.89	0.43	21.59	14.32
转炉喷溅物	22878.78	66.32	4.00	2.65	47.50	31.50	1.05	0.69	2.02	1.34	0.92	0.61	0.00	0.00
精炼渣	1719.30	4.98	35.00	1.74	0.19	0.01	0.05	0.02	7.33	0.37	21.26	1.06		
粗铜包子壳	15995.31	46.36	99.00	45.90	0.00	0.00	0.05	0.02	0.05	0.02	0.24	0.11		
电解残极	38233.84	110.82	99.50	110.27	0.00	0.00	0.00	0.00	0.01	0.01	0.14	0.15		
外购粗铜	40000.00	115.94	96.50	111.88	0.01	0.01	0.00	0.00	0.01	0.00	0.70	0.81		
废阳极板	4702.87	13.63	99.50	13.56	0.00	0.01	0.00	0.00	0.01	0.00	0.14	0.02		
浇铸冷料	3300.00	9.57	99.50	9.52	0.00	0.00	0.00	0.00	0.01	0.00	0.14	0.01		
加入小计				1080.20		232.26		307.60		12.05		14.85		107.40
产出														
粗铜	349564.30	1013.23	99.00	1003.10	0.00	0.01	0.05	0.01	0.05	0.51	0.24	2.44		
转炉渣	140541.05	407.37	4.00	16.29	47.50	193.52	1.05	4.26	2.02	8.23	0.92	3.76	21.59	87.96
转炉喷溅物	22878.78	66.32	4.00	2.65	47.50	31.50	1.05	0.69	2.02	1.34	0.92	0.61	21.59	14.32
吹炼 WHB 返尘	8991.51	26.06	26.42	6.89	22.10	5.76	8.51	2.22	0.75	0.19	3.04	0.79	12.51	3.26
吹炼 ESP 返尘	3796.54	11.00	25.04	2.76	9.29	1.02	8.92	0.98	1.59	0.18	10.32	1.14	8.42	0.93
吹炼 ESP 开路尘	5654.44	16.39	7.35	1.20	2.66	0.44	7.87	1.29	9.51	1.56	36.10	5.92	5.56	0.91
制酸烟气	1067092.51	3093.02	0.00	0.04	0.00	0.01	9.46	292.46	0.00	0.02	0.00	0.07	0.00	0.02
环保烟气	10758.12	31.18					16.56	5.17						
粗铜包子壳	15995.31	46.36	99.00	45.90	0.00	0.00	0.05	0.02	0.05	0.02	0.24	0.11		
无组织排放	476.31	1.38	99.00	1.37	0.00	0.00	0.05	0.00	0.05	0.00	0.24	0.00		
产出小计				1080.20		232.26		307.60		12.05		14.85		107.40

　　国内铜冶炼冶金计算使用软件有麦特信（METSIM）、麦特珂（MetCal）、芬兰热力学分析（OutotecHSC Chemistry），麦特信（METSIM）软件从澳大利亚购买，麦特信（METSIM）基于冶金过程的机理建模，把先进的工程数学应用于软件的使用上，能使得工程师方便地模拟不同的工艺过程，准确高效；具有充分利用空间的图形操作界面和人机互动的能力，拥有强大的 APL 语言，淘汰了那些复杂的计算机语言、文件处理、文本编辑和程序调试。

　　与其他的化工过程模拟软件相比，麦特信（METSIM）在循环回流上的计算更加出色。麦特信（METSIM）采用最新的数学技术，使循环回流计算的收敛迭代次数与直接替代法相比减少了很多，从而使计算更加快速和准确。

　　从上述两种不同转炉规格在各种工况条件下的冶金计算可以看出，采用 2H1B 作业模式，送风时率可以达到 90%~93%，始终是一台转炉烟气送制酸，可以提高转炉烟气的连续性，与熔炼烟气混合送制酸，制酸系统的烟气波动少，SO_2 浓度高，可采用高浓度制酸工艺。采用 3H2B 作业模式，送风时率可以达到 70%~73%，始终是两台转炉烟气与熔炼烟气混合送制酸，制酸系统的烟气波动稍大，SO_2 浓度会降低，制酸系统处理烟气量偏大。总之，采用 PS 转炉吹炼可以有效利用多余热量处理残极和高品位杂铜，能源利用率高，能耗低。

6 PS 转炉结构及砌筑

转炉是有色冶金生产中用于处理铜和镍的硫化物的主要设备，是一种卧式圆筒形结构。空气通过风眼装置从炉子侧面吹入熔池，使熔体处于强烈的搅拌状态，形成良好的传热和传质条件，转炉吹炼过程中不需要燃料，仅依靠铜锍中的铜、铁、硫与鼓入熔体中的空气进行氧化反应放出的热量来提供全部热支出。炉子为周期性作业，第一期为造渣期，生成白铜锍，第二期为造铜期，生成粗铜，反应产生的烟气由炉口排出，并送入硫酸厂生产硫酸。

大型转炉具有热容量大，作业周期内温度变化小，炉衬寿命长；熔体搅动强烈，反应速度快，空气利用率高，还可处理大量废杂冷料；送风时率高，同时采用捅风眼机，降低劳动强度。目前国内最大的卧式 PS 转炉规格尺寸为 $\phi4.5m\times13m$。

6.1 炉型结构

转炉主要由炉体、传动装置、支撑装置、齿圈和滚圈、润滑系统等组成，其结构如图 6-1 所示。

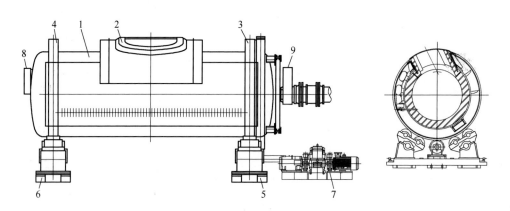

图 6-1 卧式转炉结构示意图

1—炉壳；2—炉口与护板；3—固定端滚圈；4—滑动端滚圈；
5—固定端托轮装置；6—滑动端托轮装置；7—传动装置；8—风管；9—风箱

6.1.1 炉体

炉体一般包括炉壳、炉口部件、炉口护板、风管系统等组成。

6.1.1.1 炉壳

转炉炉壳为圆筒形，两端采用封头结构，靠两个滚圈支撑在托轮上。炉身上开有炉口，炉内装有数百吨高温熔体，同时砌筑有重达几百吨的耐火砖。炉壳在如此恶劣的条件下工作，要求炉壳必须具有足够的强度和刚度，保证转炉安全正常运行。

A 炉壳材质的选择

炉壳的工作温度正常不超过 250℃，最高不得超过 300℃，一般选用优质碳素结构钢或低合金结构钢制造。常用的材料为 Q345R、Q370R 等。

B 炉壳的制造

炉壳由厚钢板拼焊而成，要求按钢制压力容器的规范进行拼接和焊接，要对焊缝进行 100% 探伤检测。超声波检测达到 Ⅰ 级为合格。制造后要对焊缝进行退火处理，而后进行整体机加工。

C 炉壳厚度的校核

炉壳的载荷包括炉壳自重、炉衬质量、熔体质量以及炉口等，另外还有风眼鼓风的扰动力，炉衬的黏结物等附加载荷。炉壳工作温度比较高且不均匀也不稳定，采用在统计基础上的许用应力通过对轴向应力的限制来控制轴向的挠度和径向变形。

目前转炉炉壳常用钢板材料为 Q345R 或 Q370R，与一般强度计算不同，强度值的大小并不是衡量壳体壁厚的唯一依据，还应参考已经实践考验过的相似筒体的参数确定，来达到限制轴向应力间接控制筒体变形，满足筒体刚度的要求。

6.1.1.2 炉口部件

转炉炉口一般设在筒体的中央，炉料的进出以及烟气的排出均要通过炉口。加入的炉料直接落入搅拌的熔池，得以迅速熔化，此处温度较高且时常有高温熔体喷溅黏结在炉口，炉口结构有水套式、金属衬板、部分砌砖以及全砖型等。

水套式炉口，可以改善炉口结渣状况，结渣较易清理，但水量消耗大，水套易结垢，存在一定的危险性。

金属衬板炉口，冲刷侵蚀严重，容易损坏，炉口结渣清理困难。

部分砌砖炉口，与金属衬板相比，炉口寿命较长，但仍存在炉口清理困难的问题。

全砖炉口，采用耐热钢整体铸造，再砌筑特制的炉口砖。结渣时，可采用炉口清理机清理结渣，大大缩短清理时间。

目前在生产的转炉，多为全砖炉口，炉口寿命较长。

6.1.1.3　炉口护板

炉口护板是焊接在炉口周围的保护板，全砖炉口如图 6-2 所示。其目的是为了保护风管、风眼等进风装置，同时保护炉口附近的筒体，免受喷溅熔体的侵蚀。同时，转炉炉口护板与转炉密封烟罩紧密配合，形成密闭腔体，防止过多的外部空气泄漏到烟罩内。因此，在设计炉口护板时，应考虑钢板有足够的厚度，同时还应有足够的长度和宽度。

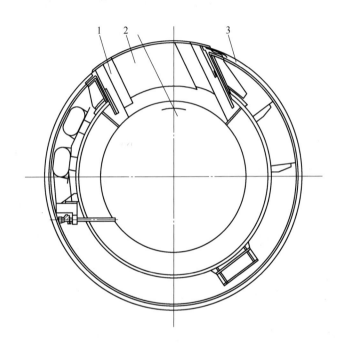

图 6-2　全砖炉口示意图

1—砌体；2—整体铸造炉口；3—炉口护板

6.1.1.4　风管系统

风管系统由联箱、风管及风箱组成。通过风管系统将空气送入转炉内吹炼。空气在进入转炉之前经过风管及风箱可以使进入各个风眼的空气压力相对平衡。

A　联箱

联箱采用钢板焊接结构，一端与筒体轴线的万向接头连接，另一端与筒体外圆周方向的环形风管连接。风箱设置在炉体驱动端，固定方式根据端盖形式不同而有所不同：当采用弹簧拉紧平端盖时，由于端盖受热时游动量较大，因此风箱不能与端盖直接连接，应脱离端盖，采用风箱固定支架安装。风箱支架固定在驱动端滚圈上；当采用球形封头式端盖时，风箱支座直接固定在端盖上（图 6-3）。

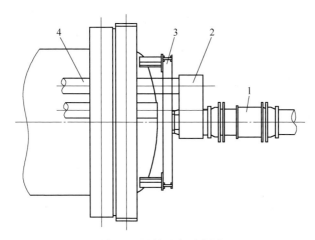

图 6-3 风箱固定示意图

1—万向接头；2—联箱；3—风箱支座；4—风管

B 风管

环形风管的端面有圆形和扁圆形两种，圆形断面风管受结构尺寸的限制，无法扩大有效面积，所以只在小转炉上使用。在实际生产中，扁圆形占绝大多数。扁圆形断面风管为钢板焊接而成，可以在转炉径向尺寸不变时加大风管截面积，使送风更加均匀。环形风管中气流流速一般取 8~15m/s。

C 风箱

从环形风管进入风眼的空气，有两种结构形式：一种是通过空气支管，空气支管多采用金属软管制作的挠性结构，此种结构，空气阻力大，空气压力不均，现场噪声较大，同时金属软管受热，易变形。另外一种是风箱结构。空气从环形风管通过风箱进入风眼，阻力小，压力均衡，噪声小，几乎不需维修和更换，大大提高作业时率，风箱和风眼如图 6-4 所示。

D 风眼装置

风眼装置固定在转炉筒体上，是风管系统的重要组成部件。吹炼时，风眼角度与水平中心线平行，不仅为机械捅风眼机的操作提供方便，而且减少了吹炼角度的变化幅度。

风眼装置由消声器、钢球、弹子房和风管等主要零件组成（图 6-4）。

送风时钢球落下，靠风压将钢球顶紧在弹子房上，不让空气外泄；捅风眼时，钢钎将钢球顶起，钢钎捅入转炉熔体内。此时会有高压空气从风眼中漏出，产生很大的噪音，因此需要在风眼端部加装消音器。

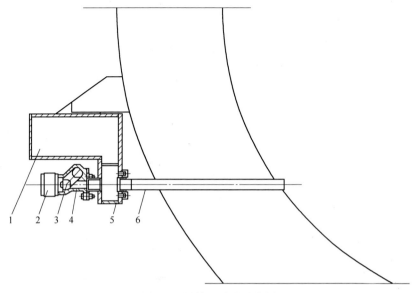

图 6-4　风箱和风眼示意图

1—风箱；2—消声器；3—钢球；4—弹子房；5—风管座；6—风管

E　配重装置

大型转炉一般需要在炉体下方与炉口相对应的位置安装平衡配重。用以平衡炉体结构产生的偏心力矩，改善偏心质量产生的不均衡载荷和动力载荷，配重装置如图 6-5 所示。配重块可采用铸铁块套装在螺杆上，根据生产情况对配重块进行调整。

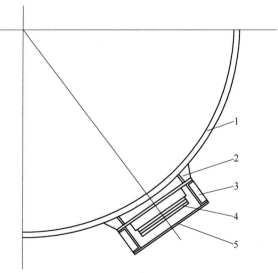

图 6-5　配重装置示意图

1—炉壳；2—安装座；3—槽钢框；4—配重块；5—盖板

6.1.2 传动装置

转炉在加料、吹炼和排料时，需要频繁而间歇运行，传动装置可以保证转炉按照所要求的旋转角度平稳缓慢地转动；在各种不同的事故状态时，转炉炉体应能迅速转到安全位置，防止炉体内的熔体灌入风眼或冻结在炉内。因此，转炉传动装置不但有主传动装置，还应有事故传动装置。

6.1.2.1 主传动装置

主传动装置由交流电机、减速器、联轴器、制动器等组成。其中减速器多采用蜗轮蜗杆和圆柱齿轮组合式减速器。蜗轮蜗杆传动虽然效率低，但速比大，能自锁。近年来，大型硬齿面圆柱齿轮减速器在转炉驱动装置中也有较多应用，但采用圆柱齿轮减速器时应特别重视传动装置中制动器的可靠性。

6.1.2.2 事故传动装置

事故传动装置的驱动源型式较多，有采用直流电机的，也有采用主传动电机加可控硅逆变器的，在老式转炉中也曾采用气动马达和液压马达。目前使用事故传动装置采用较多的为直流电机型式。事故时由蓄电池组供电驱动直流电机，使炉体倾转到安全位置。

转炉典型的传动装置，如图 6-6 所示。

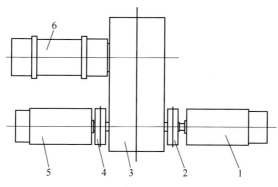

图 6-6 传动装置示意图

1—交流电机；2，4—联轴器和制动器；3—减速机；5—直流电机；6—联轴器

6.1.3 支撑装置

支撑装置分为固定端托轮装置和滑动端托轮装置两组（图 6-1）。除在径向支撑炉体载荷外，传动端支撑装置还在轴向对转炉起定位作用。

为了减少托轮部件的负荷，改善托轮与滚圈接触不均匀的状况，支撑装置采用两点复式托轮组。其中，固定端托轮装置的托轮带有凸缘，滑动端托轮装置不带凸缘，炉体在受热膨胀产生轴向位移时，只能向滑动端滑动，可以保证齿轮的良好啮合。

托轮部件安装在摇臂架支撑座上，其作用是调整托轮和滚圈的接触状况以及把载荷传递到基础上。在支撑装置内侧设置了隔热板，目的是为了挡住飞溅的炉渣，保护支撑装置。托轮多采用铸钢件，设计时托轮硬度应比滚圈略高。

支撑装置的轴承有两种型式：滚动轴承和滑动轴承。

6.1.3.1　滚动轴承

这种形式的托轮组摩擦损耗较小，其传动装置功率也较小，维护工作量也小。但滚动轴承对冲击载荷敏感，检修较困难，仅在少数转炉上使用。

6.1.3.2　滑动轴承

由于转炉有很大的偏心载荷，加之频繁的启动和制动，产生的动力载荷和附加载荷较大。炉口黏结大量喷溅物时，有时需要用冲击法清理。因此，设计时必须考虑冲击载荷对支撑的影响。滑动轴承承受冲击载荷能力强，检修较容易，故在大多数转炉上使用。

6.1.4　齿圈和滚圈

由传动装置输出的传动力矩通过开式齿轮传动副传递到炉体上。

开式齿轮采用圆柱渐开线齿轮，小齿轮装置安装在带挡边托轮支撑装置上，小齿轮一般采用锻钢件；大齿圈采用铸钢件，与传动端滚圈采用螺栓连接。

常用的滚圈及其安装形式如图 6-7 和图 6-8 所示。滑动端滚圈为单独的滚圈，其断面结构形式见图 6-7；固定端滚圈是滚圈和齿圈联合为一体的，其断面结构形式见图 6-8。如果加工制造和运输条件允许，滑动端滚圈和固定端滚圈均采用合适的材质整体铸造而成。滚圈与炉壳垫板之间的间隙要通过膨胀计算确定，达到生产过程中滚圈与垫板之间既没有过大的附加应力也没有明显的间隙。

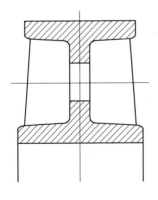　　　　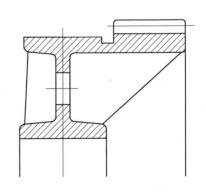

图 6-7　滚圈结构示意图　　　　　　图 6-8　齿圈结构示意图

6.1.5 润滑系统

转炉在运行过程中，支撑装置及小齿轮轴承均在高负荷、低转速下运行，一般采用干油集中润滑。在转炉的两端各设置一台高压干油泵，分别对转炉两端的轴承定期供油润滑。采用高压干油泵管线布局更合理，工作更可靠。目前，润滑系统由手动干油泵发展为自控高压干油润滑站。

6.2 主要参数的确定

6.2.1 炉体

6.2.1.1 送风量

根据生产能力，可确定送风量为：

$$V_n = \frac{QV_y}{1440k} \tag{6-1}$$

式中　V_n ——标准状态下的送风量，m^3/min；

Q ——转炉每天处理铜锍量，t/d；

V_y ——每吨铜锍实际需要的空气量，m^3/t，铜锍品位不同，V_y 也不同，一般为 $1000 \sim 1400 m^3/t$；

k ——送风时率，$75\% \sim 85\%$。

实践证明，转炉内每立方米空腔容积的鼓风量不应超 $8 \sim 10 m^3/min$，否则将会造成熔体大量喷溅。同时，转炉操作中加大风量，必然提高熔体温度，造成过热，影响炉衬寿命。

6.2.1.2 风眼数量

确定了送风量之后，可计算转炉风口的总面积为：

$$A_t = \frac{V_n}{q} \tag{6-2}$$

式中　A_t ——转炉风口总面积，cm^2；

q ——鼓风强度，$m^3/(cm^2 \cdot min)$，一般取 $0.5 \sim 0.8$。

单个风眼的风口面积为：

$$A_i = \frac{\pi d^2}{4} \tag{6-3}$$

式中　A_i ——单个风眼的风口面积，cm^2；

d ——风口内径，cm，小转炉 d 为 $3.8 \sim 4.4 cm$，大转炉 d 为 $4.5 \sim 5.0 cm$。

风眼数量为：

$$n = \frac{A_t}{A_i} \tag{6-4}$$

6.2.1.3　炉体长度

炉体长度取决于风眼数量，可进行计算为：

$$L = (n - 1)S_1 + 2(S_2 + S_3) \tag{6-5}$$

式中　　L——炉体净长，m；

　　　　S_1——风眼间距，一般取 0.15~0.17m，间距太小，则风眼部件设计困难；间距过大，则风眼数量较少，造成风速过高，加重熔体的喷溅和对砖体的侵蚀；

　　　　S_2——端部风眼到砌体端墙的距离，一般取 0.4~0.6m，该距离过大易形成死角，熔体反应不充分，过小则对端墙砖体侵蚀严重；

　　　　S_3——端墙耐火砖厚度，m。

6.2.1.4　炉体内径

炉体内径可计算为：

$$D = 1.674 \sqrt{\frac{G}{\rho(L - 2S_3)}} + 2\delta \tag{6-6}$$

式中　　D——炉体内径，m；

　　　　G——每炉装入熔体量，t；

　　　　ρ——熔体密度，t/m³；

　　　　δ——炉体端墙砌体厚度，m。

当炉体的内径及长度确定之后，根据炉膛容积单位时间，单位容积内的送风量在 8~10m³/min 进行核算，满足此要求即可。

6.2.2　炉口

炉口面积的大小对转炉生产有着直接影响，炉口过小会使铜锍加入和炉渣、粗铜的排出速度变慢，冷料加入困难，烟气流速过快，使炉口经常黏结大量的熔渣，增加停风清理次数；炉口过大则削弱了筒体的强度和刚度，热损失过大，特别是当加料和排料等停风时，炉体过多的热损失会引起炉温波动大，使炉衬过早损坏。根据生产实践分析，炉口面积与熔体表面积之比在 0.18~0.25 之间为宜，并以炉口处烟气流速为 6~8m/s 来校核计算。炉口面积确定后，炉口的长宽比为 1.15~1.35。

炉口倾角是设计炉口的重要参数，倾角过小则不利于炉口与烟罩的配合，也不利于阻挡喷溅物；倾角过大则烟气的排出不畅，给残极加料机加入冷料作业造成困难。因此，一般炉口倾角 α 为 25°~30°，如图 6-9 所示。图 6-9 中 Q 点由于受高温熔体的冲刷最为严重，因此，设计时力求提高 Q 点位置，使其与风眼之间的间距 h 尽可能大，通常取 $\theta \geqslant 50°$ 以保证 h。当 α 和 θ 确定后，根据筒体直径适当调整炉口的长宽尺寸，使之有利于筑炉，即可确定 L 和炉口位置。

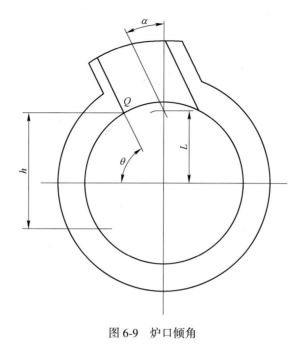

图 6-9 炉口倾角

6.2.3 风眼相关参数

6.2.3.1 风眼直径

风眼直径和风眼数量应根据铜锍吹炼工艺所需风量计算确定。计算时最关键的参数是确定风口速度,风口速度过大,不仅增加动力消耗,还会使炉口喷溅加剧,而且由于风速过大而使风口直径偏小,造成风眼黏结,增加捅风眼次数。因此,合理地选择风眼直径,对于转炉的稳定操作是相当重要的。老式转炉风眼直径 38~44mm,普遍偏小,风口流速高达 130~170m/s,现代转炉都配用捅风眼机操作,风口直径相应加大,出口风速一般取小于 100m/s 为宜。

6.2.3.2 风眼角度

风眼角度设计不尽相同,有仰角、俯角、零角三种。由于在转炉吹炼时熔体液面高度会发生变化,因此实际吹炼角度不可能与设计完全一致。为了使炉口位置尽可能与烟罩位置保持相对合理,把风眼角度定为 0°比较合适,这样不但可在操作中使烟气流向偏离炉口中心线的现象减少,而且与仰角吹炼、俯角吹炼比较,还可以减少炉子的喷溅、避免炉底砌体过早损坏。此外,风眼角度为 0°对实现机械化捅风眼较为方便。

6.2.3.3 风眼高度

风眼距炉底的高度和冶炼工艺有很大的关系,随着铜锍处理量和铜锍品位的不同,风眼位置也应该不同,风眼过高,空气可能短路;风眼过低则空气动力消耗大，炉底砖易损坏。设计时推荐风眼的位置按以下方法确定：当炉衬减薄 100mm 时，按单炉产量计算的粗铜液面线以下 50mm 计算；对高品位铜锍吹炼应保证风眼在白铜锍液面线 200mm 以下。

6.2.4　电动机容量

主电动机的运行方式虽属间断运行，但起动频繁，故应将起动力矩作为正常运转力矩来选择电动机，其运转力矩为：

$$M = M_A + M_B \tag{6-7}$$

式中　　M_A——作用在电动机轴上的动力矩，N·m；

M_B——作用在电动机轴上最大负载静力矩，N·m。

电动机选择计算步骤如下所述。

6.2.4.1　动力矩 M_A 的计算

当设计的传动系统为电动机、蜗轮减速机、圆柱齿轮减速机、开式齿轮副时，由动力学可知：

$$M_A = \frac{J_1 n}{9.55t} + \frac{J_2 n}{9.55ti_1^2\eta_1} + \frac{J_3 n}{9.55ti_1^2 i_2^2 \eta_1 \eta_2} + \frac{J_4 n}{9.55ti_1^2 i_2^2 i_3^2 \eta_1 \eta_2 \eta_3} \tag{6-8}$$

式中　　J_1，J_2，J_3，J_4——分别是轴线 1、2、3、4 上所有回转体的转动惯量，kg·m²；

i_1，i_2，i_3——分别为蜗轮减速机、圆柱齿轮减速机和开式齿轮副的速比；

η_1，η_2，η_3——分别为蜗轮减速机、圆柱齿轮减速机和开式齿轮副的效率；

n——电动机转速，r/min；

t——启动时间，s。

6.2.4.2　静力矩 M_B 的计算

静力矩 M_B 的计算如下：

$$M_B = M_1 + M_2 \tag{6-9}$$

式中　　M_1——推算到电动机轴上的扭力矩，N·m；

M_2——由于炉体偏心重推算到电动机轴的偏心力矩，N·m。

A　扭力矩 M_1 的计算

摩擦力矩 M_1 由 M_C、M_D、M_E 三部分组成，分别由下列各式计算：

$$M_C = \frac{GR\mu_1 D_r}{id\eta_1} + \frac{Gk(1 + D_r/d)}{i\eta_1} \tag{6-10}$$

式中　　M_C——托轮与滚圈的摩擦阻力矩，N·m；

G——托轮上所受的作用力，N；

R——托轮轴承半径，m；

μ_1——轴承的滑动摩擦系数；

D_r——滚圈直径，m；

d——托轮直径，m；

η_1——由托轮到电动机的传动效率；

i——总速比；

k——滚动摩擦系数，m。

$$M_D = \frac{Pr\mu_2}{i_1 i_2 \eta_2}\qquad(6\text{-}11)$$

式中　M_D——小齿轮轴承的摩擦阻力矩，N·m；

P——小齿轮轴承所承受的作用力，N；

r——小齿轮轴颈的半径，m；

μ_2——小齿轮轴承的摩擦系数；

η_2——从小齿轮轴承到电动机的传动效率。

由于炉体有轴向窜动，托轮轴端面与轴承端面产生摩擦阻力矩 M_E：

$$M_E = \frac{G\mu_3\mu_4 D(r_1 + r_2)}{2i\eta_1 d}\qquad(6\text{-}12)$$

式中　M_E——托轮轴端面与轴承端面的摩擦阻力矩，N·m；

μ_3——滚圈和托轮的滑动摩擦系数；

μ_4——托轮轴端面与轴承端面的滑动摩擦系数；

r_1——轴承端面的外圆半径，m；

r_2——轴承端面的内圆半径，m。

B　偏心矩 M_2 的计算

偏心矩 M_2 的计算如下：

$$M_2 = \frac{We}{i\eta_3}\qquad(6\text{-}13)$$

式中　W——炉口、护板、风管系统等所有偏心件的自重力，N；

e——上述各件的合成偏心矩，m；

η_3——从开式齿轮副到电动机的传动效率。

6.2.4.3　电动机的校核

电动机的额定扭矩 M_H 为：

$$M_H = 9555\frac{N}{n}\qquad(6\text{-}14)$$

式中　M_H——电动机额定扭矩，N·m；

N——电动机额定功率，kW；

n——电动机额定转速，r/min。

当满足 $M_H > M_A + M_B$ 时，所选电动机可用，上述计算是较为粗略的，对于安装误差及其他一些因素所产生的附加阻力矩，很难精准计算，因此所选电动机容量应增加 10%～20% 的富余量，即：

$$M_H > 1.1 \sim 1.2(M_A + M_B) \tag{6-15}$$

6.3　砌筑

6.3.1　材质选择

铜锍吹炼转炉的炉衬，由于吹炼过程中需经受高温熔体剧烈的机械冲刷，炉渣和石英熔剂的严重侵蚀以及炉温周期性的波动、炉口清理和风眼维护时的机械碰撞和磨损等，作业条件极为恶劣，特别是炉口、风眼和端墙渣线三部分既是耐火材料最易损部位，又是砌体结构强度最薄弱的环节，也是筑炉施工中要求技术含量最高的部位。这三部分的同步寿命在很大程度上代表着转炉的炉龄。因此，目前转炉内衬均普遍采用高温强度高、抗渣性和抗热震性好的镁铬质耐火材料砌筑，在筒体和端墙部位的内衬选用普通烧成镁铬砖砌筑，炉口和风眼部的内衬选用直接结合镁铬砖或电熔再结合镁铬砖砌筑，而内衬与炉壳之间一般捣打 50～70mm 厚的镁砂质捣打料作为永久炉衬，转炉砌筑如图 6-10 所示。

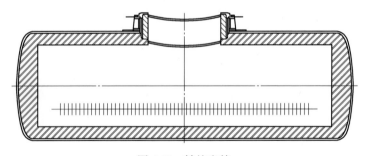

图 6-10　转炉砌筑

6.3.2　筒体砌砖

筒体砌筑前先用卤水镁砂捣打料在炉壳内捣打 50～70mm 厚的永久炉衬。

筒体内衬一般选用普通烧成镁铬砖、渣线部位选用直接结合镁铬砖砌筑。砌砖厚度一般为 400～460mm，用竖楔形砖错缝砌筑，砖缝厚度 1.5～2mm。砖形尺寸根据炉子规格（筒体直径）具体设计。直径 ϕ4500mm 筒体砌砖的砖形尺寸：长 430mm 或者 460mm，宽 150mm，端头错缝砖的宽度为 225mm，最后用一块锁砖打紧。

砌体膨胀缝的留设采用夹插纸板吸收材料，根据砖体的热膨胀系数计算插入纸板数量，ϕ4500mm 规格转炉横向位置每 3 环为一组，每组之间加 3mm 纸板；

环向每 6 块砖为一组，每组之间加 3mm 纸板（纸板形状尺寸与所砌竖楔形砖的断面尺寸相同）。

6.3.3 炉口砌砖

转炉炉口砌砖是结构强度最薄弱的部位，特别是炉口与圆形筒体的交接处，形状复杂，砖的加工量多，砖缝多而厚度难以掌握；而炉口又是加料（铜锍、石英熔剂、冷料）、倒渣、倒粗铜、排烟的通道，工艺操作极为频繁，吹炼时排烟温度较高，温度周期性的波动、炉渣喷溅和烟气的冲刷、炉口清理的机械碰撞磨损、Cu_2S、SO_2 的侵蚀等，内衬工作条件极为恶劣，使用寿命最短。生产过程中往往因炉口掉砖或损坏被迫停炉修理，影响转炉的作业率。

炉口横截面形状为鼓形，上、下口为拱形壁面，左、右侧是直形壁面。衬砖厚度左右侧为 230mm，上、下拱形壁面的衬砖厚度是变化的，对上炉口的内口衬砖厚度为 230mm，外口厚度为 180mm；对下炉口的内口衬砖厚度为 180mm，外口厚度为 230mm。此种结构保证了上炉口的结构强度和炉口衬砖寿命，炉口砌砖如图 6-11 所示。

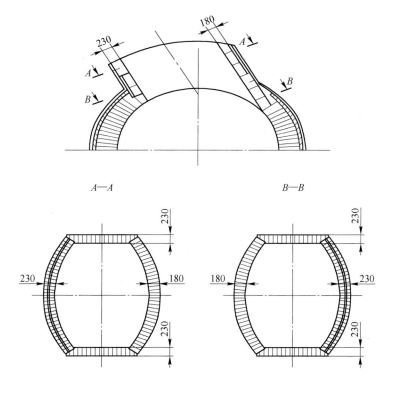

图 6-11   炉口砌砖示意图

6.3.4　风口砌砖

风口区是吹炼反应最强烈、熔体冲刷最为严重，加上风口维护时捅风眼机钢钎的冲击，风口砖制造时孔口龟裂等原因，使风口砖损坏而停炉修理。风口砖的使用寿命代表着转炉炉寿（在一个风口砖更换期内转炉作业的炉次）。

风口砖一般采用直接结合镁铬砖或电熔再结合镁铬砖，砖型设计为每个风口由一到两块风口砖组成，砖的宽度为风口中心距减去砖缝厚度 2mm。由于大型转炉都采用多钎式捅风眼机进行风口维护，因此，对风口中心距、风口角、风口中心线的水平度等都有严格的要求。一般风口砖每隔一块砖插入一块 2mm 厚纸板，不钻风眼的部分每隔 3 块砖插入一块 2mm 厚的纸板，风口砌砖如图 6-12 所示。

6.3.5　端墙砌砖

转炉端墙有两种结构形式：直形端墙和球形端墙，其砌砖结构如图 6-13 所示。

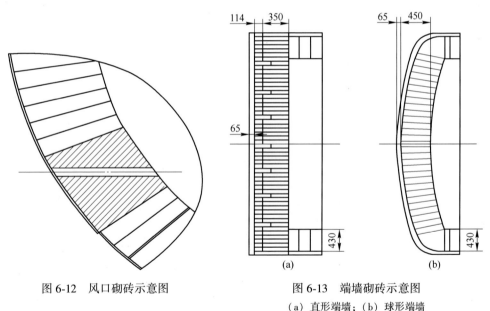

图 6-12　风口砌砖示意图

图 6-13　端墙砌砖示意图
（a）直形端墙；（b）球形端墙

6.3.5.1　直形端墙

直形端墙采用 T 形砌砖法砌筑，内衬厚度 350mm 的镁铬砖，砖型尺寸为 350mm×114mm×80mm 的直形砖，材质除渣线部位选用直接结合的镁铬砖外，均为普通烧结镁铬砖，也可以考虑全部采用直接结合镁铬砖。外衬厚度为 114mm 的烧结镁铬砖，砖型尺寸为 230mm×114mm×80mm。膨胀缝采用马粪纸板吸收材料处理，水平膨胀缝每 6 块×114mm 和 3 块×230mm 各夹插 2mm 厚的马粪纸 1

块。圆周三角用镁铬质耐火泥填充。

6.3.5.2 球形端墙

大容量的转炉目前多采用球形封头，球形端墙采用环形砌筑法砌筑。端墙厚度一般为 400~450mm，材质选择同步直形端墙。

砖型尺寸根据球形封头的尺寸进行设计，封头内壁用镁铬质捣打 50~70mm 厚的永久层（拱角砖紧贴炉壳），然后根据封头半径 R、中心角 α 和炉壳内径 D 按环砌法进行砖型尺寸设计计算。

7 PS转炉用耐火材料的蚀损

PS转炉是火法炼铜工艺流程的关键设备，其耐火材料的工作环境情况是整个火法炼铜工艺中最恶劣情况之一，在冶炼过程中不但伴随着强烈的熔体冲刷、较大的温度波动、铁硅渣的高侵蚀，还有大量酸性腐蚀气体SO_2存在，这些都对耐火材料的使用提出了很高的要求。由于耐火材料使用环境复杂，各种损毁因素又是交互作用，而耐火材料出厂的各项性能指标并不能全部或真正反映具体耐火材料在使用现场的复杂条件下的使用性能。这些问题的出现对PS转炉用耐火材料的性能进行着严酷的考验。从目前铜火法冶炼生产应用和耐火材料研发制造的现状来看，镁铬砖依然是铜冶炼炉中最为重要的耐火材质，尤其是在PS转炉中渣侵蚀严重、熔体冲刷严重的部位，如风口区，而在其他领域表现优异的耐火材料目前尚无法胜任铜冶炼的特殊环境。研究PS转炉镁铬质耐火材料的损毁机理及炉寿影响因素，将会对PS转炉炉龄的提高、产量的增加和生产成本的降低起到积极的作用。

7.1 耐火材料分类及特征

耐火材料是由多种不同化学成分及不同结构矿物组成的非均质体。随着耐火材料种类的增加以及使用的特定化，耐火材料需要的原料也越来越多，其组成将进一步复杂化。总体上可以通过两种方式进行分类：化学组成和矿物组成。耐火材料的性质也主要包括耐火材料的结构性能、热学性能以及使用性能。

7.1.1 耐火材料的化学组成

作为非均质体，耐火材料有主、副成分之别。通常，将耐火材料的化学组成按成分和作用分为：

(1) 占绝对多量，对性能起绝对作用的基本成分称为主成分。

(2) 占少量的从属成分称为副成分，其中包括杂质和添加成分。

主成分是耐火材料中构成耐火基体的成分，是耐火材料的特性基础。它的性质和数量对材料的性质起决定作用。其可以是高熔点耐火氧化物、复合矿物、非氧化物的一种或几种，有关物质的熔点见表7-1。氧化物耐火材料按其主成分氧化物的化学性质可分为酸性、中性和碱性三类。

表 7-1 一些氧化物和非氧化物的熔点 （℃）

物质	熔点	物质	熔点
SiO_2	1725	Al_2O_3	2050
MgO	2800	CaO	2570
Cr_2O_3	2435	ZrO_2	2690
$3Al_2O_3 \cdot 2SiO_2$	1810	$MgO \cdot Al_2O_3$	2135
$MgO \cdot Cr_2O_3$	2180	$ZrO_2 \cdot SiO_2$	2500
$2CaO \cdot SiO_2$	2130	$2MgO \cdot SiO_2$	1890
BN	3000	B_4C	2350
SiC	2700	Si_3N_4	2170
C	3700	TiB_2	3225

　　杂质成分是指由于原料纯度有限而被带入、对耐火材料性能有害的化学成分。一般来说，K_2O、Na_2O、FeO 及 Fe_2O_3 都是耐火材料中有害杂质成分。耐火材料中杂质成分直接影响材料的高温性能，如耐火度、荷重变形温度、抗侵蚀性、高温强度等。其有利的方面是杂质可降低制品烧成温度，促进制品烧结等。

　　添加成分是为了改善主成分在使用性能或生产性能的不足而加入的添加剂。主要分为以下几类：

　　（1）改变流变性能类；

　　（2）调节凝结、硬化速度类；

　　（3）调节内部组织结构类；

　　（4）保持材料施工性能类；

　　（5）改善使用性能类。

7.1.2　耐火材料的矿物组成

　　耐火材料的矿物组成取决于它的化学组成和工艺条件。化学组成相同的材料，由于工艺条件的不同，所形成矿物相的种类、数量、晶粒大小和结合情况会有差异，其性能也可能有较大的差异。耐火材料的矿物组成一般可分为主晶相和次晶相两大类。主晶相是指构成材料结构的主体且熔点较高的晶相。主晶相的性质、数量和结合状态直接决定着材料性质。常见耐火制品的主要化学成分及主晶相见表 7-2。

　　基质是指耐火材料中大晶体或骨料间结合的物质。基质对材料的性能起着很重要的作用。在使用时，往往是基质首先受到破坏，调整和改变材料的基质可以改善材料的使用性能。

表 7-2　耐火材料的主要化学成分及主晶相

耐火材料	主要化学成分	主晶相
硅砖	SiO_2	鳞石英、方石英
半硅砖	SiO_2、Al_2O_3	莫来石、方石英
黏土砖	SiO_2、Al_2O_3	莫来石、方石英
Ⅱ Ⅲ 等高铝砖	Al_2O_3、SiO_2	莫来石、方石英
Ⅰ 等高铝砖	Al_2O_3、SiO_2	莫来石、刚玉
莫来石砖	Al_2O_3、SiO_2	莫来石
刚玉砖	Al_2O_3、SiO_2	刚玉、莫来石
电熔刚玉转	Al_2O_3	刚玉
铝镁砖	Al_2O_3、MgO	刚玉、镁铝尖晶石
镁砖	MgO	方镁石
镁硅砖	MgO、SiO_2	方镁石、镁橄榄石
镁铝砖	MgO、Al_2O_3	方镁石、镁铝尖晶石
镁铬砖	MgO、Cr_2O_3	方镁石、镁铬尖晶石
铬镁砖	MgO、Cr_2O_3	镁铬尖晶石、方镁石
镁橄榄石砖	MgO、SiO_2	镁橄榄石、方镁石
镁钙砖	MgO、CaO	方镁石、氧化钙
镁白云石砖	MgO、CaO	方镁石、氧化钙
白云石砖	CaO、MgO	氧化钙、方镁石
锆刚玉砖	Al_2O_3、ZrO_2、SiO_2	刚玉、莫来石、斜锆石
锆莫来石砖	Al_2O_3、SiO_2、ZrO_2	莫来石、锆英石
锆英石砖	ZrO_2、SiO_2	锆英石
镁炭砖	MgO、C	方镁石、石墨
铝炭砖	Al_2O_3、C	刚玉、莫来石、石墨

7.1.3　耐火材料的结构性能

耐火材料的宏观组织结构是由固态物质和气孔共同组成的非均质体。其结构性能主要包括气孔率、吸水率、体积密度、透气度等。它们是评价耐火材料的主要指标。

7.1.3.1　气孔率

耐火材料的气孔大致可以分为 3 类（图 7-1）：

(1) 封闭气孔，封闭在制品中不与外界相通。

（2）开口气孔，一端封闭，另一端与外界相通，能被流体填充。

（3）贯通气孔，贯通材料两面，流体能够通过。

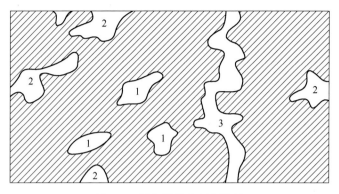

图 7-1 耐火制品中气孔类型
1—封闭气孔；2—开口气孔；3—贯通气孔

目前，由于检测方便，通常以显气孔率来代替表示气孔率。即开口气孔与贯通气孔的体积之和占制品总体积的百分率。致密定形耐火制品的显气孔率按照国家标准 GB/T 2997—2000《致密定形耐火制品体积密度、显气孔率和真气孔率试验方法》进行测定，显气孔率计算如下：

$$P_a = \frac{m_3 - m_1}{m_3 - m_2} \times 100\%$$

式中　P_a——耐火制品的显气孔率，%；

　　　m_1——干燥试样的质量，g；

　　　m_2——饱和试样悬浮在液体中的质量，g；

　　　m_3——饱和试样（在空气中）的质量，g。

致密耐火制品的显气孔率一般为 10%～28%；隔热耐火材料的真气孔率大于 45%。

7.1.3.2　吸水率

吸水率是耐火材料全部开口气孔所吸收水的质量与其干燥试样的质量之比，它实质上反映了材料中的开口气孔量。在耐火原料生产中，习惯上用吸水率来鉴定原料的煅烧质量，原料煅烧得越好，吸水率数值应越低，一般应小于 5%。

即：
$$W = G_1/G \times 100\%$$

式中　G——干燥试样质量，g；

　　　G_1——试样开口气孔中吸满水的质量，g；

　　　W——试样的吸水率，%。

7.1.3.3　体积密度

体积密度是耐火材料干燥质量与其总体积（固体、开口气孔和闭口气孔的体积总和）的比值，单位是 g/cm³，是表征耐火材料的致密程度，其受所用原料、生产工艺等因素影响。部分耐火材料的体积密度和显气孔率的数值见表 7-3。

表 7-3　部分耐火材料的体积密度和显气孔率的数值

材料名称	显气孔率/%	体积密度/g·cm⁻³
致密黏土砖	16.0~20.0	2.05~2.20
硅砖	19.0~22.0	1.80~1.95
镁转	22.0~24.0	2.60~2.70
镁钙砖	≤8	≥2.95
高铝砖	≤22	
半再结合镁铬砖	18.0	2.10
直接结合镁铬砖	15.0	3.08
熔铸镁铬砖	5.0~15.0	≥3.7
烧结刚玉砖	14.0~16.0	2.95
刚玉再结合砖	≤21	2.95

对于致密定形耐火制品的体积密度检测方法如下：

$$\rho_{b} = \frac{m_{1}}{m_{3} - m_{2}} \times \rho_{ing}$$

式中　ρ_{b}——试样的体积密度，g/cm³；

　　　ρ_{ing}——试验温度下，浸渍液体的密度，g/cm³；

　　　m_{1}——干燥试样的质量，g；

　　　m_{2}——饱和试样悬浮在液体中的质量，g；

　　　m_{3}——饱和试样（在空气中）的质量，g。

7.1.3.4　透气度

透气度是材料在压差下允许气体通过的性能。由于气体是通过材料中贯通气孔透过的，透气度与贯通气孔的大小、数量、结构和状态有关，并随耐火制品成型时的加压方向而异。它和气孔率有关系，但无规律性，并且又和气孔率不同。其受生产工艺的影响，通过控制颗粒配比、成型压力及烧成制度可控制材料的透气度。

7.1.4　耐火材料的热学性能

耐火材料的热学性能包括热容、热膨胀性、热导率等。它们是衡量制品能否适应具体热过程需要的依据，是工业窑炉和高温设备进行结构设计时所需要的基本数据。

7.1.4.1 热容

热容是指材料温度升高 1K 所吸收的热量，比热容是单位质量的材料温度升高 1K 所吸收的热量，又称质量热容，单位为 J/(g·K)。耐火材料的热容直接影响所砌筑体的加热和冷却速度，常见耐火材料的比热容见表 7-4。

表 7-4 常见耐火材料的比热容 (J/(g·K))

砖种类	密度 /g·cm⁻³	温度/℃						
		200	400	600	800	1000	1200	1400
黏土砖	2.4	0.875	0.946	1.009	1.009	1.110	1.156	1.235
硅砖	1.8	0.913	0.984	1.043	1.097	1.135	1.168	1.193
镁砖	3.0	0.976	1.047	1.086	1.126	1.164	1.210	—
碳化硅砖	2.7	0.795	0.942	1.017	1.026	0.971	0.938	—
硅线石砖	2.7	0.842	0.959	1.030	1.068	1.080	1.101	1.122
刚玉砖	3.1	0.904	0.976	1.026	1.063	1.093	1.118	1.139
炭砖	1.6	0.946	1.172	1.327	1.432	1.516	1.578	1.616
铬砖	3.1	0.745	0.812	0.854	0.883	0.909	0.929	1.365
锆英石砖	3.6	—	0.749	0.682	0.712	0.745	0.775	0.808

比热容一般可计算为：

$$c_p = \frac{Q}{m(t_1 - t_0)}$$

式中　c_p——耐火材料的等压比热容，kJ/(kg·K)；

　　　Q——加热试样所消耗的热量，kJ；

　　　m——试样的质量，kg；

　　　t_0——试样加热前的温度，℃；

　　　t_1——试样加热后的温度，℃。

7.1.4.2 热膨胀性

耐火材料的热膨胀是指制品在加热过程中的长度或体积的变化。耐火材料使用过程中常伴有极大的温度变化，随之而来的长度与体积的变化，会严重影响热工设备气体的尺寸严密程度及结构，甚至会使新砌体破坏。此外，耐火材料的热膨胀情况还能反映出制品受热后的热应力分布和大小，晶型转变及相变，微细裂纹的产生及抗热震稳定性等。常用耐火制品的平均线膨胀系数见表 7-5。

表 7-5 常用耐火制品的平均线膨胀系数   （10⁻⁶）

材料	黏土砖	莫来石砖	莫来石刚玉砖	刚玉砖	半硅砖	硅砖	镁砖	锆莫来石熔铸砖	锆英石砖
平均线膨胀系数/℃⁻¹（20~1000℃）	4.5~6.0	5.5~5.8	7.0~7.5	8.0~8.5	7.0~7.9	11.5~13.0	14.0~15.0	6.8	4.6（1100℃）

7.1.4.3 热导率

热导率是指单位时间内在单位温度梯度下沿热流方向通过材料单位面积传递的热量。它是表征材料导热特性的一个物理指标，可表示为：

$$\lambda = q/(-\mathrm{d}T/\mathrm{d}\chi)$$

式中 λ——热导率，$W/(m \cdot K)$；

q——单位时间热流密度，W/m^2；

$\mathrm{d}T/\mathrm{d}\chi$——温度梯度，$K/m$。

材料的热导率与其化学组成、矿物（相）组成、致密度（气孔率）、微观组织结构有密切的关系。不同化学组成的材料，其热导率也有差异。耐火材料的化学成分越复杂，其热导率降低越明显。晶体结构复杂的材料，热导率也低。温度是影响耐火材料热导率的外在因素。

7.1.5 耐火材料的使用性能

耐火材料的使用性能是指耐火材料在高温下使用时所具有的性能。是否满足使用性能的指标，成为耐火制品质量的主要衡量标准，也是延长其使用寿命，提高使用价值的重要依据。

7.1.5.1 耐火度

耐火材料耐火度是材料在无荷重时抵抗高温作用而不熔化的性能。其耐火度的意义与熔点不同。熔点是指纯物质的结晶相与其液相处于平衡状态下的温度。而耐火材料是由多种矿物组成的多相固体混合物，没有统一的熔点，其熔融是在一定的范围内进行的。

耐火制品的化学成分、矿物组成及其分布状态是影响耐火度的最基本因素。杂质成分特别是具有强熔剂作用的杂质，将严重降低制品的耐火度。成分分布不均匀，以致不能形成理想的高熔点矿物，将使耐火材料耐火度降低。因此，提高原料的纯度、严格控制杂质含量是提高材料耐火度的一项非常重要的工艺措施。几种常见的耐火材料的耐火度见表 7-6。

表 7-6 几种常见的耐火材料的耐火度

名　称	耐火度范围/℃
结晶硅石	1730~1770
硅砖	1690~1730
半硅砖	1630~1650
黏土砖	1610~1750
高铝砖	1750~2000
莫来石砖	大于 1825
镁砖	大于 2000
白云石砖	大于 2000
熔铸刚玉砖	大于 1990

7.1.5.2 荷重软化温度

耐火材料的荷重软化温度是指材料在承受恒定压负荷并以一定升温速率加热条件下产生的变形温度。它表示了耐火制品同时抵抗高温和载荷两方面作用的能力。决定荷重软化温度的主要因素是制品的化学矿物组成，首先要有高荷重软化温度的晶相或液相，较少有害杂质。但也与制品的生产工艺直接有关，如提高砖坯成型密度以及良好的烧结，从而降低制品的气孔率和使制品内的晶体发育良好等。有利于提高耐火制品的荷重软化温度。

荷重软化温度的测定一般是加压 0.2MPa，从样品膨胀的最高位置点压缩为原始高度的 0.6% 为软化开始温度，4% 为软化变形温度及 40% 变形温度。

7.1.5.3 抗热震性

抗热震性是指耐火材料抵抗温度急剧变化而导致损伤的能力。耐火材料在使用过程中，其环境温度的变化是不可避免的，还会遇到温度急剧变化的时候。因此耐火材料在使用过程中会产生裂纹、剥落等现象，影响耐火材料的使用寿命。此种破坏作用限制了制品和窑炉的加热和冷却速度，限制了窑炉操作的强化，是窑炉耐火材料损坏的主要原因之一。

影响耐火材料抗热震性的主要因素包括材料的物理性质，如热膨胀性、热导率等。通常，耐火材料的线膨胀系数越小，抗热震性就越好；材料的热导率越高，抗热震性就越好。此外，耐火材料的组织结构、颗粒组成和形状等都会对耐火材料的抗热震性有影响。

7.2　火法炼铜用耐火材料要求

我国 60%~70% 的耐火材料用于钢铁行业，耐火材料的发展也受到钢铁冶金技术发展的影响。炼铜行业消耗的耐火材料虽不到 5%，但在质量要求和品种方面有着与钢铁工业不同的特点。含碳耐火材料在钢铁工业的高炉、铁水预处理罐、氧气转炉、盛钢桶、连铸浸入式水口等广泛使用，效果很好。人们很自然会想到把含碳耐火材料用于炼铜、炼镍等有色金属冶炼炉，苏联、日本以及我国都曾试过，但效果都不理想。

7.2.1　铜火法冶炼特点

铜火法冶炼特点如下：

（1）钢铁工业所用矿石为氧化铁矿，金属熔体为 Fe-C 熔体，熔渣为 CaO-SiO_2-Al_2O_3 或 CaO-SiO_2-FeO 渣系，冶炼中产生大量的 CO 气体。而炼铜工艺与其大不相同，由于矿石为硫化物矿，冶炼中的中间产品为硫化物熔体，因此在熔体与吹炼中要产生大量的 SO_2 气体。

（2）冶炼中的熔体不仅有氧化物熔渣、金属熔体，还有硫化物熔体，而且这些熔体的熔化温度比钢铁工业遇到的熔体要低得多，而且流动性很好。

（3）由于硫化物矿与锍中含有大量硫化铁，为了除去铁，在熔炼与吹炼中要将 FeS 氧化为 FeO；因此必须加入 SiO_2 造渣，炉渣成分主要是 FeO 和 SiO_2，即为 FeO-SiO_2 渣系；另外，由于矿石与硫化物熔体中含有的有色金属不多，因此渣量都很大。

（4）有色金属冶炼炉多为连续式生产设备，但 PS 转炉为间断式生产。间断式生产设备波动大，风口处温度波动大且频繁，风口与风口区耐火材料所处的条件十分恶劣。

7.2.2　炼铜炉用耐火材料的选择

图 7-2 所示为利用 FactSage 热力学软件计算常用耐火氧化物 SiO_2、CaO、Al_2O_3、MgO、ZrO_2、Cr_2O_3 在不同温度下 100g FeO-SiO_2 渣中的溶解量。由图 7-2 可知，SiO_2 和 CaO 在铁硅渣中溶解量最大。因此钙质和硅质耐火材料最不适宜用于炼铜炉，且耐火材料中不易含过多的 CaO 和 SiO_2。MgO、Al_2O_3 及 ZrO_2 在铁硅渣中溶解量相对较小，Cr_2O_3 在铁硅渣中溶解度最小，几乎不溶解。

图 7-3~图 7-6 所示为利用 FactSage 热力学软件示出了 FeO-SiO_2-CaO、FeO-SiO_2-Al_2O_3、FeO-SiO_2-MgO、FeO-SiO_2-Cr_2O_3 在 1300~1500℃ 下形成的液相区大小。图中不同彩色区域内为在不同温度下形成的液相区。由图可知 CaO 在 FeO-SiO_2 渣中液相区较大，其次为 Al_2O_3 和 MgO，Cr_2O_3 最小，几乎没有液相区，计

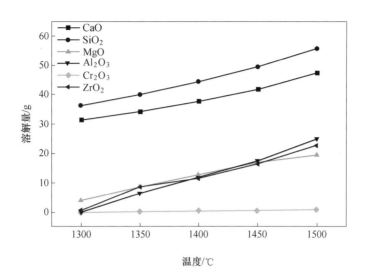

图 7-2　在不同温度下 Al_2O_3、SiO_2、MgO、CaO、Cr_2O_3、ZrO_2 在 FeO-SiO_2 渣中的溶解量

算结果与耐火材料专家陈肇友研究结果类似。因此，镁铬质耐火材料广泛应用于有色冶金行业，目前暂无可替代的其他耐火材料。

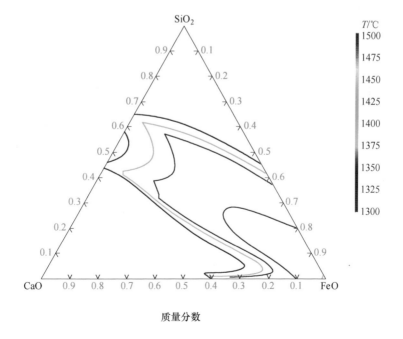

图 7-3　FeO-SiO_2-CaO 三元相图在 1300~1500℃下液相区

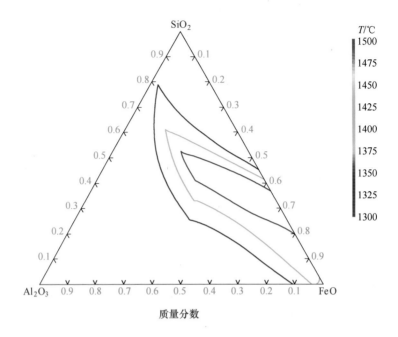

图 7-4   FeO-SiO$_2$-Al$_2$O$_3$ 三元相图在 1300~1500℃下液相区

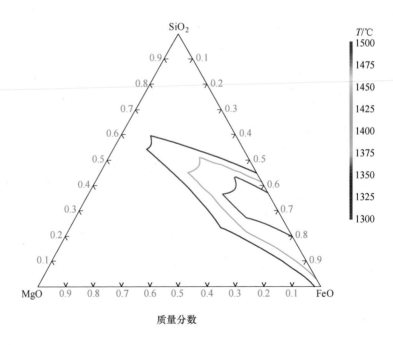

图 7-5   FeO-SiO$_2$-MgO 三元相图在 1300~1500℃下液相区

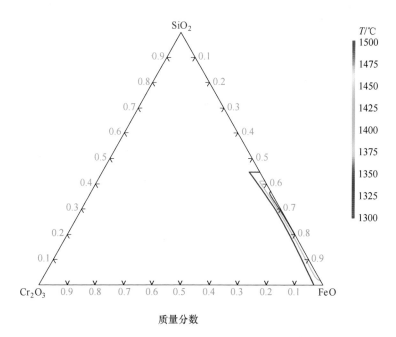

图 7-6   FeO-SiO$_2$-Cr$_2$O$_3$ 三元相图在 1300~1500℃下液相区

7.2.3   镁铬耐火材料的种类与特征

以方镁石和镁铬尖晶石为主晶相的碱性耐火制品称作镁铬砖。曾在钢铁冶炼工业、有色冶金行业、水泥行业以及玻璃行业广泛使用，但因为 MgO-Cr$_2$O$_3$ 系耐火材料在使用的过程很容易产生对人类健康和环境有巨大危害的 Cr^{6+}，自 20 世纪 80 年代以来，钢铁、水泥等行业已用其他材料代替镁铬质耐火材料，世界上的镁铬系材料使用量下降。然而由于炼铜行业的工艺特点，目前还没有材料能彻底取代镁铬耐火材料的地位，其性能也一直在不断地改进。

图 7-7 为 MgO-Cr$_2$O$_3$ 平衡相图，由图可知，二元相的最低共熔点为 2245℃左右。在方镁石-镁铬尖晶石固相区，随着温度波动，可以看到方镁石-尖晶石之间的固溶度存在变化，这说明在烧结的过程中，镁铬尖晶石和 Cr$_2$O$_3$ 将可能存在固溶体成分的析出，说明在镁铬质耐火材料的生产过程中，采用高温烧结或者高温预烧结有利于镁铬质耐火材料的致密化以及镁铬尖晶石的生成，而较高的致密度、较多具有良好抗渣性镁铬尖晶石的生成有利于镁铬质耐火材料抗铜渣侵蚀能力的提升。

主要应用的有以下几种镁铬耐火材料：硅酸盐结合镁铬砖、直接结合镁铬砖、再结合镁铬砖、半再结合镁铬砖、熔铸镁铬砖、化学结合镁铬砖。

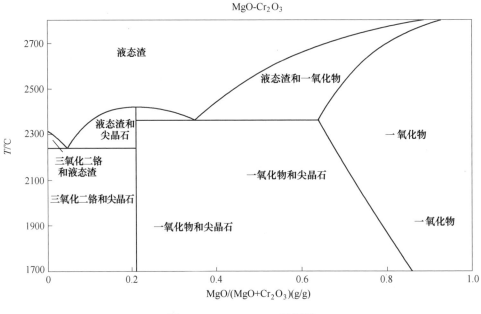

MgO-Cr₂O₃

图 7-7　MgO-Cr₂O₃ 二元相图

7.2.3.1　硅酸盐结合镁铬砖

硅酸盐结合镁铬砖又称普通镁铬砖，这种砖是由杂质（SiO_2 和 CaO）含量较多的铬矿和镁砂制成的，烧成温度在 1550℃左右。该砖的显微结构特点是耐火矿物晶粒之间有硅酸盐相结合。复杂的硅酸盐基质主要由 SiO_2 以及与少量镁橄榄石在一起的杂质所组成，从而使得这种结合相熔点低。因此，其烧结温度相应的较低，导致了其高温强度低和抗渣性差。表 7-7 为某公司儿种普通镁铬砖的理化性能，带 B 的为不烧镁铬砖。

表 7-7　普通镁铬砖的典型性能

牌　号	$w(MgO)$ /%	$w(Cr_2O_3)$ /%	$w(CaO)$ /%	$w(SiO_2)$ /%	显气孔率 /%	体积密度 /g·cm⁻³	耐压强度 /MPa
QMGe6	80	7	1.2	3.8	17	3	55
QMGe8	72	10	1.2	4	18	3	55
QMGe12	70	13	1.2	4	18	3.02	55
QMGe16	65	17	1.2	4.2	18	3.05	50
QMGe20	56	22	1.2	3	19	3.07	50
QMGe22	49	24	1.2	4.5	20	3.02	55
QMGe26	45	27	1.2	5	20	3.1	45

牌 号	$w(MgO)$ /%	$w(Cr_2O_3)$ /%	$w(CaO)$ /%	$w(SiO_2)$ /%	显气孔率 /%	体积密度 /g·cm^{-3}	耐压强度 /MPa
QMGeB8	71	9.6	1.5	3.5	12	3.1	80
QMGeB10	67	12	1.5	3.8	12	3.1	80

7.2.3.2 直接结合镁铬砖

直接结合镁铬砖是指由杂质（SiO$_2$和CaO）含量较低的铬精矿和较纯的镁砂采用高温烧成（烧成温度在1700℃以上）。其耐火矿物晶粒之间多呈直接接触，这种结合是把方镁石和铬矿颗粒边界直接连在一起，在高温下形成固态，并在铜熔化温度下仍保持固态。因此直接结合镁铬砖的改进主要包括：高温强度和抗渣性能提高、气孔率和透气度降低、抗剥落性能提高。表7-8为部分直接结合镁铬砖的理化性能。

表 7-8 直接结合镁铬砖的典型性能

牌 号	$w(MgO)$ /%	$w(Cr_2O_3)$ /%	$w(CaO)$ /%	$w(SiO_2)$ /%	显气孔率 /%	体积密度 /g·cm^{-3}	耐压强度 /MPa
QZHGe4	85	5.5	1.1	1.3	18	3.02	50
QZHGe8	77	9.1	1.4	1.2	18	3.04	50
QZHGe10	75.2	11.5	1.2	1.3	18	3.05	55
QZHGe12	74	14	1.2	1.2	18	3.06	55
QZHGe16	69	18	1.2	1.5	18	3.08	55

7.2.3.3 再结合镁铬砖

随着有色金属冶炼技术的不断强化，要求耐火材料的抗侵蚀性更好，高温强度更高，需进一步提高烧结合成高纯镁铬料的密度，降低气孔率，使镁砂与铬矿充分均匀地反应，形成结构更理想的方镁石固溶体和尖晶石固溶体，由此产生了电熔合成镁铬料，用此原料制砖称为熔粒再结合镁铬砖。再结合镁铬砖由于制砖原料较纯，都需要在1750℃以上的高温或超高温下烧成。其显微结构特征是尖晶石等组元分布均匀，耐火矿物晶粒之间为直接接触。因此，其抗侵蚀和抗冲刷能力比前两种镁铬砖都好。

7.2.3.4 半再结合镁铬砖

将由电熔镁铬料作颗粒，以共烧结料为细粉或以铬精矿与镁砂为混合细粉制作的镁铬砖都被称为半再结合镁铬砖。为了区分，可以将电熔镁铬料作颗粒，共烧结镁铬料为细粉制成的镁铬砖称为熔粒共烧结镁铬砖。这类砖也是在1700℃以上高温烧成，砖内耐火矿物晶粒之间也是以直接结合为主。其优点是半再结合镁铬耐火材料既有良好的抗渣性，又有较高的热震稳定性。表 7-9 为再结合（半再结合）镁铬砖典型性能，Q 字母为首是国内某公司产品，其他为国外同类产品。

表 7-9　再结合（半再结合）镁铬砖典型性能

牌　号	$w(MgO)$ /%	$w(Cr_2O_3)$ /%	$w(CaO)$ /%	$w(SiO_2)$ /%	显气孔率 /%	体积密度 $/g \cdot cm^{-3}$	耐压强度 /MPa
QBDMGe12	75	15	1.3	1.5	16	3.18	50
QBDMGe18	68	19	1.3	1.5	15	3.23	60
QBDMGe20	65	20.5	1.3	1.7	15	3.26	60
QDMGe20	66	20.5	1.2	1.4	14	3.28	65
QDMGe22	63	22.5	1.2	1.4	14	3.23	65
QDMGe28	53	28	1.2	1.4	14	3.35	65
Radex-DB60	62	21.5	0.5	1	18	3.2	—
Radex-BCF-F-11	57	26	0.6	1.2	<16	3.3	—
ANKROMS52	75.2	11.5	1.2	1.3	17	3.38	—
ANKROMS56	60	18.5	1.3	0.5	12	3.28	—
RS-5	70	20		<1	13.5	3.28	—

7.2.3.5　熔铸镁铬砖

用镁砂和铬矿加入一定量的外加剂，经混合、压坯与素烧、破碎成块，进电弧炉熔融，再注入模内、退火、生产成母砖；母砖经切、磨等加工制成所需要的砖型。这种工艺生产的镁铬砖称为熔铸镁铬砖。熔铸镁铬砖在抗炉渣渗透方面，具有独特的优越性。熔铸镁铬砖是经过熔融、浇注、整体冷却制成的致密熔块，熔渣只可能在砖的表面有熔蚀作用，而不可能出现渗透现象。其结构特点是成分分布均匀，耐火矿物晶粒之间为直接接触，硅酸盐以孤岛状存在。这种砖抗熔体熔蚀、渗透与冲刷特别好。但其自身也有不足，首先熔铸镁铬砖生产难度大，价格昂贵；其次热震稳定性差。目前在炼铜炉内应用得较少。

7.2.3.6　化学结合镁铬砖

一般采用镁砂和铬矿为制砖原料，以聚磷酸钠或六偏磷酸钠或水玻璃为结合剂压制的镁铬砖。不需高温烧成，只经过低温处理的制品，称为化学结合镁铬砖。化学结合镁铬砖在热工窑炉内使用中，逐渐实现烧结，表现出抗渣性和高温性能。由于其所处环境温度不足以恰到好处地保证制品的烧结层厚度，而且有些结合剂含有较多的杂质，不烧镁铬砖的综合性能不如烧成制品。

7.3 PS 转炉用耐火材料及转炉寿命

7.3.1 PS 转炉用耐火材料

PS 转炉耐火材料在吹炼过程中需经受高温熔体剧烈的机械冲刷，铁硅渣侵蚀以及炉温周期性的波动、炉口清理和风眼维护时的机械碰撞和磨损等，作业条件极为恶劣，特别是炉口、风眼和端墙渣线三部分既是耐火材料最易损部位，又是砌体结构强度最薄弱的环节。这三部分的同步寿命在很大程度上代表着转炉的炉龄。因此，目前转炉内衬均普遍采用高温强度高、抗渣性和抗热震性好的镁铬质耐火材料砌筑，在筒体和端墙部位的内衬选用普通烧成镁铬砖砌筑，炉口和风眼部的内衬选用直接结合镁铬砖或电熔再结合镁铬砖砌筑，目前，风口部分大多选用优质电熔镁铬 20 或电熔镁铬 24。某铜冶炼企业 PS 转炉用耐火材料种类、成分及性能见表 7-10。

表 7-10　某铜冶炼企业 PS 转炉用耐火材料种类、成分及性能

项　　目	电熔半再结合镁铬砖 20	电熔半再结合镁铬砖 18	直接结合镁铬砖 18	镁质填料	镁铬质浇筑料	镁铬质火泥
$w(MgO)/\%$（不小于）	58	60	58	91	55	58
$w(Cr_2O_3)/\%$（不小于）	20	18	18	—	18	20
$w(SiO_2)/\%$（不小于）	1.5	1.5	1.5	4.2	5.6	1.5
$w(Al_2O_3)/\%$	5~7	5~8	5~8	—	<10.5	—
$w(Fe_2O_3)/\%$	9~13	9~13	9~13	<2.0	<18	1.4
$w(CaO)/\%$	<1.0	<1.0	<1.0	1.6	—	<2.5
显气孔率/%	<16	<16	<16	<23	—	—
常温耐压强度/MPa（不小于）	50	50	50	—	（1300℃×3h）>50	粒度 0~0.2mm
荷重软化0.2MPa/℃	≥1700	≥1700	≥1700	—	≥1550	—
体积密度/g·cm⁻³	≥3.15	≥3.1	≥3.1	≥2.5	≥2.7	—
1200℃导热系数/W·(m·K)⁻¹	1.7	1.7	1.7	—	2.5（1000℃）	—

7.3.2 PS 转炉寿命

我国采用 PS 转炉吹炼的企业众多，各冶炼厂使用 PS 转炉规格不一样，总体

来说大转炉比小转炉的炉寿命长，操作管控直接影响转炉炉寿命。各冶炼厂 PS 转炉炉寿命见表 7-11。

表 7-11　各冶炼厂 PS 转炉炉寿命

序号	企业名称	PS 转炉规格 /m×m	中（小）修炉次	中（小）修次数	大修炉次
1	贵溪冶炼厂	φ4.0×11.7 φ4.5×13	350	3	1400
2	铜陵金隆铜业有限公司	φ4.0×13.6 φ4.3×13	300	3	1200
3	铜陵金冠铜业澳斯麦特炉厂	φ4.49×13	260~270	3	1100
4	赤峰金通铜业有限公司（铜陵）	φ4.5×13	265	4	1325
5	紫金铜业有限公司	φ4.5×13	300	6	1800
6	金川集团铜业有限公司	φ4.1×11.7 φ3.6×11.1	260	4	1300
7	白银有色集团股份有限公司铜业公司	φ4.5×13	220	4	1100
8	浙江江铜富冶和鼎铜业有限公司	φ4.3×11	260	4	1300
9	中铜云南铜业股份有限公司西南铜业	φ4.0×11.7	283	6	1981
10	中铜楚雄滇中有色金属有限责任公司	φ3.62×8.1 φ3.6×8.8	275	4	1375
11	中铜易门铜业有限公司	φ3.68×10	160	7	1280
12	中铜凉山矿业股份有限公司	φ3.592×10.1 φ3.592×8.1	262	4	1309
13	吉林紫金铜业有限公司	φ4.0×9	220	6	1320
14	五矿铜业（湖南）有限公司	φ4.0×10.5	180	4	900
15	新疆五鑫铜业有限责任公司	φ4.0×11.7	160	4	800

目前，我国 PS 转炉炉寿都比较长，大修使用周期可达 2 年以上，中修周期 3~5 个月，每次中修时间 12d，主要是挖补风眼区，大修时间 30d 左右。

表 7-12 为某铜冶炼企业 PS 转炉小修时不同位置炉衬侵蚀程度情况，风眼区耐火材料侵蚀最严重，端墙区侵蚀最轻。图 7-8~图 7-11 所示为某 PS 转炉小修时耐火砖侵蚀情况。

表 7-12 某 PS 转炉小修炉修炉衬损坏情况统计

区域	衬砖剩余厚/mm	砌筑后砖厚/mm	损坏程度/%	备注
风眼区	100~120	450	74~78	
炉口区	100~120	230	约 60	浇注料浇筑前
炉口区	180~200	230	约 30	浇注料浇筑后
端墙区	380~400	460	13~18	
炉腹区	200~220	400	52~56	

图 7-8 某企业 PS 转炉风眼区停炉小修照片

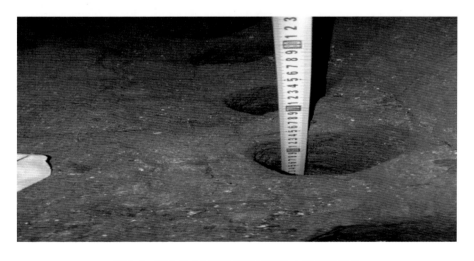

图 7-9 某企业 PS 转炉风眼区停炉小修拆除照片

图 7-10　停炉小修炉腹及炉口照片

图 7-11　停炉小修耐火砖拆除照片

7.4　PS 转炉用耐火材料的损毁分析

　　PS 转炉用耐火材料工作衬侵蚀通常被划分为化学侵蚀、热侵蚀和机械侵蚀。这些侵蚀可以以单项形式出现，也可以多项形式复合出现。耐火材料的损毁可以是连续的（溶蚀和侵蚀）或是不连续的（开裂和剥落）。剥落导致耐火砖不连续的局部分离。严重的渣渗透的最终结果是导致靠近热面耐火砖的致密化。致密化区域与非渗透区域所形成的热膨胀性能差异产生巨大内部应力，最终导致裂纹的形成和开裂。一般情况下，强热震会导致热剥落。

7.4.1　化学侵蚀

7.4.1.1　熔渣侵蚀渗透

在高温下 PS 转炉炉渣会和镁铬砖中的方镁石反应生成橄榄石相，形成镁橄榄石（Mg_2SiO_4）和钙镁橄榄石（$CaMgSiO_4$）。炉渣可以通过耐火材料内的孔隙与裂纹、基质以及晶体之间的界面 3 种渠道侵蚀耐火材料。耐火材料若仅与腐蚀物质在表面接触，此时侵蚀速率与接触面积成正比，损毁过程是均匀的、轻微的。但是实际上，熔液可侵入耐火材料内部与其内表面接触，从而引起严重的侵蚀。

图 7-12 所示为某电熔镁铬 20 耐火砖被某铜渣侵蚀后的 EPMA 照片。结合能谱分析的结果可知，图中 1 点位置为以原料中铬铁矿为基础反应形成二次尖晶石，富含 Cr 及 Fe，并含有扩散的 Mg，有资料表明其化学式为（Mg, Fe）（Cr, Al, Fe）$_2O_4$；图中 2 点位置主要为铜渣渗透进入砖体内部，与 MgO 生成 CaMg（SiO_4）；图中 3 点位置主要为铁酸镁；图中 4 点位置主要是 MgO 与 SiO_2 的反应物硅酸镁；图中 5 点位置白亮的点主要为铜锍，其成分主要为 Cu、S、Pb，同时存在少量的 Sb、Zn 以及 Fe；图中 6 点位置所指的白色斑点为方镁石内脱溶析出的二次尖晶石，这是由于镁铬质耐火材料在烧成的过程中存在一个溶解-脱溶的作用，即在烧成的时候，随着温度的升高，Al_2O_3、Cr_2O_3、Fe_2O_3 等三元氧化物在 MgO 中固溶度增大，三元氧化物逐渐向方镁石中固溶，并在烧成温度达到最大固溶量。烧成以后，随着温度的持续降低，三元氧化物 Cr_2O_3、Al_2O_3、Fe_2O_3 在方镁石中的固溶度降低，逐渐从方镁石中脱溶出来，在方镁石表面形成尖晶石保护层。

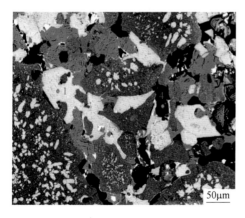
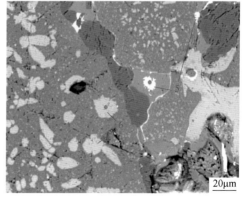

(a)　　　　　　　　　　　　　　　　　　(b)

图 7-12　某镁铬砖侵蚀后显微结构
（a）位置 1；（b）位置 2

　　PS 转炉炉渣含有较多的 Fe_3O_4，与熔炼渣有所区别。图 7-13 和图 7-14 所示分别为 Fe_3O_4-SiO_2-MgO 和 Fe_3O_4-SiO_2-Cr_2O_3 三元相图在 1200~1600℃下液相区。由图可知，MgO 在 Fe_3O_4-SiO_2 渣系中有较大的液相区，且随着温度的升高，液

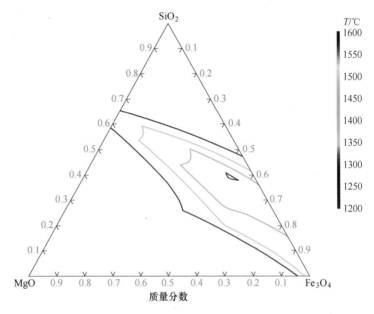

图 7-13　Fe_3O_4-SiO_2-MgO 三元相图在 1200~1600℃下液相区

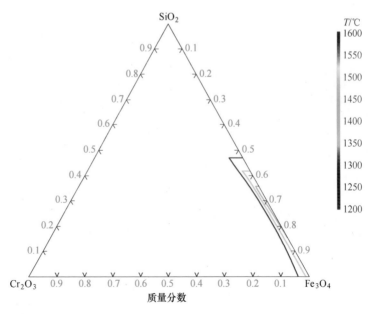

图 7-14　Fe_3O_4-SiO_2-Cr_2O_3 三元相图在 1200~1600℃下液相区

相区变大；Cr_2O_3 在 Fe_3O_4-SiO_2 渣系中液相区很小，随着温度的升高，液相区变化不明显，说明在镁铬耐火砖侵蚀过程中主要发生 MgO 的溶解。

7.4.1.2 铜锍中 SO_2 气体扩散

硫化物由于氧化形成气态 SO_2，并迁移到耐火砖中，随后随着温度降低到 1050℃，SO_2 转变为 SO_3 的硫氧化物会与铬镁砖中氧化物反应，生成主要由 $MgSO_4$ 和 $CaSO_4$ 组成的碱土金属硫化物。相关反应导致体积膨胀会起到填充气孔的作用，耐火材料微观结构致密化以及耐火砖结合强度的减弱加速了裂纹形成，导致耐火材料对熔融侵蚀更加敏感。随着温度的升高，耐火材料与熔渣界面向耐火材料冷面推进，$MgSO_4$ 逐渐分解为氧化镁。

图 7-15 所示图中 1 点位置为镁铁橄榄石（Mg,Fe)$_2SiO_4$，主要是铜渣中的铁橄榄石与 MgO 反应生成镁铁橄榄石，从成分看还存在大量的 MgO；图中 2 点位置为以原料中铬铁矿为基础反应形成二次尖晶石，富含 Cr 及 Fe，并含有扩散的 Mg；图中 3 点位置主要为化合物为镁铁橄榄石（Mg,Fe)$_2SiO_4$，主要是铜渣中的铁橄榄石与 MgO 反应生成镁铁橄榄石。图中 4 点位置主要成分为 Fe 元素和 O 元素，还发现了 C 元素，应是部分还原渣发生了渗透现象，还溶解了少量的 MgO，形成铁酸镁，同时还发现了少量 S 元素，证明确实存在 SO_2 的扩散。

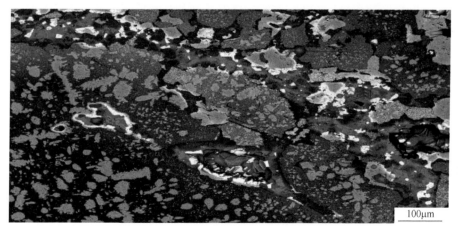

图 7-15 某镁铬砖侵蚀后显微结构

7.4.1.3 铜氧化物破裂

在高氧分压条件，某些渗透金属价态会被改变。如金属铜能够转化为赤铜矿 Cu_2O，随后转化为黑铜矿 CuO。如果是铜转变成氧化铜，伴随有 75% 的体积膨胀，从而耐火砖会产生 5%~8% 的线膨胀。这种膨胀的后果会使耐火砖结构松弛和瓦解，降低砖的强度并减少裂纹形成量，甚至使耐火砖发生结构剥落。

7.4.1.4 水化反应

化学侵蚀机理对于耐火材料运输、储存和窑炉重新上线以及绿色环保等特殊情况十分重要。一般情况下，MgO 与水在 40~120℃反应生成水镁石 Mg(OH)$_2$。尽管这种反应伴随着高达 115% 的体积膨胀，但这种体积膨胀与晶体微观结构变化无关。因为 Mg(OH)$_2$ 是在 MgO 晶体结构基础上长大的，MgO 晶体沿解理面方向分离形成 Mg(OH)$_2$，致使在 Mg(OH)$_2$ 中的 Mg^{2+} 间距比在 MgO 中 Mg^{2+} 间距大，产生的微裂纹会在宏观裂纹起始点形成，极端条件下会瓦解成沙粒状结构[12]。

7.4.2　热侵蚀

7.4.2.1　温度

尽管用于 PS 转炉的耐火材料可使用温度（1600~1700℃）远高于 PS 转炉的实际使用温度，然而铜冶炼炉的温度对于耐火材料连续性侵蚀起到了重要作用。通过与熔池中物质发生界面反应，耐火砖高温强度显著降低，升高温度明显导致了高热熔渣黏度降低，扩散性增强，侵蚀速度加快。

7.4.2.2　热震

PS 转炉周期操作造成的温度波动会使耐火砖内部产生应力，这种应力一旦超过极限值，会导致耐火砖内部产生裂纹。炉料与耐火砖的界面反应会使结构致密，并对耐火砖吸收应力的能力产生不利影响。耐火材料热震稳定性随着材料韧性和热导率的增大而增强，且随着热膨胀系数和弹性模量的减小而增强。断裂模量与弹性模量的比值大，会减少裂纹的形成，并提高材料的弹性。

吹炼过程中炉温变化导致热应力的产生，促使炉衬脱落。当最大温差引起的热应力达到材料断裂强度时，材料就会发生断裂，冶炼过程中高温熔体极易渗透材料内部，加剧材料的损坏。材料线膨胀系数与杨氏模量越小，断裂表面能与导热系数越大，材料热应力稳定参数越大，材料开裂所需温差就越大。结合生产实际可知，炉温波动越大，热应力越强，耐火材料越容易开裂，炉衬损坏越严重，转炉吹炼过程中频繁摇炉或停炉时间过长都将造成炉温波动，加剧炉衬损坏。

7.4.2.3　金属液渗透

由图 7-16 所示的铜锍渗透耐火砖后的线扫结果可知，其浓度梯度均出现明显阶跃，此现象表明铜锍与其他颗粒直接接触处没有发生以浓度扩散为标志的传质现象，两者之间没有明显的化学反应，铜锍只是单纯的渗透到耐火材料中。

此外由于液态金属铜向耐火砖中渗透，耐火砖热导率的增大会大幅提高耐火砖深度方向上的实际温度，因而影响材料的耐腐蚀性和热反应性。尽管纯的液态金属铜几乎不向耐火砖中渗透，液态金属铜中氧的存在却促进了液态金属铜向耐火材料中渗入，氧可以影响液态金属铜与耐火材料氧化物之间接触角。在润湿条件下，耐火材料表面形成了铜的氧化物薄膜，这种薄膜热导率低，因此在有氧甚至缺氧条件下，耐火材料的热导率会降低。

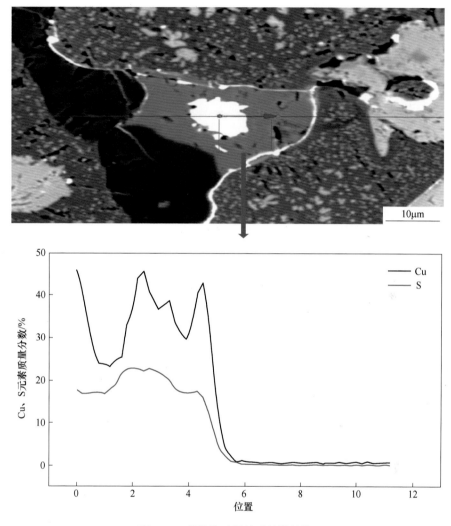

图 7-16　某镁铬砖侵蚀后显微结构

　　国内众多学者研究结果表明：粗铜、铜锍对镁铬耐火材料的侵蚀主要表现为渗透。渗透的主要途径为硅酸盐通道、晶界、开口气孔等。锍在硅酸盐结合的镁铬砖中的渗透主要是沿硅酸盐通道、开口气孔等途径渗入，破坏了硅酸盐结合结构。

7.4.3　机械侵蚀

7.4.3.1　炉内熔体冲刷

　　喷入 PS 转炉气体的冲击力给熔体带来了很大的搅动能量。气体喷射到熔体中时，由于其机械动能的作用与急剧受热膨胀，立即在熔体内形成向上弯曲的锥形流股，受熔体的阻挡而分散成小流股和气泡，并夹带周围的熔体上浮，发生动量交换，同时在流股四周形成逆向压力差，喷枪区形成相对低压区，炉内其他部位为相对高压区，从而造成流体向喷吹区与流股界面成垂直的方向流动。当气液两相混合流体冲击熔体表面时，气泡从两相流体中分离出来，熔体向四周循环运动，喷溅到炉衬上造成侵蚀创造了条件。低温气体进入高温熔体时，巨大的温差使气体体积膨胀，浮力增加，加强了熔体的搅动。熔体剧烈搅动产生的冲刷力使炉衬不断损耗。

7.4.3.2　清理风口时的机械振动

吹炼过程伴随着摇炉、加冷料、捅风眼等操作，这些操作产生的机械振动会对炉衬造成损坏。摇炉时电机带动炉体转动产生强大的机械振动，使炉衬砖缝松动，导致耐火砖脱落。吹炼一定时间向炉内加块铜、残极等冷料时，冷料瞬间进入熔体并快速沉降，对炉衬产生巨大的冲击力，极易造成耐火砖脱落。捅风眼操作时，由于操作不当等原因，风眼与风眼机会存在水平偏差，导致风眼处存在强烈的机械振动，易对风眼砖造成极大损坏。

高温熔体的冲刷和机械振动是对风口炉衬造成损坏的主要原因。吹炼过程中捅风眼产生的机械力可直接导致风眼砖受损，风眼区炉衬开裂渗铜。清理炉口和加冷料时产生的机械力则可导致炉口砖和炉腹内衬受损。

7.5　影响 PS 转炉寿命因素

影响转炉寿命的因素较复杂，主要受耐火材料质量、耐火材料砌筑质量、烘炉质量、日常操作与维护等因素影响。

7.5.1　风口区耐火材料质量

风口区的镁铬砖要求具有较强的耐高温、耐冲刷、耐化学腐蚀、耐冲击振动等性能。因此，将风口区域的耐火砖更换为质量更好的电熔 20 镁铬砖甚至电熔 26 镁铬砖。

7.5.2　耐火材料砌筑质量

转炉炉衬砌筑过程中要加强监管，确保砌筑质量。同时，耐火砖本身的质量以及耐火砖的保存时间也会影响到耐火砖寿命。

PS 转炉最易受损的是风口区耐火材料，其砌筑方式直接影响转炉寿命。图 7-17、图 7-18 所示分别为

图 7-17　某企业风口砖和内风管实物砌筑照片

某企业风口安装图。为了满足砌筑要求，风眼部位砌筑时，采取相邻两块砖拼装的方式，对相邻的两块砖按照图纸在相应位置钻孔，相邻两块砖的孔对准互通，再在孔内部插入风管，风管直径为 60mm，管壁厚度为 5mm，材料为无缝钢，每块风眼砖的基本尺寸为上底宽度 290mm、下底宽度为 223mm、高 450mm，砖厚度为 115mm。

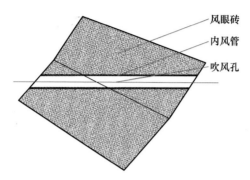

图 7-18　某企业风口砖及内风管砌筑安装示意

某企业炉衬采用 400mm 长的直接结合镁铬砖进行砌筑（背衬 40mm 左右的耐火调料），炉口采用高强度复合浇筑料进行整体浇筑（图 7-19、图 7-20）。

图 7-19　某企业炉衬及端墙物砌筑照片　　　图 7-20　某企业炉口整体浇筑照片

7.5.3　烘炉质量

砌筑完成后，按照耐火砖的成分设置升温速率、保温时间并设定升温曲线。确保烘干砌筑材料中的水分。烘炉升温过快会导致砖衬之间的膨胀缝无法很好地愈合，达不到 850℃ 的进料温度也会导致进料后砖面剥蚀严重，影响炉衬寿命。

7.5.4　日常操作与维护

日常操作与维护要求如下：

（1）合理安排作业时序，缩短非吹炼时间。等料时间长，炉内降温幅度大，风眼区砖衬在进料时会发生爆裂。

（2）合理控制风量及氧气浓度，风量和氧浓度决定了转炉内的温度，温度过高或过低都会影响炉衬寿命，一般转炉吹炼过程控制在 1200~1300℃ 之间。

（3）合理搭配入炉冷料。转炉冷料种类多，成分杂，会在一定程度上影响渣含硅，渣含硅高，则炉衬化学侵蚀严重。及时清理及维护炉口。炉衬受损严重的区域除风眼区以外，还有下炉口区域。在倒渣、倒粗铜等作业时，下炉口区域会形成较多的黏结物，需要及时清理。否则也会导致热应力变化，进而导致炉衬开裂、侵蚀。

（4）铜对耐火材料也有较大的侵蚀性，造铜期氧化程度过了时，产生的铜氧化渣易浸入砖缝，再次吹炼时，可能导致局部受热不均，发生爆砖，缩短转炉炉寿命。工艺上一般控制粗铜终点大鼓泡到平板铜之间，防止铜对耐火材料的过度侵蚀。

（5）进料的稳定，捅风眼机、残极加料机等配套设备的稳定运行也会影响转炉炉寿命，加入铜锍量波动，吹炼工艺参数变动大，设备频繁故障，来回摇炉加冷料、炉口维护不到位等都不利于转炉炉寿命。

8 PS 转炉的附属设施

8.1 PS 转炉转角位控制

8.1.1 PS 转炉生产转角位置

根据 PS 转炉周期作业的特点,转炉吹炼过程是倒入铜锍、鼓风、倒出吹炼渣和粗铜产物 3 个作业的循环过程。根据不同的作业过程,向炉口前倾转为正转;向后倾转为负转,PS 转炉(按 $\phi4.5m$ 规格的转炉示意)的各工作转角位置分别如下所述。

8.1.1.1 位置一:基准位

风眼角度水平为 0°,此时炉口与垂直线夹角 27°,该位置为 PS 转炉转动的基准位置,如图 8-1 所示。

在该位置下,炉体正常送风吹炼,捅风眼机正常工作,吹炼烟气经炉口送至密封烟罩内。

8.1.1.2 位置二:风眼刚高于熔池液面位置

当炉体位于位置二时,如图 8-2 所示,风眼位置位于熔池液面上方。

当炉体从 0° 向后倾转 40° 时,为风眼即将进入熔池液面的位置,即将进入送风吹炼作业。

当炉体从 0° 向前倾转 40° 时,为风眼即将露出熔池液面的位置,此时为加热料、出渣作业。

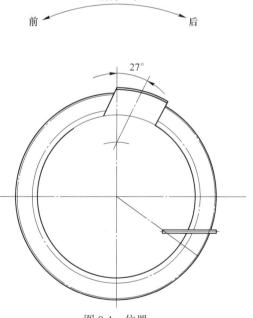

图 8-1 位置一

该位置下,炉口逐步从密封烟罩移至环保烟罩内,烟气从工艺烟气(一次烟气)变化为环集烟气(二次烟气),收集点从密封烟罩移至环保烟罩。

8.1.1.3 位置三:加热料位

当炉体从 0° 向前倾转至 60° 时,如图 8-3 所示,炉口完全转出密封烟罩的位置,此时通过冶金起重机和铜锍包从炉口倒入热态铜锍。

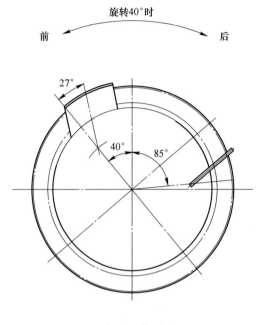

图 8-2　位置二

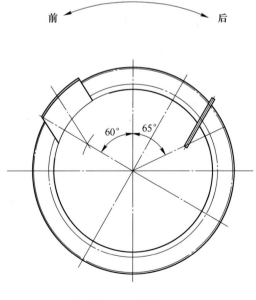

图 8-3　位置三

8.1.1.4 位置四：加熔剂、残极位

当炉体从0°向前后倾转3°时，如图8-4所示，为PS转炉调整受料位置，通过活动溜槽从炉口加熔剂、通过残极加料机从炉口加残极。

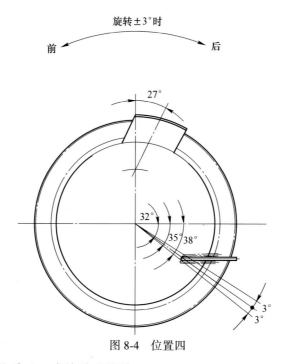

图8-4 位置四

8.1.1.5 位置五：吹炼送风位置

由于PS转炉吹炼过程是不断加料、吹炼、倾倒产品的循环往复的过程，因此炉内盛装熔体的液位高度是变化的，因此根据炉内液位的高度将炉体从0°向前后倾转20°均为PS转炉送风吹炼操作位置，如图8-5所示。

8.1.1.6 位置六：出熔体极限位置

吹炼造铜期完成后，炉体从0°向前倾转140°，将炉内的粗铜熔体全部倒至粗铜包。此位置为倒空炉内熔体的位置，如图8-6所示。

8.1.2 PS转炉转角联锁

根据8.1.1节中的各个转角，相关的设备联锁如下：

（1）停风→送风过程：PS转炉在α=40°位向后转至0°位（处于α=±20°范围），风口即将转入熔体时，联锁送风开启供风管道的快速切断阀，关闭放空管道上的放风阀。送风至停风过程则反之。

（2）加熔剂、冷料联锁：PS转炉在α=±3°位置后，联锁开启熔剂和冷料的给料上料设备，停止加冷料、熔剂时的顺序相反。

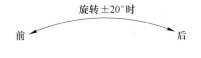

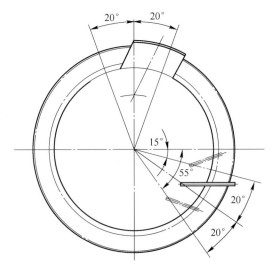

图 8-5　位置五

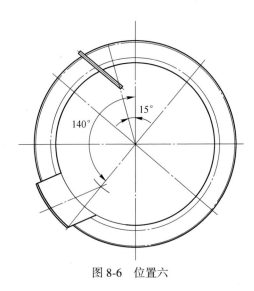

图 8-6　位置六

8.2 PS 转炉炉口密封烟罩

PS 转炉吹炼间断作业，通过吊包倒运铜锍/粗铜、摇炉从炉口加铜锍、倒渣和粗铜等，PS 转炉摇炉时需要打开密封烟罩，以前密封烟罩采用翻板形式，炉口逸散 SO_2 烟气严重，20 世纪 80 年代贵冶采用带密封小车新型密封烟罩，密封效果得到大大改善，经过几十年的发展，我国铜冶炼厂使用不同规格的 PS 转炉都采用该新型密封烟罩，冷却方式有汽化冷却和强制水循环冷却两种方式。

8.2.1 ϕ4.5m×13m 转炉炉口配套密封烟罩

ϕ4.5m×13m 转炉炉口配套密封烟罩主要由水套、骨架、密封小车、活动密封挡板、蒸汽管路、卷扬及配重机构、配水塔等组成。用于收集转炉吹炼过程产生的工艺烟气，导出的工艺烟气进余热锅炉回收余热。

水套采用汽化冷却进行降温，骨架用于安装并固定水套，密封小车可沿骨架上的轨道方向进行提升和下降运动。活动密封挡板处于关闭状态时，与炉壳形成密封，减少漏风量并保证炉后操作作业的安全；处于打开状态时，可转动炉体，同时清除沉积的烟灰。蒸汽管路将各个水套中汽化的水蒸气从水套内导出。卷扬及配重机构用于驱动密封小车的提升和下降，配水塔用于为各个水套补水，如图 8-7~图 8-9 所示。

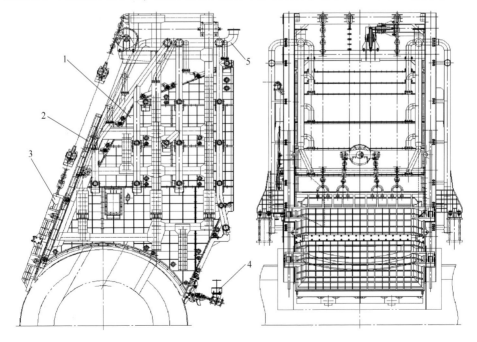

图 8-7 ϕ4.5m×13m 转炉密封烟罩

1—水套；2—骨架；3—密封小车；4—活动密封挡板；5—蒸汽管路

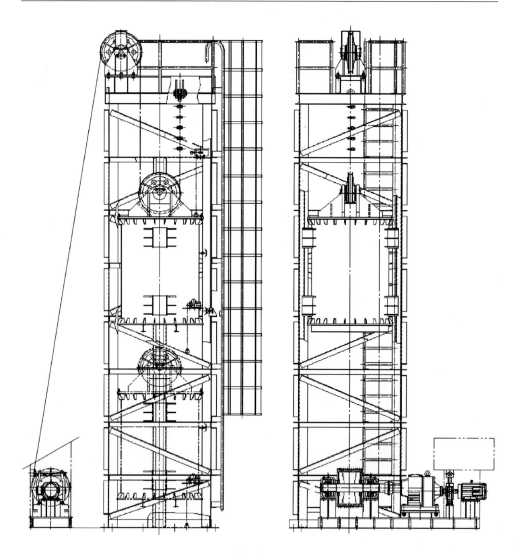

图 8-8 φ4.5m×13m 转炉密封烟罩卷扬及配重机构

8.2.2 φ4m×11.7m 转炉炉口配套密封烟罩

φ4m×11.7m 转炉炉口配套密封烟罩主要由水套、骨架、密封小车、活动密封挡板、卷扬及配重机构等组成。用于收集转炉吹炼过程产生的工艺烟气，导出的工艺烟气进余热锅炉回收余热。

水套采用强制水循环冷却进行降温，骨架用于安装并固定水套，密封小车可沿骨架上的轨道方向进行提升和下降运动。活动密封挡板处于关闭状态时，与炉壳形成密封，减少漏风量并保证炉后操作作业的安全；处于打开状态时，可转动炉体，同时清除沉积的烟灰。卷扬及配重机构用于驱动密封小车的提升和下降，如图 8-10、图 8-11 所示。

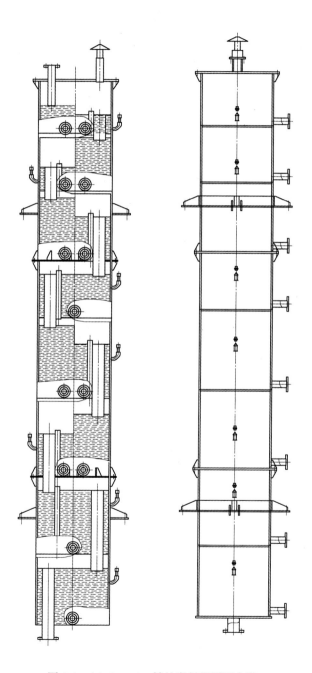

图 8-9   φ4.5m×13m 转炉密封烟罩配水塔

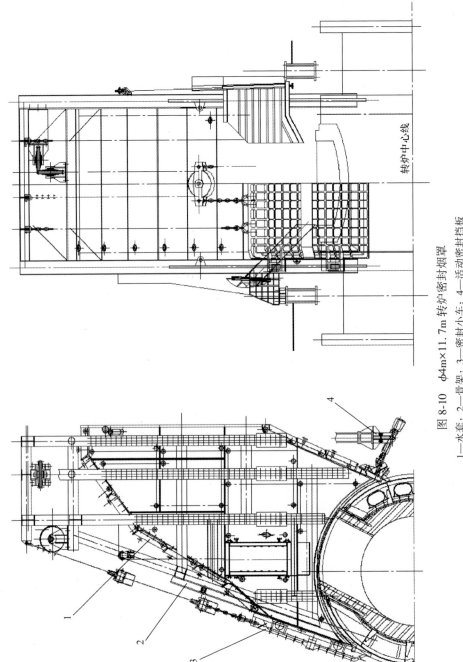

图 8-10　φ4m×11.7m 转炉密封烟罩

1—水套；2—骨架；3—密封小车；4—活动密封挡板

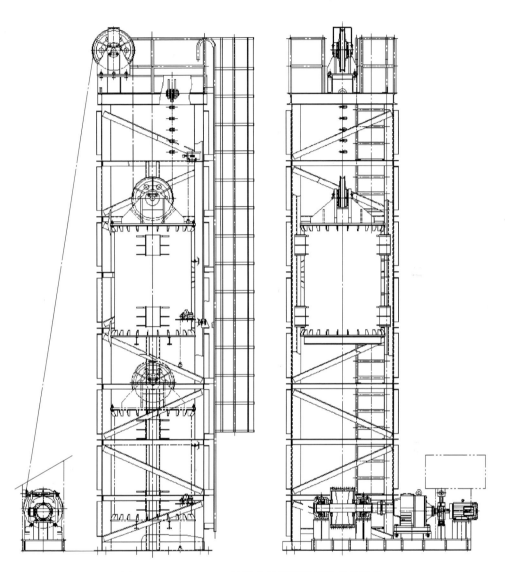

图 8-11 φ4m×11.7m 转炉密封烟罩卷扬及配重机构

8.3 PS 转炉主厂房吊车

PS 转炉主厂房内设冶金铸造桥式起重机用于吊运铜锍、炉渣、粗铜、冷料等物料，配合 PS 转炉吹炼过程作业从炉口进出物料。

8.3.1 起重机能力计算

起重机的起重能力根据铜锍包、吹炼渣包以及粗铜包的容积和盛装熔体质量确定，包子有效容积一般为 80% ~ 85%，铜锍体积质量为 5.2t/m³，粗铜体积质量为 8t/m³，吹炼渣体积质量为 3.5t/m³。

依据各种物料单次运输量，选择起重机的主副钩能力。此外为保证生产作业安全，起重机在设计时需要考虑包子装满时熔体起吊能力。

8.3.2　起重机台数的确定

根据起重机的运输距离，确定各种物料单次倒运需要的时间后，计算起重机的总运行时间。吊包、倒料等其他作业占总作业率 30%。一般考虑到熔炼炉、吹炼炉及精炼炉之间作业制度的不同，配置 2~3 台起重机同时使用。

8.4　PS 转炉一次烟气余热利用

8.4.1　转炉余热锅炉的特点

余热锅炉和普通锅炉的主要区别在于它本身不需要燃料供给和燃烧设备，而是利用高温烟气的热焓产生蒸汽，因此，余热锅炉受冶金炉炉型的影响很大。

由于转炉的作业是周期性的，进入余热锅炉的烟气量和烟气温度也随转炉周期性变化，余热锅炉的工况反复从低到最大剧烈波动。因此，转炉余热锅炉必须考虑对负荷的适应性，并需要采取措施防止腐蚀、积灰和磨损等。

8.4.1.1　积灰

A　积灰的分类

根据烟气温度的高低，余热锅炉内的积灰一般可分为高温区积灰、低温区积灰和过渡温区积灰。所谓过渡温区积灰，就是高、低温区之间的积灰。

高温区积灰一般是指烟尘大部分呈熔融或半熔融状态下所形成的积灰。这种积灰附着在水冷壁上，积灰比较松脆，如果及时进行清理，比较容易清除，但积灰超过一定厚度时，其外表面就会结焦成一层硬壳，增长速度也会很快，这时再想清除就比较困难；过渡温区积灰是指烟尘大部分为固体颗粒，而尚有一部分呈熔融或半熔融状态下所形成的积灰，这种积灰的性质类似于高温区积灰，但增长速度要慢一些；低温区积灰是指烟尘在凝固点以下的积灰，也就是呈固体颗粒的积灰，这种积灰随着固体颗粒的性质和成分不同有着很大差异，附着在受热面上的表现形式也有所不同，一般可分为松散型和黏附性积灰。

B　积灰的防止

余热锅炉防止积灰的方法主要从结构设计、烟气流场等几个方面考虑。

(1) 结构设计方面，采用大尺寸的辐射室，将对流区入口温度控制在 600 ~ 650℃；对流区前部的管束采用屏式结构，屏间距控制在 200 ~ 400mm；斜灰斗的角度不宜小于 65°。

（2）烟气流场方面，控制锅炉入口的流速，前段取 3~8m/s，顶部进入向下时取 20m/s，辐射室的流速一般取 1~3m/s，尽可能增加气流方向的尺寸；辐射室的高度适中，一般取 7~12m；让气流纵向冲刷受热面。

C 积灰的清除

防止余热锅炉积灰的措施只能尽可能延缓积灰现象的产生，积灰还是会不断出现。有积灰就必须及时清除，常用的清灰设施有吹灰器、振打装置以及爆破清灰装置。吹灰器可分为伸缩式吹灰器和声波清灰器，振打装置可分为机械振打机和弹性振打机，爆破清灰装置可分为集中式和单元智能式。在有色冶金生产实践中，余热锅炉积灰的清除较多地采用了弹性振打机加爆破清灰的组合清灰方法。这种综合清灰方法有点有面，布置比较灵活，清灰效率高，投资、占地小，已经在烟化炉、流态化焙烧炉、侧吹炉、底吹炉、PS 转炉等炉型的余热锅炉上采用，清灰效果比较满意。

8.4.1.2 腐蚀

A 腐蚀的分类

很多工业炉窑排出的烟气中，常含有一些腐蚀性气体和腐蚀性物质，这些物质会对锅炉产生强烈的腐蚀，甚至在很短时间内对锅炉造成损坏。腐蚀一般分为低温腐蚀和高温腐蚀，低温腐蚀的特点是均匀性腐蚀，它使管壁厚度逐渐减薄以至破裂。高温腐蚀的特点是局部溃疡性腐蚀，它使管子因管壁穿孔而破坏。

B 低温腐蚀

低温腐蚀的产生机理：当进余热锅炉的烟气中含有较多二氧化硫时，其中一部分会进一步转化为三氧化硫，并与烟气中水蒸气结合生成硫酸。当锅炉受热面壁温低于所生成硫酸露点时，硫酸就在管壁上凝结而产生腐蚀，这种现象就称为低温腐蚀。

除三氧化硫外，氯气和二氧化硫等也会产生低温腐蚀。但它们都发生在烟气中水蒸气的露点以下，因露点温度很低，通常在余热锅炉中比较少见。

防止低温腐蚀的措施有：提高锅炉运行压力，使壁面的温度高于露点；采用密封性炉墙，以杜绝空气的漏入和烟气的漏出；尽可能使烟气纵向冲刷受热面，并在易积灰的地方采取局部保护措施，如保护涂层；选用合适的防腐金属材料；在烟气中使用添加剂等。

C 高温腐蚀

当余热锅炉受热面的壁温高于硫酸露点，烟气温度在 500℃ 以上的区域时还会发生腐蚀，通常把这种腐蚀现象称为高温腐蚀。目前，防止高温腐蚀的方法有：（1）控制金属温度使它低于开始出现高温腐蚀的温度；（2）保持受热面的清洁；（3）选择耐高温腐蚀的金属材料或涂料和使用添加剂。

8.4.1.3　磨损

余热锅炉的磨损与烟气速度、受热面的管径、含尘量、烟尘颗粒和烟尘的性质等因素有关。为避免烟尘对锅炉的磨损，一般可采取以下措施：

（1）降低烟气流速。当含尘量（标态）大于 $50g/m^3$ 时，烟气流速应小于 8m/s；当含尘量大于 $300g/m^3$ 时，烟气流速应小于 4m/s。

（2）降低烟气含尘量。将余热锅炉辐射室设计成一个大的空腔冷却室，不但可降低烟气温度，而且起到烟尘沉降室作用。

（3）局部保护。在烟气拐弯和冲刷较为严重的地方，可设防磨套管防止磨损；在蛇形管弯头处用特制的盖板遮盖；个别处于磨损特别强烈位置的管子，可适当加厚其管壁。

（4）尽量采用烟气纵向冲刷管束的方式。在其他条件一定时，纵向冲刷产生的磨损比横向冲刷产生的磨损要轻得多，同时磨损还和烟气对管子的冲刷角度有关，冲刷角度为 20°~30°时磨损最为严重。

合理组织烟气动力场，避免产生偏流或涡流所引起的局部磨损。

8.4.1.4　影响锅炉运行因素

余热锅炉不但在结构上有它的特点，在运行上和一般锅炉也有所不同，需全面考虑这些问题，才能顺利运行。

A　余热锅炉热负荷不稳定的影响

余热锅炉热负荷不稳定是由生产工艺的因素造成的，如 PS 转炉吹炼过程间断周期性作业引起烟气量、烟气温度和烟气成分的波动，从而使余热锅炉的热负荷始终处于变动状态。可采取以下措施来减少这些变动带来的影响：

（1）几台余热锅炉并联运行。如几台余热锅炉并联起来共用一个锅筒，在冶炼过程中把摇炉的操作环节错开以尽量保持向外送汽的稳定性。

（2）几台工业炉共用一台余热锅炉。将几台工业炉的烟气汇集到一台余热锅炉中能均衡余热锅炉的负荷，对较小的工业炉较为合适。但这种方法增长了连接烟道，增大了漏风量和散热损失，并容易出现烟道黏结和堵塞等问题。

（3）加装辅助燃烧器和蓄热器。

（4）装设自动调节和控制装置。

B　锅炉水循环方式

锅炉水循环方法有自然循环、强制循环、自然循环和强制循环相结合三种。过去大多数采用自然循环，目前采用强制循环方式日益增多，尤其在大型余热锅炉中多采用强制循环或是自然循环和强制循环相结合的形式。

强制循环的优点很多，但因循环泵长期处于高温高压下运行，管理维护水平都要求很高，要求供电也完全可靠，给水水质要求较好。因而在小型余热锅炉中，宜尽量考虑采用自然循环。因此，在锅炉结构设计时，整体布置无困难，而又无特殊要求时，首先考虑采用自然循环的形式。

C　锅炉出口烟气温度的影响

保证余热锅炉出口烟气温度的稳定性和经济性是余热锅炉设计中必须考虑的问题之一，尤其对含二氧化硫浓度较高的烟气更应如此。因为排烟温度过低，会对后续工序如除尘排烟系统等设备，带来低温腐蚀；如排烟温度过高，不仅是余热资源的损失，也会对后续工序设备及烟气的综合回收利用带来影响。

为稳定余热锅炉出口的排烟温度，一般采取措施如下：

（1）适当加大对流受热面的面积，一般加大12%左右为宜。

（2）在对流受热面采用较低纵向冲刷烟气流速，一般采用5m/s左右为宜，这样传热系数总的来说比较低，当烟气量增大时，烟气速度也增大，传热系数就增高，再加之有一定的富裕受热面积，烟温就能降下来。

（3）在尾部受热面装设烟气短路调节烟门，当排烟温度不符合要求时，可将烟门开大或关小来调节排烟温度。

8.4.2　转炉余热锅炉热力计算

余热锅炉的热力计算分为设计热力计算和校核热力计算。

设计热力计算是在已知烟气和蒸汽参数的条件下，确定锅炉各受热面面积和尺寸以及蒸汽产量，并为强度计算、水循环计算、烟气阻力计算等提供基础数据。

校核热力计算是当锅炉的结构尺寸已经确定，校核锅炉各个受热面的吸热量及进出口烟气温度是否合理，以及在变工况下校核各处烟气温度、蒸汽参数等是否符合要求。

8.4.2.1　热力计算

A　烟气容积

余热锅炉烟气容积主要是由工业炉排出的烟气量、锅炉漏风量以及吹灰介质的容积等组成。在有烟气再循环的余热锅炉中，再循环的烟气容积应该计入。

余热锅炉的烟气容积可计算为：

$$\sum V = V'_y + \Delta\alpha V'_y + V_{ch} + V_{zx}$$

式中　　V'_y——由工业炉排入锅炉的烟气量（标态），m^3/h；

　　　　$\Delta\alpha$——锅炉的漏风系数；

　　　　V_{ch}——吹灰介质的容积（标态），m^3/h；

　　　　V_{zx}——再循环烟气量（标态），m^3/h。

B　烟气焓

烟气焓是指由工业炉排入锅炉烟气的含热量，它以每标准立方米烟气含热量来表示。对于含尘量较大的烟气，随烟气带入锅炉的烟尘焓也应该计入。因此烟气熔（标态）可表示为：

$$I_y = I'_y + I_h$$

式中　I'_y——烟气的熔，$kcal/m^3$；

　　　I_h——烟尘的熔，$kcal/m^3$。

烟气熔等于烟气中各组成容积份额的熔之和（即各组分的体积百分数与该组分熔的乘积之和），即：

$$I'_y = I_{CO_2} + I_{SO_2} + I_{N_2} + I_{O_2} + I_{CO} + I_{H_2O}$$

式中　I_{CO_2}——烟气中 CO_2 气体的熔（标态），$kcal/m^3$；

　　　I_{SO_2}——烟气中 SO_2 气体的熔（标态），$kcal/m^3$；

　　　I_{N_2}——烟气中 N_2 气体的熔（标态），$kcal/m^3$；

　　　I_{O_2}——烟气中 O_2 气体的熔（标态），$kcal/m^3$；

　　　I_{CO}——烟气中 CO 气体的熔（标态），$kcal/m^3$；

　　　I_{H_2O}——烟气中 H_2O 气体的熔（标态），$kcal/m^3$。

烟气中各容积份额的熔可计算为：

$$I_q = V_q C_q t'_q$$

式中　V_q——烟气中某种气体（标态）的容积，m^3/m^3；

　　　C_q——烟气中某种气体（标态）在该温度下的比热，$kcal/m^3$；

　　　t'_q——烟气中某种气体的温度，℃。

烟尘熔可计算为：

$$I_h = 0.8 \times \mu c_h t_h$$

式中　0.8——系数；

　　　μ——烟尘的浓度，kg/m^3；

　　　c_h——烟尘的比热，$kcal/(kg \cdot ℃)$；

　　　t_h——烟尘的温度，℃。

8.4.2.2　热平衡计算

锅炉热平衡计算是为了使进入锅炉的热量 Q' 与有效利用热量 Q_1 及各种损失的总和相平衡，再在热平衡的基础上计算锅炉的产汽量。锅炉的热平衡方程如下：

$$Q' = Q_1 + Q_2 + Q_3 + Q_4 + Q_5 + Q_6$$

式中　Q'——进入锅炉的总热量，$kcal/h$；

　　　Q_1——锅炉的有效利用热量，$kcal/h$；

　　　Q_2——排烟损失，$kcal/h$；

　　　Q_3——化学不完全燃烧损失，$kcal/h$；

　　　Q_4——机械不完全燃烧损失，$kcal/h$；

Q_5——散热损失，kcal/h；

Q_6——排灰渣损失，kcal/h。

进入余热锅炉的总热量包括烟气带入的热量 Q_y，烟尘带入的热量 Q_h，炉口辐射热量 Q_f，连续吹灰介质带入的热量 Q_{ch}，漏入空气带入的热量 Q_{lk}。当有烟气再循环时，还应包括再循环烟气带入的热量 Q_{zx}。

余热锅炉饱和蒸汽的产量可计算为：

$$D_{bz} = \frac{\eta Q'}{i_{bz} - i_{gs}}$$

式中　η——锅炉热回收率,%；

　　Q'——进入锅炉的总热量，kcal/h；

$i_{bz} - i_{gs}$——饱和蒸汽及给水的焓，kcal/kg。

8.4.2.3 辐射受热面的热力计算

A 辐射室的容积和受热面积

转炉余热锅炉辐射冷却室的容积按图 8-12 所示进行计算，水冷壁管中心线所在的平面是容积的边界线，对于冷却室下部用水冷壁构成的灰斗，一般用灰斗高度一半处的水平面作为冷却室下部容积的边界线。

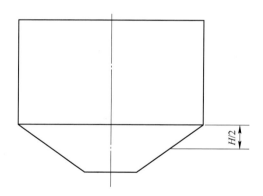

图 8-12　转炉余热锅炉辐射室断面示意图

水冷壁的受热面积（m²）可按该水冷壁边界管子中心线间的距离 b 与水冷壁管子曝光长度 L 的乘积计算：

$$A = bL$$

B 有效辐射层厚度

转炉余热锅炉辐射冷却室有效辐射层厚度 s（m）可计算为：

$$s = 3.6 \frac{V_L}{A_L}$$

式中　V_L——冷却室的容积，m^3；

　　　A_L——冷却室的外表面面积，m^2。

C　辐射冷却室的传热计算

在辐射冷却室，由于烟气温度较高，烟气流速较低，可看作纯辐射传热，不计算对流传热。

（1）辐射冷却室烟气放热量 Q_w（kcal/h）可计算为：

$$Q_w = \Phi Q' - I''_{1y}(1 + \Delta\alpha)V'_y$$

式中　Q'——进入辐射室的总热量，kcal/h；

　　　Φ——锅炉的保温系数；

　　　I''_{1y}——辐射冷却室出口处的烟气焓，$kcal/m^3$；

　　　$\Delta\alpha$——辐射室漏风系数。

（2）辐射室受热面能吸收的热量是在预先假定一个辐射室出口烟气温度后进行计算的，辐射受热面能吸收的热量 Q_x(kW) 可计算为：

$$Q_x = C'A_f\left[\left(\frac{T_{yp}}{100}\right)^4 - \left(\frac{T_b}{100}\right)^4\right]$$

式中　A_f——辐射室水冷壁的受热面积，m^2；

　　　T_{yp}——辐射室冷却室中烟气的平均绝对温度，K；

　　　T_b——辐射室冷却室中烟气的平均绝对温度，K；

　　　C'——辐射系数，$kcal/(m^2 \cdot K^4)$。

D　辐射受热面的校核计算

根据假设的炉膛出口温度分别计算出 Q_w 和 Q_x，再进行校核计算。当 Q_x/Q_w 大于或等于1并小于或等于1.15时，可认为计算结果符合要求；若比值超出以上范围，则必须重新估算冷却室出口烟气温度后再计算，直到通过为止；若在已设计的结构下，在烟尘凝固点温度以下找不到合适的冷却室出口烟温满足校核的要求，则只能重新做结构设计。

8.4.2.4　对流受热面的热力计算

A　烟气参数的计算

a　烟气流速

$$W_y = \frac{V_y(t_{yp} + 273)}{273A_{sl}} \quad (m/s)$$

式中　V_y——进入计算段标准状态下的烟气量（标态），m^3/s；

　　　A_{sl}——烟气流通截面积，m^2；

　　　t_{yp}——进入计算段烟气进出口的平均温度，℃。

b A_{sl} 的计算

当烟气横向冲刷管束时，烟气流通截面面积 A_{sl}（m^2）为：

$$A_{sl} = ab - ZLd_w$$

式中 a，b——所求烟道的断面尺寸，m；

Z——每排管子的管数；

d_w——管子的长度及外径，m。

当烟气纵向冲刷管束时，如介质在管内流动，则烟气流通截面积 A_{sl}（m^2）为：

$$A_{sl} = Z_z \frac{\pi d_n^2}{4}$$

式中 Z_z——管束中的总管数；

d_n——管子的内径，m。

如介质在管间流动，则烟气流通截面积 A_{sl}（m^2）为：

$$A_{sl} = ab - Z_z \frac{\pi d_w^2}{4}$$

式中 d_w——管子的外径，m。

c 烟气温度

一般可取烟气进、出口的平均温度。

B 辐射层厚度

密闭空间内的烟气向其周围表面辐射时的辐射层厚度可根据下述情况分别计算。

对于没有布置管束的空间，其有效辐射层厚度计算公式与辐射冷却室相同。

对于光管管束，辐射层厚度 s(m) 的计算如下：

$$s = 0.9 d_w \left(\frac{4 s_1 s_2}{\pi d_w^2} - 1 \right)$$

式中 s_1，s_2——分别为受热面管束平均横向、纵向管节距，m。

C 对流受热面的换热计算

a 对流受热面烟气放出热量 Q'_w(kcal/h) 的计算

$$Q'_w = \Phi(I' - I'' + \Delta\alpha I_{LK}) V_y$$

式中 Φ——考虑散热损失的保温系数；

I'——对流受热面入口处烟气的焓，$kcal/m^3$；

I''——对流受热面出口处烟气的焓，$kcal/m^3$；

I_{LK}——漏入风的焓，$kcal/m^3$；

$\Delta\alpha$——对流区的漏风系数；

V_y——进入计算段入口处的标准状态下的烟气量（标态），m^3/h。

b 对流受热面吸收热量 Q'_x（kcal/h）的计算

$$Q'_x = KA_d\Delta t$$

式中 Q'_x——对流受热面以对流和辐射方式所吸收的热量，kcal/h；

K——传热系数，kcal/（h·m²·℃）；

A_d——对流受热面受热面积，m²；

Δt——计算段温差，℃（一般采用对数平均温差）。

D 对流受热面的校核计算

与辐射受热面的校核计算方法相同。

8.4.3 转炉余热锅炉热力系统

转炉的作业是周期性，例如在配置 3 台转炉的情况下，其中 2 台工作，交替送风，1 台备用，因此，进入余热锅炉的烟气量和烟气温度也随转炉周期性变化，这是转炉余热锅炉区别于其他冶金炉余热锅炉的特点。工况剧烈地周期性起伏，给转炉余热锅炉带来了诸多不利因素，如引起余热锅炉受热面在短时间内发生低温露点腐蚀爆管、焊缝疲劳开裂等问题。为解决以上问题，国内外一些冶炼厂将多台转炉余热锅炉合并为一个热力系统，即多台余热锅炉共用汽包。这样，整个系统中只要有 1 台转炉送风，整个系统就可以处于设计的工作压力和工作温度下，避免了周期性波动引起的金属和焊缝疲劳、低温腐蚀等问题。国内的金隆冶炼厂、贵溪冶炼厂以及近年建成的赤峰金通冶炼厂，都采用这种方式。某铜冶炼厂的转炉余热锅炉热力系统，如图 8-13 所示。

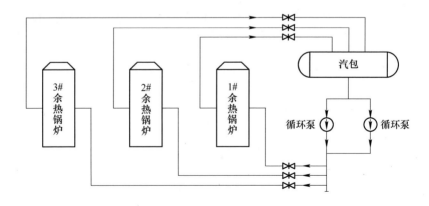

图 8-13 转炉余热锅炉热力系统示意图

如图 8-13 所示，汽包中的循环水经由下降管进入循环泵，经循环泵加压后通过上升管送入余热锅炉受热面，在余热锅炉受热面吸收热量后的汽水混合物通过返回管返回汽包，在汽包中完成汽水分离，蒸汽外送，分离出来的水和补给水

8.6 鼓风机房及阀站

PS 转炉吹炼制度有三种：单炉吹炼、炉交换吹炼和期交换吹炼。

8.6.1 单炉吹炼

车间配置两台转炉：1 台操作，1 台备用。

一炉吹炼作业完成后，重新加入铜锍，进行另一炉次的吹炼作业。

8.6.2 炉交换吹炼

车间配置 3 台转炉：2 台交替操作，1 台备用。

在 2 号炉结束全炉吹炼作业后，1 号炉即进行另一炉次的吹炼作业。但 1 号炉可在 2 号炉结束吹炼之前预先加入铜锍，2 号炉可在 1 号投入吹炼作业之后排出粗铜，缩短了停吹时间。

8.6.3 期交换吹炼

车间配置 3 台转炉：2 台操作，1 台备用。

在 1 号炉的 S1 期与 S2 期间之间，穿插进 2 号炉的 B2 期吹炼。将倒渣和粗铜、清理风眼等作业安排在另一台转炉投入送风吹炼后进行，将加铜锍作业安排在另一台转炉停吹之前进行。

因此 PS 转炉供风一般采用 2 台升压为 150kPa 的高压离心鼓风机，一用一备，同时供风管道设开关阀和放空阀，转炉送风时，管道开关阀打开，放空阀关闭，停风时反之。

8.7 PS 转炉主厂房配置

PS 转炉主厂房配置分为主跨和副跨，如图 8-22 所示。

主跨内配置 PS 转炉、密封烟罩、环保烟罩、炉口清理机以及各台转炉的控制室。主跨内每台 PS 转炉环集烟罩的烟气管道汇总后送环集烟气脱硫系统。副跨配置上料皮带、料仓、活动加料溜槽、捅风眼机、残极加料机、余热锅炉、混气撬以及配电室。

另外，考虑熔体倒运产出的冷料和容器的堆放，保持转炉和熔炼炉精炼炉运输通道畅通，一般在厂房的端侧设置冷料场地。PS 转炉厂房平面配置，如图 8-22 所示，PS 转炉厂房剖面如图 8-23 所示，PS 转炉残极加料机配置，如图 8-24所示。

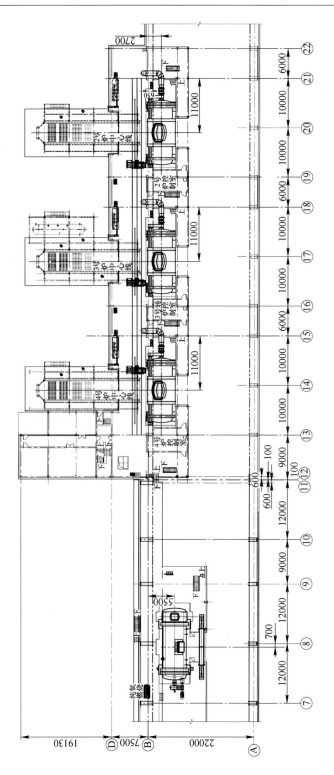

图 8-22　PS 转炉厂房平面配置图

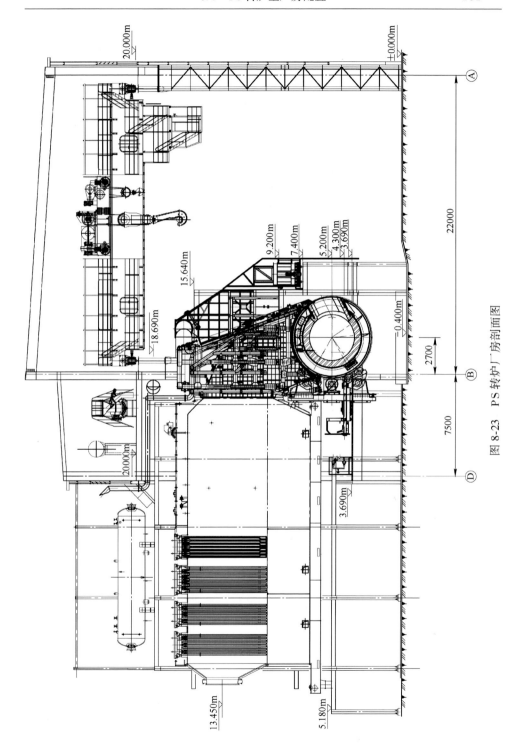

图 8-23 PS 转炉厂房剖面图

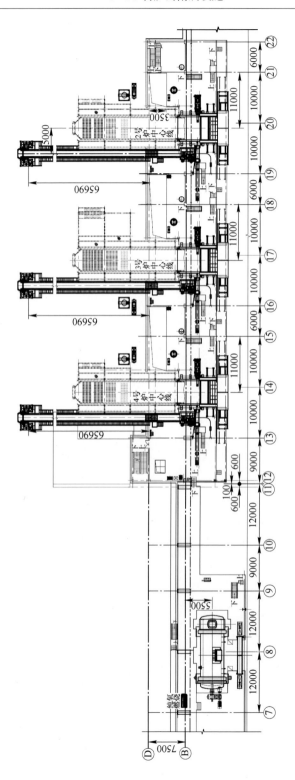

图 8-24　PS 转炉残极加料机配置图

8.8 PS 转炉开炉方案

8.8.1 PS 转炉开炉应具备的条件

8.8.1.1 环境及安全要求

在整个系统投运前，要求每个操作检查平台、走道扶手完整、照明充足，各转动设备外面有护罩或挡板，安全标志要清晰，电气安全联锁要完好。

8.8.1.2 人员的技术培训

操作工岗前培训是技术准备工作重要的一环，所有操作人员在上岗前必须完成理论知识培训学习，熟悉现场，经考核合格持证上岗，并进行岗位练兵和模拟操作。

8.8.1.3 资料及台账的准备

(1) 生产及设备运行记录准备。

(2) 设备点检卡及台账的准备。

(3) 三大规程的编写。

8.8.1.4 炉体基本尺寸的测量、标定和绘制

PS 转炉安装和炉体砌筑交工后对基本尺寸进行详细的测量和标定，作为基础资料，为以后的检修、维护和生产控制提供依据。

具体包括：

(1) 炉体安装实际定位尺寸的测量。

(2) 炉体砌筑后炉内腔净尺寸的测量和标定。

(3) 炉体砌筑后炉口腔净尺寸的测量。

(4) 捅风眼机钎子的尺寸标定。

(5) 水平风管角度的标定。

(6) 炉口角度的标定。

8.8.1.5 PS 转炉开炉具备的条件

PS 转炉开炉具备的条件按规定投料准备，要求：

(1) 传动系统试车完毕。

(2) 供风系统试车完毕。

(3) 环集、排烟系统试车完毕。

(4) 加料系统试车完毕。

(5) 循环水系统试车（砌炉前）完毕。

(6) 控制系统调试完毕。

(7) 仪表系统已调试完毕。

(8) 砌炉工作完毕。

（9）事故火灾报警系统及消防设施调试、配备完毕。

（10）各岗位人员经过培训于规定日进入现场。

以上与转炉系统相关的所有设备按照相关规定试车调试结束，满足试车技术要求，达到试车的目的，具备开炉生产条件。单体、联动试车结束后，交工序管理，要求各系统每班开车试车，暴露问题并及时得到解决，确保开炉时各系统能够正常投入。

8.8.2　PS 转炉烘炉

8.8.2.1　烘炉前具备的条件

PS 转炉烘炉前，开炉准备工作必须全部结束，这是烘炉必须具备的前提条件，其次烘炉前还必须具备以下条件，在施工组织中要优先安排实施，并提前组织联动试车。

（1）PS 转炉炉体安装和筑炉工作结束，验收合格。

（2）供风系统正常。

（3）PS 转炉交、直流供电系统正常。

（4）LNG 系统正常。

（5）水系统正常；转炉余热锅炉、电除尘、高温风机等正常。

（6）PS 转炉环集排烟系统正常。

（7）PS 转炉用风供风正常。

（8）烘炉用临时热电偶、仪表安装到位。

（9）PS 转炉控制室与厂部联系电话安装到位。

8.8.2.2　烤炉前的检查

烤炉前必须认真检查风、天然气管道是否畅通，风管是否与天然气连接好，转炉砖体是否有掉砖、下沉、塌落等现象，砌筑是否符合砌筑规范，发现问题及时汇报处理。

8.8.2.3　烘炉

镁铬砖砌筑完毕后，自然干燥 1~2 天，让部分水分自然挥发，但时间不宜过长，防止因地区环境影响使得材料水化。自然通风干燥后，再按照要求曲线进行烘烤。

低温阶段是炉体耐火材料排出水分的关键阶段，烘烤前期升温速率尽量放缓，如果在升温的某个阶段水分排出较多时，应该暂停升温或延长保温时间，以便于能够更好排出水分。烘烤过程中严禁炉温波动后温度"回头"现象，及防止局部温度瞬间过高；为了确保镁铬砖的烘烤质量，建议严格按照曲线执行。

烘炉结束后，即可投料生产，在生产不连续时，要做好转炉保温工作，温度应该稳定在 900℃以上，避免因温度波动造成耐火材料结构性剥落损毁。

　　PS 转炉烘炉用天然气直接烘烤，燃烧枪从转炉风口插入，烘炉烟气进环保烟罩收集送脱硫系统。

　　采用温度可控的方式进行烘烤，烘炉升温速度和时间见表 8-7，镁铬砖烘烤曲线如图 8-25 所示。

表 8-7　烘炉升温速度和时间

温度范围/℃	最高升温速度/℃·h⁻¹	所需时间/h	累计时间/h
常温~150	10	15	15
150 保温	0	48	63
150~400	15	17	80
400 保温	0	48	128
400~800	20	20	148
800 保温	0	36	184
800~使用温度	25	约 16	约 200

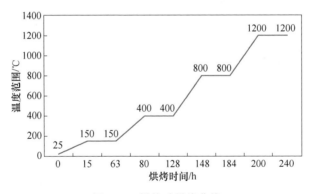

图 8-25　镁铬砖烘烤曲线

8.8.3　PS 转炉投料生产

8.8.3.1　投料生产前必须具备的条件

投料生产前必须具备的条件如下：

（1）各个系统带负荷试车后存在的问题及时解决，具备生产条件。

（2）PS 转炉炉膛温度升至 1200℃后，停止烤炉，拔出燃烧器。

（3）余热炉工作正常。

（4）电除尘器和高温排烟风机工作正常，排烟除尘系统经过安装、调试并具备投运条件。

（5）鼓风机房供风正常。

（6）环集排烟风机工作正常，转炉环集系统经过安装、调试并具备投运条件。

（7）各类显示仪表及计算机工作正常。

（8）PS 转炉安全坑内杂物必须清理干净，严禁安全坑内有积水。

（9）准备放料铜锍包两个，渣包两个。

（10）捅风眼机工作正常。

（11）捅风眼机用钎子准备 4 根。

8.8.3.2　作业程序（φ4.0m×9m）

S1 期进（80±5）t 铜锍后开风，吹炼时按照计算所需熔剂和冷料量加入石英、冷料，待渣造好后，进行放渣；S2 期进（40±5）t 铜锍后开风，按计算加入石英和冷料，造渣结束后放渣进入 B1 期。B1 期吹炼控制在 1.5h 左右，之后进入 B2 期；通过火焰和炉后喷溅判断炉温，加入冷料控制炉温；通过炉后取样判断粗铜终点。

8.8.4　投料生产及质量的控制

8.8.4.1　PS 转炉工艺控制参数

PS 转炉工艺控制参数见表 8-8。

表 8-8　PS 转炉工艺控制参数（φ4.0m×9m）

名称	单位	控制范围
吹炼温度	℃	1200~1250
Cu	%	98.5~99.5
渣硅	%	21±1

8.8.4.2　PS 转炉工艺生产作业参数

PS 转炉工艺生产作业参数见表 8-9。

表 8-9　PS 转炉工艺生产作业参数（φ4.0m×9m）

名称	单位	控制范围
送风压力	MPa	0.8~1.2
送风量	m³/h	20000~25000

8.8.5　异常状态操作

PS 转炉异常操作是指由于转炉工艺控制过程相关的送风系统、传动系统、排烟系统、烟道水冷系统、转炉计算机系统出现不正常情况或转炉进行的还原作业操作、转炉炉壳发红、烧漏，转炉全系统停电，转炉被迫停止吹炼，生产中断的操作。

8.8.5.1　PS转炉传动系统异常操作状态下的作业

PS转炉传动系统异常操作状态下的作业如下：

（1）转炉传动系统异常操作状态是指转炉传动系统设备出现机械、电气故障，转炉不能正常转动。

（2）转炉控制人员应立即起动事故倾转，将风眼区转出渣面，执行停吹操作，汇报班长或工艺专职、值班长协调组织处理，直至试车正常。

8.8.5.2　烟道水冷系统异常操作状态的作业

烟道水冷系统异常操作状态的作业如下：

（1）烟道水冷系统异常状态是指转炉水冷烟道系统的管网、阀门或水套严重漏水，或水套断水的状态。

（2）当转炉水冷烟道系统的管网、阀门或水套严重漏水，应及时关闭给水总阀，炉前工或班长或工艺专职、值班长协调，组织维修工堵漏、密封处理。

（3）若漏水直接威胁到转炉吹炼生产，炉长应立即停止吹炼操作，直至漏水事故处理完毕。

（4）当发生水套断水事故，应立即查明原因，汇报班长或工艺专职、值班长协调组织处理，若原因不能及时查明，则应联系厂部项目负责人查因处理。

8.8.5.3　排烟系统异常操作状态的作业

PS转炉排烟系统异常状态主要是指转炉余热锅炉、高温排烟风机出现设备故障，或转炉系统停电，不能正常排烟影响转炉吹炼继续进行的状态，工艺专职、作业长接到排烟系统异常通知后，依据具体情况决定暂时维持吹炼、立即停吹操作。

A　余热锅炉异常操作的作业

余热锅炉异常操作主要是余热锅炉漏气、漏水，接到余热锅炉漏气、漏水通知后，依据具体情况决定暂时维持吹炼、立即停吹或倒炉操作。

B　高温排烟风机异常操作的作业

排烟风机出现设备故障，导致排烟系统不正常，转炉烟道入口漏烟严重，转炉操作现场烟气呛人，班长立即汇报工艺专职、值班长，联系余热锅炉专管或公司调度采取措施，直至转炉排烟正常；出现严重冒烟情况，班长立即执行停吹操作，并汇报作业长联系处理，直至转炉排烟正常。

8.8.5.4　PS转炉炉体发生异常操作状态下的作业

PS转炉炉体发生异常操作，常见为转炉耐火材料烧穿、掉砖，致使转炉炉壳发红或烧漏，炉前工或班长应立即将风眼区转出渣面，执行停吹操作，汇报值班长及厂部值班员，视具体状况，决定继续吹炼、耐火材料热补、或停吹倒炉。

8.8.5.5　PS 转炉计算机系统异常操作状态下的作业

转炉计算机系统出现故障后，炉前工应立即将计算机控制系统转换为手动控制系统，并汇报班长或值班长联系处理，直至试车正常全系统恢复后，炉前工应将手动控制系统转换为计算机控制系统。

8.8.5.6　PS 转炉全系统停电异常操作状态下的作业

转炉全系统停电后，炉前工应立即起动事故倾转，将风眼区转出渣面，执行停吹操作，并汇报值班长及厂部联系处理，全系统停电恢复后，炉长按照应急预案要求，组织试车恢复。

8.8.6　PS 转炉投产化验检测计划

PS 转炉投产化验检测计划见表 8-10。

表 8-10　PS 转炉投产化验检测计划

序号	样品名称	分析项目	频次	取样单位	取样地点	备注
1	铜锍	Cu、Fe、S、SiO_2	一次/炉	化验室	转炉炉前	
2	转炉渣	Cu、Fe、CaO、SiO_2、S	一次/炉		转炉炉前	

8.8.7　投产期间安全措施

投产期间安全措施如下：

（1）所有进入生产现场的人员，必须劳保用品齐全。

（2）各控制室及配电室等需配备灭火器的地方，必须按规定及要求配全灭火器。

（3）对现场的灭火器材要定置摆放。

（4）防止烟气泄漏，各相关人员佩戴防毒口罩。

（5）制定安全技术操作规程，要求作业人员按规操作。

（6）安全坑保持干净无杂物，沙子保持干燥，湿沙子及时更换。

（7）事故应急材料要摆放到现场，如镁粉、卤水等；对应急用的劳保用品、工具及其他材料由班长指定保管。

9 PS 转炉数控智能化

9.1 PS 转炉吹炼传统终点判断法

铜锍的主要成分是 FeS 和 Cu₂S，两者共占 90%~95%，此外还含有 Pb、Zn、Ni、As 等杂质元素。在铜锍吹炼温度范围内（1200~1300℃），由于各种元素的氧化次序不同，在吹炼时首先被氧化的是铁，其次是镍，再次是铅，最后才是铜。在吹炼过程中，只有当熔体中的铁含量降到 1% 以下时，也就是铁几乎全部被氧化造渣除去后，Cu₂S 才开始被氧化。Cu₂S 被氧化后，生成 Cu₂O，Cu₂O 就会与 Cu₂S 发生交互反应，生成金属铜。

铜锍吹炼主要目的是在于除去铜锍中的铁、硫及其他有害杂质，从而获得金属铜（粗铜），而金、银等贵金属则被富集于粗铜中得以回收。

吹炼生产过程分为两个周期：

第一个周期（或称为造渣期、S 期）：铜锍中的 FeS 与鼓入空气中的氧发生激烈的氧化反应，生产 FeO 和 SO₂ 气体。FeO 与加入的石英溶剂反应造渣，最终产物白铜锍（Cu₂S）。

第二个周期（或称为造铜期、B 期）：鼓入空气的氧与白铜锍发生激烈的氧化反应，生产 Cu₂O 和 SO₂，直到生成粗铜含 Cu 达到 98.5% 以上。

吹炼过程是一个涉及化学反应、传热、传质、流体流动的复杂过程。在造渣期"过吹"会生产磁铁渣，渣子变黏，流动性差，渣含铜升高，金属铜流失，严重的"过吹"还会发生喷炉事故；"欠吹"会使铜锍中的铁除不彻底。在造铜期，"过吹"会生成铁酸铜，处理起来难度大、风险高，极易发生伤亡事故，严重"过吹"会将一炉铜全部吹干，造成铜金属巨大损失，同时，炉体还要受到致命的损害；"欠吹"会使铜品位下降，当铜品位低于 98% 时，会给阳极炉精炼工序带来影响，水耗、电耗、油耗会增加。由此可见，铜锍吹炼的终点判断是非常重要的。

传统的终点判断方法有：

（1）化学成分分析法。

（2）烟气及火焰判断法。

（3）喷溅物判断法。

（4）炉后钎样判断法。

（5）炉内熔体观察法。

这些方法都会受人为等不确定因素影响大，重复性差。

9.2　PS 转炉熔体温度在线监测及终点判断系统

PS 转炉熔体温度在线监测及终点判断系统是以温度指示值和 PbS/PbO、SO_2 浓度值为基础，以"数学建模-模型学习-整体优化"为技术路线，在全面研究 PS 转炉吹炼实际生产过程的基础上，开发的铜冶金吹炼工艺关键参数检测系统。系统自动对转炉造渣期、造铜期终点进行判断、炉内温度在线检测系统并提供倒计时报警功能，实时直观反映了造铜期不同阶段的状态，实现了防止"过吹"或"欠吹"、保证粗铜质量的生产要求，降低了能耗和低空污染，提高了生产效率。

9.2.1　系统介绍

PS 转炉熔体温度在线监测及终点判断系统是集光学、机械、电子、算法、软件于一体的高科技应用，主要由造渣期终点智能判断系统、造铜期终点智能判断系统、造铜期熔体温度实时在线检测系统三大功能模块组成。

本系统是基于实时监测的 PbS/PbO、SO_2 浓度值以及熔体的温度值，同时加入烟气的温度及流速等工况信息进行综合分析，利用演算出来的特征值来表征 PS 转炉内炼铜反应情况的分析。系统减少了人为等不确定因素的影响，提高了整个吹炼过程的智能化、标准化水平。系统如图 9-1 所示。

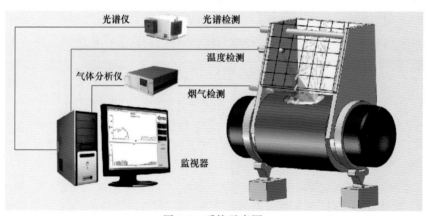

图 9-1　系统示意图

9.2.2　系统特点

系统特点如下：

（1）造铜期终点判断系统是基于紫外差分光学吸收光谱技术的分析，消除了烟尘、水分、光源变化等影响因素，保证了 SO_2 浓度值测量的准确性和稳定性。烟气的温度及流速等工况信息进行综合分析，有效消除特殊工艺操作对造铜期终点判断的影响，造铜期终点识别率和判定率高。

（2）造渣期终点判断系统光学接收系统采用分光和镀膜处理，使特定光谱最大限度地被接收。系统维护简便，可适应各种环境下的检测需求。

（3）熔体二维温度场红外监测系统是外窥式成像测温系统，系统既可以实现对转炉内吹炼工况的彩色视频监视，也能同步检测视场内任意感兴趣区域的温度。

系统其适应性强、结构简洁、安装方便、稳定性高、少维护，能在高温、高压、腐蚀的工况环境下长期稳定运行，为运行人员掌握被监视区域的吹炼状况、火焰形状及物料的堆积、变化等信息提供依据。

9.2.3　系统组成

PS 转炉吹炼工艺关键参数检测系统由 3 个子系统组成：PS 转炉吹炼熔体二维温度场红外监测系统、PS 转炉吹炼出口烟气关键成分在线检测系统和 PS 转炉吹炼炉内烟气关键成分在线检测系统。

A　PS 转炉吹炼熔体二维温度场红外监测系统

该系统主要由测温探头（含红外测温摄像仪）、测温探头防护罩、防护套管、水气控制箱、电气控制箱、预埋件、配套电缆、配套管接头等几部分组成。采用固定式安装方式将测温探头安装于水冷密封烟罩上，红外测温仪探测将被瞄准的转炉内指定位置的辐射能量转换成温度信号，将熔体二维温度场实时地显示出来，温度范围：700~1800℃，以 4~20mA 信号方式传送至分布式控制系统（DCS）。

B　PS 转炉吹炼出口烟气关键成分在线检测系统

该系统主要由紫外光源、发射光学部件、接收光学部件、石英光纤、紫外光谱分析仪、工业控制计算机及数据分析软件、串行总线接口、液晶显示屏、电气控制箱、水气控制箱等部分组成。

该系统集成了差分吸收光谱技术、可变光程样品池技术、光纤光谱探测与控制技术，利用氘灯发出的紫外光作为光源，通过测量紫外光通过烟气后的吸收光谱，利用主动紫外差分吸收光谱的原理，对转炉烟道烟气中 SO_2 的含量进行在线监测与分析，当 SO_2 浓度达到 0.8%~1.2% 时，系统能自动提示造铜终点。

C　PS 转炉吹炼炉内烟气关键成分在线检测系统

该系统主要由接收光学部件、接收光学部件安装支架、铠装光纤、高分辨光谱分析仪、光电探测器阵列、光谱扫描与光谱数据采集模块、辐射光谱数据库、辐射光谱数据分析软件、工控机等部分组成。

该系统通过接收转炉内熔体发出的紫外光，利用被动紫外差分吸收光谱的原理，分析炉内 PbS、PbO 含量的相对值，当两者的相对光谱强度达到平衡相互靠近直至两条曲线相交时，系统能自动提示造渣终点。

9.2.4　客户端软件简介

客户端软件为控制室的用户实时显示 PbO/PbS 计算出的特征值、二氧化硫光谱和综合了烟道环境系数以及二氧化硫浓度计算得出的特征值，软件同时具有用户管理、参数设置、历史查询及预判显示等功能。终点判断客户端软件主界面，如图 9-2 所示，熔体二维温度场红外监测系统软件主界面，如图 9-3 所示。

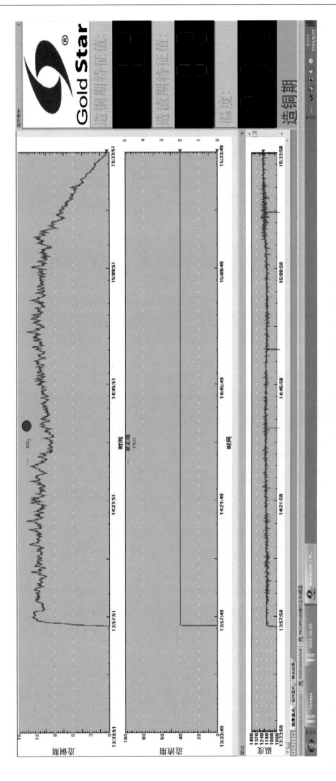

图 9-2　终点判断客户端软件主界面

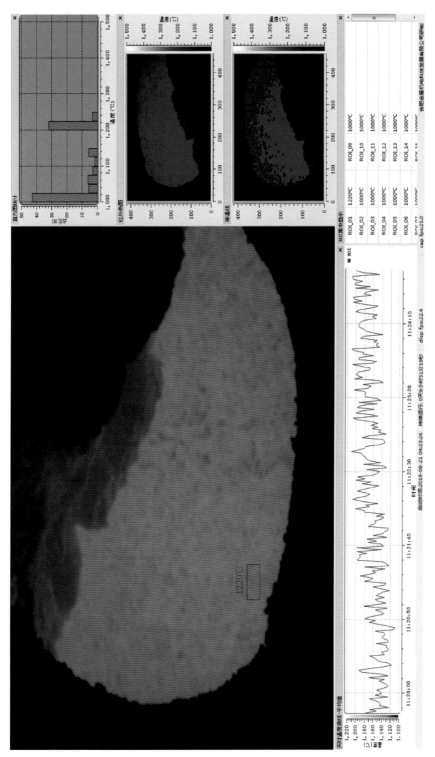

图 9-3 熔体二维温度场红外监测系统软件主界面

9.2.5　现场应用展示

　　PS 转炉熔体温度在线监测及终点判断系统已成功应用于铜陵金隆和金冠澳炉厂、赤峰金通、紫金铜业等企业，比较成熟。PS 转炉吹炼出口烟气关键成分在线检测系统检测端区域，如图 9-4 所示。PS 转炉吹炼炉内烟气关键成分在线检测系统检测端区域，如图 9-5 所示。系统中控显示端区域，如图 9-6 所示。

图 9-4　PS 转炉吹炼出口烟气关键成分在线检测系统检测端区域

图 9-5　PS 转炉吹炼炉内烟气关键成分在线检测系统检测端区域

图 9-6　系统中控显示端区域

9.3　PS 转炉的主要检测和控制回路

9.3.1　主要检测点

主要检测点如下：

（1）转炉密封烟罩烟气温度检测。

（2）转炉炉内熔体温度检测。

（3）转炉回水总管温度检测。

（4）转炉天然气管道压力检测。

（5）转炉压缩空气管道压力检测。

（6）转炉炉前富氧空气压力检测。

（7）转炉氧气管道压力检测。

（8）转炉密封烟罩烟气压力检测。

（9）转炉环保烟罩烟气压力检测。

（10）转炉富氧空气流量检测。

（11）循环水进口管流量检测。

（12）循环水出口管流量检测。

9.3.2　主要控制回路

转炉富氧空气切断控制。

实现方式：富氧空气管的切断阀与鼓风机房上的放空调节阀联锁。

转炉正常送风时，切断阀打开，放空调节阀关闭。当转炉处于加料等停止供风状态，切断阀关闭，放空阀进行稳压调节。转炉管道仪表流程，如图 9-7 所示。

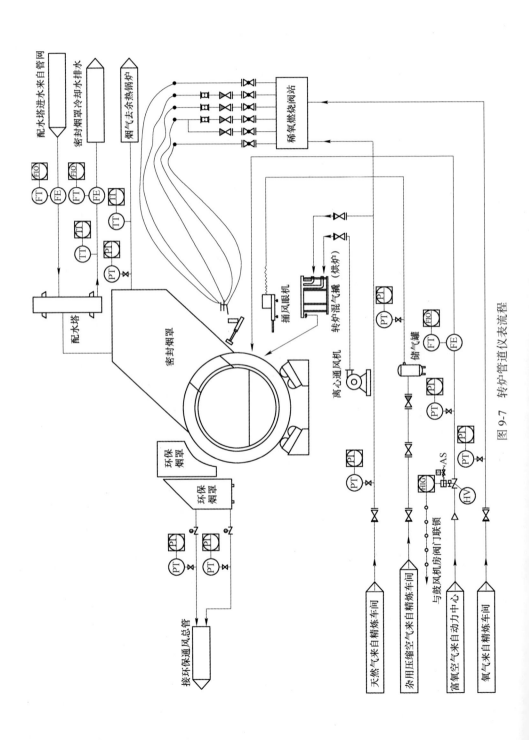

图 9-7 转炉管道仪表流程

9.3.3 转炉本体控制

实现方式：转炉本体现场控制设备与分布式控制系统（DCS）闭环控制。

转炉本体附近配置操作台、炉前操作箱、炉侧操作箱各1台，并设置选择开关、控制按钮和指示灯，由操作人员进行就地操作，产生的信号均送至分布式控制系统（DCS），再由系统根据工况进行判断分析后将最佳控制信号反送至转炉本体的电控设备，用于控制转炉倾转方向和速度，最终实现转炉的正常生产。

转炉自带编码器和多台限位开关，根据转炉角度判断转炉实际工况，包括检修位置、正常生产位置、加料位置、事故倾转位置等。

（1）转炉正反转：当转炉本体的操作设备发出转动指令时，分布式控制系统（DCS）自动控制转炉正反转操作，2台或3台操作设备只可任选1台作为主控设备。

（2）转炉调速：当转炉本体操作设备发出调速指令时，分布式控制系统（DCS）自动控制转炉速度，发生紧急情况时转炉将采用最快速度。

（3）报警提示：当转炉周边设备发生异常时，例如鼓风机故障、排烟风机故障、送风阀故障、放风阀故障等情况发生时，操作台上自动出现报警提示。

（4）事故倾转：当位于工作位置的转炉接收到异常信号时，转炉自动转至事故倾转位置。

9.3.4 转炉密封烟罩控制

实现方式：密封烟罩与转炉位置联锁。

当转炉发生事故倾转时，密封烟罩自动打开，其他情况密封烟罩保持关闭。

9.4 PS 转炉控制系统

将以上检测信号、电气设备检测控制信号、第三方设备信号均送至 PS 转炉吹炼工段分布式控制系统（DCS），在 DCS 显示界面上监视和控制各参数和转炉炉体的正常运行，同时与转炉前后设备状态保持联锁。转炉加料运输画面，如图9-8所示，转炉炉体监控画面，如图9-9所示，转炉操作画面，如图9-10所示。

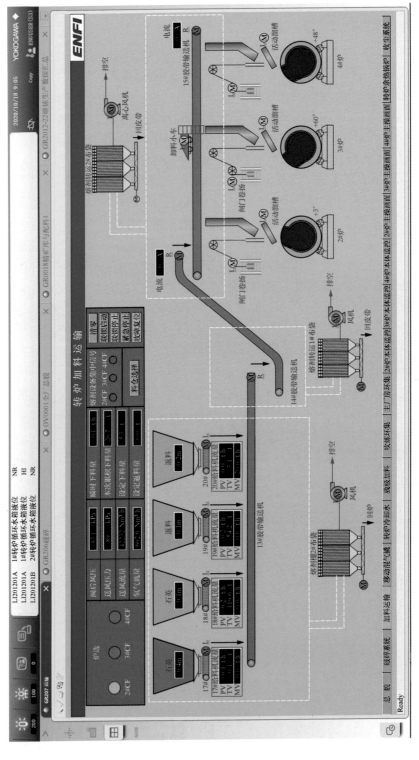

图 9-8　转炉加料运输画面

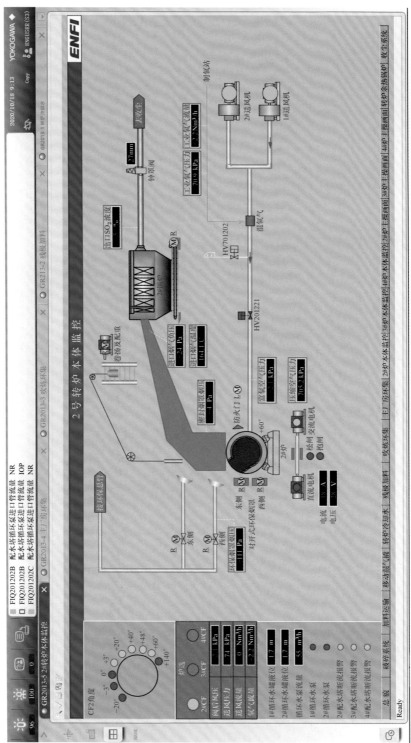

图 9-9 转炉炉体监控画面

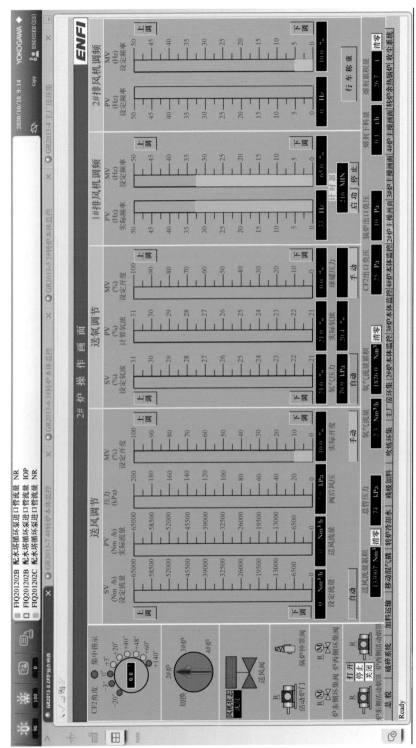

图 9-10　转炉操作画面

9.5 PS 转炉主厂房吊车智能化

PS 转炉主厂房一般设置 2 台 85t 或 75t 双梁起重机吊车进行吊包作业，为了避免吊铜锍/粗铜作业逸散的 SO$_2$ 烟气扩散到厂房外，需将 PS 转炉主厂房完全密封，吊车上方为高温密闭作业环境，吊车操作环境恶劣，为改善吊车作业环境，将传统吊车人工驾驶作业升级为智能操作，实施远程遥控及半自动控制，吊车控制原理，如图 9-11 所示。

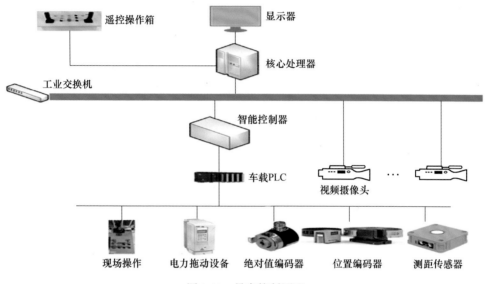

图 9-11 吊车控制原理

10 PS 转炉与各种熔炼工序匹配运行状况

我国铜冶炼工业起步比较晚，新中国成立前主要是日本建造的沈阳冶炼厂，新中国成立后苏联援建的大冶和云铜冶炼厂，自主建造了铜陵铜冶炼厂、中条山垣曲冶炼厂等铜企业，铜冶炼厂生产规模年产阴极铜均不超过 5 万吨。20 世纪 50~70 年代我国主要铜火法冶炼工艺有：

(1) 鼓风炉熔炼+PS 转炉吹炼+反射炉精炼。

(2) 反射炉熔炼+PS 转炉吹炼+反射炉精炼。

(3) 电炉熔炼+PS 转炉吹炼+反射炉精炼。

20 世纪 80 年代改革开放后，开始引进国外先进铜火法冶炼工艺，如：闪速熔炼、双闪、澳斯麦特炉熔炼和吹炼、艾萨炉熔炼；到 21 世纪我国冶金工作者通过不懈的努力，自主开发了双侧吹熔炼、多枪顶吹吹炼、氧气底吹熔炼和吹炼，已得到广泛工业化应用，实现大规模工业化生产。

当今世界许多冶金工作者都在寻求新的炼铜工艺，但 PS 转炉吹炼生产线在我国超过 21 家，矿产粗铜占比 58.4%；国外 90%的铜企业采用 PS 转炉吹炼，矿产粗铜占比 83.2%。主要是 PS 转炉吹炼对各种熔炼工艺有着极强的适应性，对熔炼工序的炉型选择没有限制，不管是悬浮熔炼的闪速炉，还是熔池熔炼的澳斯麦特炉、艾萨炉、Teniente、Noranda、氧气底吹熔炼炉、瓦纽科夫和双侧吹熔炼炉等熔炼工序，均表现出良好的匹配性。目前，我国是铜生产和消费大国，铜冶炼厂生产规模越来越大，单条生产线年产阴极铜达 50 万吨，当前与 PS 转炉吹炼匹配的工艺流程如下：

(1) 闪速熔炼+PS 转炉吹炼+回转式阳极炉精炼。

(2) 艾萨（ISA）熔炼+PS 转炉吹炼+回转式阳极炉精炼。

(3) 澳斯麦特（Ausmelt）熔炼+PS 转炉吹炼+回转式阳极炉精炼。

(4) 氧气底吹熔炼+PS 转炉吹炼+回转式阳极炉精炼。

(5) 双侧吹熔炼+PS 转炉吹炼+回转式阳极炉精炼。

10.1 PS 转炉吹炼与闪速熔炼工序匹配运行状况

1985 年贵溪冶炼厂从日本和芬兰引进闪速熔炼一期工程建成投产，PS 转炉规格实现大型化以及采用新型密封烟罩，当时是国内最现代化铜冶炼厂，冶炼规模年产阴极铜 9 万吨，经过改扩建，目前一系统年产阴极铜 50 万吨。20 世纪 90

年代铜陵金隆铜业建成投产，21 世纪贵溪冶炼厂二系统工程、金川集团铜业有限公司、紫金铜业有限公司、白银有色集团股份有限公司铜业公司相继建成投产，目前我国采用闪速熔炼+PS 转炉吹炼+回转式阳极炉精炼工艺的生产线共6 条。

10.1.1 贵溪冶炼厂 PS 转炉生产运行情况

贵溪冶炼厂始建于 1979 年，一期工程于 1979 年 8 月开工兴建，是国家"六五"重点建设工程，全国 22 个成套引进项目之一，主体设备从日本和芬兰引进，工厂一期设计能力为 9 万吨铜/年，1985 年 12 月 30 日投料生产。1996 年实施二期工程，1999 年 11 月 25 日投入运行，2000 年 6 月达到年产阴极铜 20 万吨的生产能力，2003 年建成投产的三期工程，年产阴极铜产能达到 40 万吨。2007 年建成投产的 30 万吨铜冶炼工程，工厂形成了年产阴极铜 70 万吨的能力。此后，工厂通过新增杂铜冶炼工艺及电解扩产改造，形成了目前 102 万吨阴极铜的生产能力。

一系统 6 台转炉采用 2H1B 操作模式组织生产，2021 年产粗铜 51.77 万吨/年（含冷铜料），PS 转炉吹炼铜锍品位 59.39%，单炉产出粗铜 200~220t。一系统工艺流程，如图 10-1 所示。一系统 PS 转炉操作参数见表 10-1。

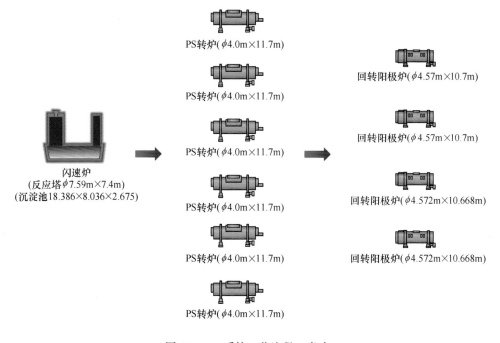

图 10-1 一系统工艺流程（贵冶）

表 10-1　一系统 PS 转炉升级改造后的操作参数（贵冶）

序号	名　称	单 位	参　数	备　注
1	转炉数量	台	6	
2	转炉炉型		筒球形	卧式
3	转炉外壳尺寸	m×m	φ4.0×11.7	
4	炉口尺寸	mm×mm	2700×2300 2800×2300	3 台 3 台
5	风眼内径×间距	mm×mm	φ50×152	
6	风眼个数	个	55 54	3 台 3 台
7	风口水平距离炉体中心线	mm	960	
8	风口鼓风强度（标态）	$m^3/(cm^2 \cdot min)$	0.56	
9	工作天数	d/a	理论上 365	取决熔炼炉
10	处理铜锍量	t/a	514456	$w(Cu)=59.39\%$
11	处理外购粗铜	t/a	99580	$w(Cu)=98.23\%$
12	处理自产残极、废铜料	t/a	125400	$w(Cu)=99.3\%$
13	操作模式		2H1B	不完全期交换二套
14	转炉操作炉次	炉次/d	7.8	
15	造渣期送风量（标态）	m^3/h	32000	$\varphi(O_2)=24\%\sim26\%$
16	造铜期送风量（标态）	m^3/h	33000	$\varphi(O_2)=22\%\sim24\%$
17	送风时率	%	78	
18	送制酸烟气量（标态）	m^3/h	155000	造渣或造铜
19	SO_2 浓度	%	12	平均
20	粗铜产量	t/a	517700	$w(Cu)\geqslant98.5\%$
21	粗铜综合能耗	kgce/t	91.08	含冷粗铜、残极

　　二系统 3 台转炉采用 2H1B 操作模式组织生产，2021 年产粗铜 35.86 万吨/年（含冷铜料），PS 转炉吹炼铜锍品位 58.79%，单炉产出粗铜 260~270t。二系统工艺流程，如图 10-2 所示。二系统 PS 转炉操作参数见表 10-2。贵冶 PS 转炉吹炼厂房内生产环境状况，如图 10-3 所示。

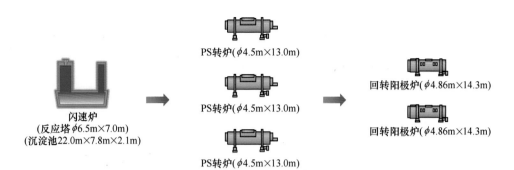

图 10-2　二系统工艺流程（贵冶）

表 10-2　二系统 PS 转炉操作参数（贵冶）

序号	名　称	单　位	参　数	备　注
1	转炉数量	台	3	
2	转炉炉型		筒球形	卧式
3	转炉外壳尺寸	m×m	$\phi4.5\times13$	
4	炉口尺寸	mm×mm	2800×2350	
5	风眼内径×间距	mm×mm	$\phi50\times152$	
6	风眼个数	个	64	单台
7	风口水平距离炉体中心线	mm	1000	
8	风口鼓风强度（标态）	$m^3/(cm^2\cdot min)$	0.59	
9	工作天数	d/a	理论上 365	取决熔炼炉
10	处理铜锍量	t/a	342443	$w(Cu)=58.79\%$
11	处理外购粗铜	t/a	66260	$w(Cu)=98.23\%$
12	处理自产残极、废铜料	t/a	85800	$w(Cu)=99.3\%$
13	操作模式		2H1B	一套
14	转炉操作炉次	炉次/d	4	
15	造渣期送风量（标态）	m^3/h	37000	$\varphi(O_2)=22\%\sim25\%$
16	造铜期送风量（标态）	m^3/h	36500	$\varphi(O_2)=22\%\sim23\%$
17	送风时率	%	80.71	
18	送制酸烟气量（标态）	m^3/h	85000	造渣或造铜
19	SO_2 浓度	%	13	平均
20	粗铜产量	t/a	358600	$w(Cu)\geqslant98.5\%$
21	粗铜综合能耗	kgce/t	91.08	含冷粗铜、残极

图 10-3   PS 转炉吹炼厂房内生产环境状况（贵冶）

10.1.2   金隆铜业有限公司 PS 转炉生产运行情况

金隆铜业有限公司筹建于 1992 年，1993 年动工建设，1997 年建成投产，是我国第一座自行设计和施工的闪速炼铜工厂，主原料为进口铜精矿，经闪速炉熔炼-PS 转炉吹炼-阳极炉火法精炼-电解精炼最终得到阴极铜。2021 年，金隆铜业精炼车间共产粗铜 45 万吨（不含竖炉铜），阳极铜 51 万吨。工艺流程如图 10-4 所示。PS 转炉操作参数见表 10-3。

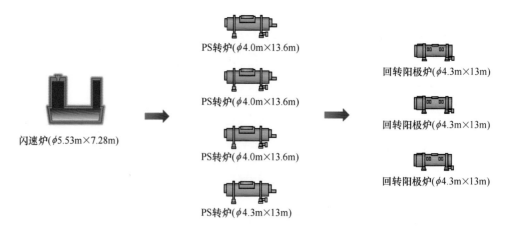

图 10-4   工艺流程（铜陵金隆）

表 10-3   PS 转炉升级改造后的操作参数（铜陵金隆）

序号	名　称	单　位	参　数	备　注
1	转炉数量	台	4	
2	转炉炉型		筒球形	卧式

序号	名　称	单位	参数	备注
3	转炉外壳尺寸	m×m	$\phi4.3\times13$ $\phi4.0\times13.6$	1 台 3 台
4	炉口尺寸	mm×mm	3360×1350 3260×1350	1 台 3 台
5	风眼内径×间距	mm×mm	$\phi60\times152$	
6	风眼个数	个	64 59	1 台 3 台
7	风口水平距离炉体中心线	mm	960	1 台 3 台
8	风口鼓风强度（标态）	$m^3/(cm^2\cdot min)$	0.55	
9	工作天数	d/a	理论上 365	取决闪速炉
10	处理铜锍量	t/a	540000	$w(Cu)=60\%\sim63\%$
11	处理外购粗铜	t/a	128000	$w(Cu)\geqslant98\%$
12	处理自产残极、废铜料	t/a	74000	$w(Cu)=99.3\%$
13	操作模式		3H2B	3 台热态 2 台送风
14	转炉操作炉次	炉次/d	7	
15	造渣期送风量（标态）	m^3/h	30000~37000	$\varphi(O_2)=23\%\sim27\%$
16	造铜期送风量（标态）	m^3/h	34000~40000	$\varphi(O_2)=21\%\sim23\%$
17	送风时率	%	80	
18	送制酸烟气量（标态）	m^3/h	150000	造渣和造铜
19	SO_2 浓度	%	7~8	
20	粗铜产量	t/a	532000	$w(Cu)\geqslant99\%$
21	矿产粗铜综合能耗	kgce/t	110.48	
22	粗铜综合能耗	kgce/t	84.41	含冷粗铜、残极

10.1.3　金川集团铜业有限公司 PS 转炉生产运行情况

金川集团铜业有限公司于 2018 年 6 月 12 日成立。公司铜合成炉系统于 2005 年 9 月建成投产，底吹炉于 2021 年 3 月建成投产。铜冶炼火法生产系统工艺为熔炼（铜合成炉、底吹炉）+吹炼（PS 转炉）+精炼（回转式阳极炉），铜合成炉和底吹炉产出的铜锍搭配进转炉吹炼，转炉产出的粗铜再进阳极炉精炼后浇铸成阳极板。2021 年熔炼分厂阳极板产量为 32.3 万吨。工艺流程如图 10-5 所示，PS 转炉操作参数见表 10-4，PS 转炉吹炼厂房内生产环境状况，如图 10-6 所示。

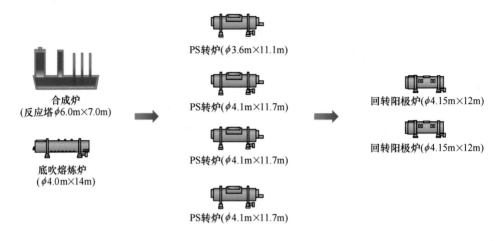

图 10-5　工艺流程（金川集团铜业有限公司）

表 10-4　PS 转炉操作参数（金川集团铜业有限公司）

序号	名　称	单　位	参　数	备　注
1	转炉数量	台	5	
2	转炉炉型		筒球形	卧式
3	转炉外壳尺寸	m×m	ϕ3.6×11.1 ϕ4.1×11.7	1 台 3 台
4	炉口尺寸	mm×mm	2160×1350 2700×1350	1 台 3 台
5	风眼内径×间距	mm×mm	ϕ50×152	
6	风眼个数	个	40 54	1 台 3 台
7	风口水平距离炉体中心线	mm	830 960	1 台 3 台
8	风口鼓风强度（标态）	$m^3/(cm^2 \cdot min)$	0.53 0.56	1 台 3 台
9	工作天数	d/a	理论上 365	取决闪速炉
10	处理铜锍量	t/a	360000	$w(Cu)=58\%$
11	处理外购粗铜	t/a	65000	$w(Cu)\geqslant98\%$

续表 10-4

序号	名　称	单　位	参　数	备　注
12	处理自产残极、废铜料	t/a	80000	$w(Cu)=99.3\%$
13	操作模式		3H2B	
14	转炉操作炉次	炉次/d	6	
15	造渣期送风量（标态）	m³/h	30000~32000 35000~38000	$\varphi(O_2)=23\%~24\%$
16	造铜期送风量（标态）	m³/h	30000~32000 35000~38000	$\varphi(O_2)=23\%~24\%$
17	送风时率	%	75~80	
18	送制酸烟气量（标态）	m³/h	220000	造渣和造铜
19	SO₂ 浓度	%	6~8	
20	粗铜产量	t/a	345000	$w(Cu)\geqslant99\%$
21	粗铜综合能耗	kgce/t	80.12	含冷粗铜、残极

图 10-6　PS 转炉吹炼厂房内生产环境状况（金川集团铜业有限公司）

10.1.4　紫金铜业有限公司（紫金矿业）PS 转炉生产运行情况

该示范厂于 2011 年 10 月建成投产，3 台转炉采用 2H1B 操作模式组织生产，2021 年矿产粗铜 25 万吨/年，处理粗铜锭 9.48 万吨/年、残极 5.2 万吨/年；PS 转炉吹炼铜锍品位 61.57%，单炉产出粗铜 260~280t，创造我国单炉产粗铜 300t 最大纪录。工艺流程如图 10-7 所示。PS 转炉操作参数见表 10-5。

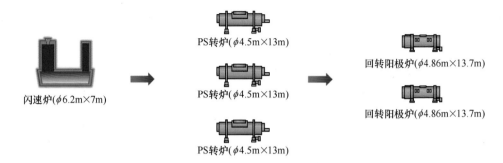

图 10-7　工艺流程（紫金铜业）

表 10-5　PS 转炉操作参数（紫金铜业）

序号	名　称	单　位	参　数	备　注
1	转炉数量	台	3	
2	转炉炉型		筒球形	卧式
3	转炉外壳尺寸	m×m	ϕ4.5×13	
4	炉口尺寸	mm×mm	2800×2350	
5	风眼内径×间距	mm×mm	ϕ50×152	
6	风眼个数	个	64	单台
7	风口水平距离炉体中心线	mm	960	
8	风口鼓风强度（标态）	m³/(cm²·min)	0.6	
9	工作天数	d/a	理论上 365	取决闪速炉
10	处理铜锍量	t/a	414000	$w(Cu)$ = 61.57%
11	处理外购粗铜	t/a	94800	$w(Cu)$ ≥ 98%
12	处理自产残极、废铜料	t/a	52000	$w(Cu)$ = 99.3%
13	操作模式		2H1B	不完全期交换
14	转炉操作炉次	炉次/d	4.3	
15	造渣期送风量（标态）	m³/h	40000~46000	$\varphi(O_2)$ = 24%~25%
16	造铜期送风量（标态）	m³/h	48000~52000	$\varphi(O_2)$ = 21%~22%
17	送风时率	%	91~93	
18	送制酸烟气量（标态）	m³/h	180000	造渣或造铜
19	SO₂ 浓度	%	11	平均
20	粗铜产量	t/a	396800	$w(Cu)$ ≥ 99%
21	粗铜综合能耗	kgce/t	99.28	含冷粗铜、残极

转炉采用不完全期交换吹炼，在造渣一期、造渣二期投入石英石熔剂造渣，造铜一期、造铜二期投入废残极和粗铜等冷料，日均转炉作业炉次为 4.3 炉，转炉作业周期，如图 10-8 所示。紫金铜业有限公司 PS 转炉吹炼厂房内生产环境状况，如图 10-9 所示。

转炉计划	1#炉	S1		S2	B1	B2	S1		S2	B1	B2		S1	
		9:10 10:00		11:48 12:48	13:08 14:53	15:47 17:31	20:40	21:30	23:18 0:18	0:38 2:23	3:17	5:01	8:10 9:00	
	2#炉		10:02 11:46		14:55 15:45	17:33 18:53 18:33 20:38		21:32 23:16		2:25 3:15		5:03 6:03	6:23 8:08 9:02 1	
			B2		S1	S2 B1		B2		S1		S2	B1	B2

图 10-8 转炉作业周期（紫金铜业）

图 10-9 PS 转炉吹炼厂房内生产环境状况（紫金铜业）

10.1.5 白银有色集团铜业公司 PS 转炉生产运行情况

白银有色集团股份有限公司铜业公司其前身白银公司冶炼厂，是国家"一五"计划期间 156 个重点建设项目之一。1954 年筹建，1960 年 6 月投产，经过几十年的建设发展，铜业公司已经成为国内知名的铜冶炼企业。铜业公司立足技术创新，以国内领先、国际先进的高新适用技术加快实施技术改造，提升主体技术装备水平。新建的铜冶炼技术提升改造项目于 2019 年 5 月建成投产，主体工艺是闪速炉熔炼+PS 转炉吹炼+回转式阳极炉精炼+大极板始极片电解精炼，铜业公司目前具备的产能规模为 20 万吨/年阴极铜。2021 年铜业公司粗铜产量184198t。工艺流程如图 10-10 所示，PS 转炉操作参数见表 10-6，白银有色集团铜业公司 PS 转炉吹炼厂房内生产环境状况，如图 10-11 所示。

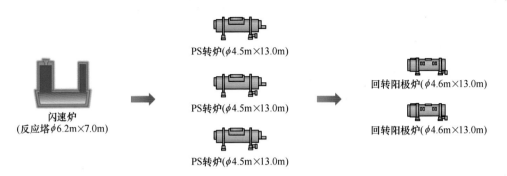

图 10-10　工艺流程（白银有色集团铜业公司）

表 10-6　PS 转炉操作参数（白银有色集团铜业公司）

序号	名　称	单　位	参　数	备　注
1	转炉数量	台	3	
2	转炉炉型		筒球形	卧式
3	转炉外壳尺寸	m×m	φ4.5×13	
4	炉口尺寸	mm×mm	3100×2600	
5	风眼内径×间距	mm×mm	φ48×152	
6	风眼个数	个	64	单台
7	风口水平距离炉体中心线	mm	960	
8	风口鼓风强度	$m^3/(cm^2 \cdot min)$	0.55	
9	工作天数	d/a	理论上 365	取决闪速炉
10	处理铜锍量	t/a	305900	$w(Cu)=58\%$
11	处理外购粗铜	t/a	4000	$w(Cu) \geqslant 98\%$
12	处理自产残极、废铜料	t/a	41000	$w(Cu)=99.3\%$
13	操作模式		2H1B	
14	转炉操作炉次	炉次/d	4	
15	造渣期送风量	m^3/h	38000~40000	$\varphi(O_2)=23\%~24\%$
16	造铜期送风量	m^3/h	38000~39000	$\varphi(O_2)=21\%~23\%$
17	送风时率	%	86	
18	送制酸烟气量（标态）	m^3/h	106000	造渣或造铜
19	SO_2 浓度	%	6.29	
20	粗铜产量	t/a	222400	$w(Cu) \geqslant 99\%$
21	粗铜综合能耗	kgce/t	128.36	含冷粗铜、残极

图 10-11 PS 转炉吹炼厂房内生产环境状况（某有色集团铜业公司）

10.2 PS 转炉吹炼与艾萨熔炼工序匹配运行状况

2002 年我国引进澳大利亚艾萨炼铜技术在中铜西南铜业建成投产，目前，我国采用艾萨（IAS）熔炼+PS 转炉吹炼+回转式阳极炉精炼工艺的生产线共 3 条。

10.2.1 中铜西南铜业 PS 转炉生产运行情况

西南铜业前身为云南冶炼厂，位于昆明市西北方向的五华区王家桥，1958 年开工建设，系国家"一五"时期 156 项重点工程之一。1960 年建成国内第一台有色冶金矿热电炉及相配套的供水、供电及厂区运输等配套工程。2001 年引进艾萨熔池熔炼技术进行改扩建，于 2002 年 5 月建成投产；作为中国第一家将艾萨熔池熔炼技术引进并创新的铜冶炼企业，替代矿热电炉，实现环保升级，多项指标创行业标杆。2021 年铜业公司粗铜产量 352200t。工艺流程如图 10-12 所示，PS 转炉操作参数见表 10-7，中铜西南铜业 PS 转炉吹炼厂房内生产环境状况，如图 10-13 所示。

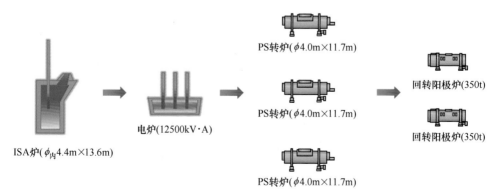

图 10-12 工艺流程图（中铜西南铜业）

表 10-7　PS 转炉操作参数（中铜西南铜业）

序号	名　称	单　位	参　数	备　注
1	转炉数量	台	3	
2	转炉炉型		筒球形	卧式
3	转炉外壳尺寸	m×m	$\phi4.0\times11.7$	
4	炉口尺寸	mm×mm	2800×2300	
5	风眼内径×间距	mm×mm	$\phi50\times152$	
6	风眼个数	个	54	单台
7	风口水平距离炉体中心线	mm	960	
8	风口鼓风强度（标态）	$m^3/(cm^2 \cdot min)$	0.53	
9	工作天数	d/a	理论上 365	取决 ISA 炉
10	处理铜锍量	t/a	324000	$w(Cu)=58.4\%$
11	处理外购粗铜	t/a	59000	$w(Cu)\geqslant98\%$
12	处理自产残极、废铜料	t/a	104000	$w(Cu)=99.3\%$
13	操作模式		3H2B	
14	转炉操作炉次	炉次/d	6	
15	造渣期送风量（标态）	m^3/h	32000	$\varphi(O_2)=22\%\sim23.5\%$
16	造铜期送风量（标态）	m^3/h	32000	$\varphi(O_2)=21\%\sim23\%$
17	送风时率	%	78	
18	送制酸烟气量（标态）	m^3/h	107400	造渣或造铜
19	SO_2 浓度	%	6.08	
20	粗铜产量	t/a	352200	$w(Cu)\geqslant99\%$
21	粗铜综合能耗	kgce/t	117.13	含冷粗铜、残极

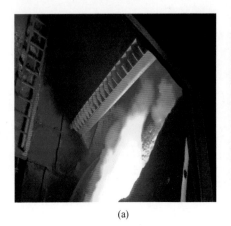

（a）　　　　　　　　　　　　　　　　（b）

图 10-13　$\phi4.0m\times11.7m$ PS 转炉（中铜西南铜业）

（a）正视图；（b）侧视图

10.2.2　中铜楚雄滇中有色金属有限责任公司 PS 转炉生产运行情况

楚雄滇中有色金属有限责任公司成立于 1996 年 10 月 3 日，现为中国铝业集团下属中国铜业有限公司云南铜业股份有限公司全资子公司。2006 年 5 月对原 12.6m² 的鼓风炉及 11m² 的连吹炉系统进行拆除，采用世界先进的艾萨炉熔炼技术代替传统的鼓风炉，直至 2017 年完成 10 万吨/年粗铜、30 万吨/年硫酸技改项目，最后形成生产规模：阳极铜产能为 20 万吨/年，硫酸产能为 60 万吨/年。2021 年铜业公司粗铜产量 180800t。工艺流程如图 10-14 所示，PS 转炉操作参数见表 10-8，中铜滇中有色 PS 转炉吹炼厂房内生产环境状况，如图 10-15 所示。

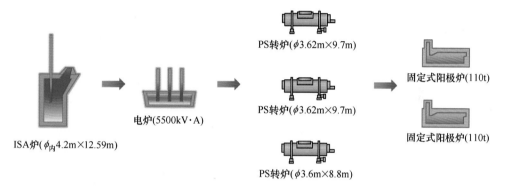

图 10-14　工艺流程（滇中有色）

表 10-8　PS 转炉操作参数（滇中有色）

序号	名　称	单　位	参　数	备　注
1	转炉数量	台	3	
2	转炉炉型		筒球形	卧式
3	转炉外壳尺寸	m×m	$\phi 3.62 \times 8.1$ $\phi 3.6 \times 8.8$	2 台 1 台
4	炉口尺寸	m²	3.9	
5	风眼内径×间距	mm×mm	$\phi 50 \times 152$	
6	风眼个数	个	38	单台
7	风口水平距离炉体中心线	mm	830	
8	风口鼓风强度（标态）	m³/(cm²·min)	0.50	
9	工作天数	d/a	理论上 365	取决 ISA 炉
10	处理铜锍量	t/a	238000	$w(Cu)=58\%$
11	处理外购粗铜	t/a	50800	$w(Cu)\geqslant 98\%$

序号	名　称	单位	参数	备注
12	处理自产残极、废铜料	t/a	0	$w(Cu) = 99.3\%$
13	操作模式		3H2B	
14	转炉操作炉次	炉次/d	6	
15	造渣期送风量（标态）	m^3/h	19000~24000	$\varphi(O_2) = 24\%~26\%$
16	造铜期送风量（标态）	m^3/h	19000~24500	$\varphi(O_2) = 21\%~23\%$
17	送风时率	%	75	
18	送制酸烟气量（标态）	m^3/h	85000	造渣和造铜
19	SO_2 浓度	%	8~10	
20	粗铜产量	t/a	180800	$w(Cu) \geqslant 99\%$
21	粗铜综合能耗	kgce/t	167	含冷粗铜

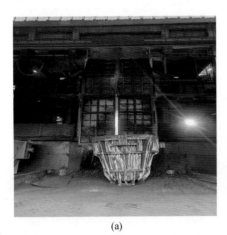 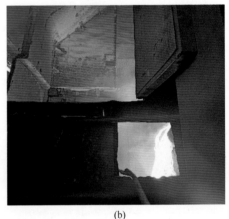

(a)　　　　　　　　　　　　　　　　(b)

图 10-15　ϕ3.6m×8.8m PS 转炉（滇中有色）

（a）正视图；（b）侧视图

10.2.3　中铜凉山矿业股份有限公司 PS 转炉生产运行情况

　　凉山矿业股份有限公司 10 万吨阳极铜冶炼项目，冶炼生产系统工艺的核心技术是从澳大利亚引进的艾萨炉富氧顶吹浸没熔池熔炼工艺，后段为电炉沉降分离工艺、PS 转炉吹炼工艺、阳极炉精炼及圆盘自动浇铸工艺，部分关键设备系进口，全系统自动化程度高，该技术处于国际先进水平。同时，配套深冷分子筛制氧+变压吸附制氧工艺、锅炉回收烟气余热工艺、静电除尘工艺、两转两吸收 SO_2 烟气制酸工艺、蒸汽余热发电工艺等。工艺流程如图 10-16 所示，PS 转炉操作参数见表 10-9，中铜凉山矿业 PS 转炉吹炼厂房内生产环境状况，如图 10-17 所示。

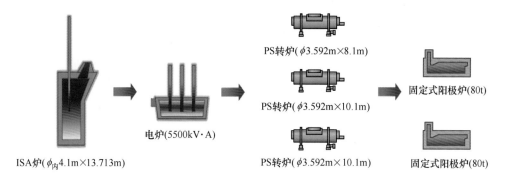

图 10-16 工艺流程（凉山矿业）

表 10-9 PS 转炉操作参数（凉山矿业）

序号	名 称	单 位	参 数	备 注
1	转炉数量	台	3	
2	转炉炉型		筒球形	卧式
3	转炉外壳尺寸	m×m	ϕ3.592×8.1 ϕ3.592×10.1	1 台 2 台
4	炉口尺寸	mm×mm	1520×2070	
5	风眼内径×间距	mm×mm	ϕ50×152	
6	风眼个数	个	34 40	1 台 2 台
7	风口水平距离炉体中心线	mm	840	
8	风口鼓风强度	$m^3/(cm^2 \cdot min)$	0.56	
9	工作天数	d/a	理论上 365	取决 ISA 炉
10	处理铜锍量	t/a	200000	$w(Cu)=53\%\sim57\%$
11	处理外购粗铜	t/a	50000	$w(Cu)\geqslant98\%$
12	处理自产残极、废铜料	t/a	0	
13	操作模式		3H2B	
14	转炉操作炉次	炉次/d	6	
15	造渣期送风量（标态）	m^3/h	23000	$\varphi(O_2)=24\%\sim26\%$
16	造铜期送风量（标态）	m^3/h	23500	$\varphi(O_2)=21\%\sim23\%$

序号	名　称	单位	参数	备注
17	送风时率	%	78~80	
18	送制酸烟气量（标态）	m³/h	90000	造渣和造铜
19	SO₂ 浓度	%	8~13	
20	粗铜产量	t/a	111500	$w(\mathrm{Cu}) \geqslant 99.2\%$
21	粗铜综合能耗	kgce/t	160	含冷粗铜

(a)   (b)

图 10-17   中铜凉山矿业 PS 转炉吹炼厂房内生产环境状况

（a）转炉正视图；（b）厂区俯视图

10.3   PS 转炉吹炼与澳斯麦特熔炼工序匹配运行状况

1998 年我国引进澳斯麦特（Ausmelt）熔炼和吹炼技术在中条山侯马铜冶炼厂建成投产（已停产），目前，我国采用澳斯麦特（Ausmelt）熔炼+PS 转炉吹炼+回转式阳极炉精炼工艺的生产线共 4 条。

10.3.1   铜陵金冠铜业澳炉厂 PS 转炉生产运行情况

该澳斯麦特炉熔炼+PS 转炉吹炼+回转式阳极炉精炼示范厂于 2018 年 5 月建成投产，3 台转炉采用 2H1B 操作模式组织生产，2021 年矿产粗铜 18.7 万吨/年，处理粗铜锭 3.45 万吨/年、残极 3.49 万吨/年；PS 转炉吹炼铜锍品位 58%~59%，单炉产出粗铜 250~260t。工艺流程如图 10-18 所示，PS 转炉规格参数见表 10-10，铜陵金冠铜业澳炉厂 PS 转炉吹炼厂房内生产环境状况，如图 10-19 所示。

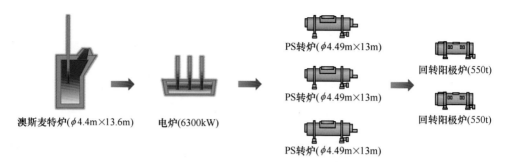

图 10-18　工艺流程图（铜陵金冠铜业澳炉厂）

表 10-10　PS 转炉操作参数（铜陵金冠铜业澳炉厂）

序号	名　称	单　位	参　数	备　注
1	转炉数量	台	3	
2	转炉炉型		筒球形	卧式
3	转炉外壳尺寸	m×m	ϕ4.49×13	3 台
4	炉口尺寸	mm×mm	2850×2350	
5	风眼内径×间距	mm×mm	ϕ50×152	
6	风眼个数	个	64	单台
7	风口水平距离炉体中心线	mm	1000	
8	风口鼓风强度（标态）	$m^3/(cm^2 \cdot min)$	0.59	
9	工作天数	d/a	理论上 365	取决澳斯麦特炉
10	处理铜锍量	t/a	318100	$w(Cu)=58.72\%$
11	处理外购粗铜	t/a	34500	$w(Cu)=98.23\%$
12	处理自产残极、废铜料	t/a	34900	$w(Cu)=99.3\%$
13	操作模式		2H1B	
14	转炉操作炉次	炉次/d	4	
15	造渣期送风量（标态）	m^3/h	40000~41500	$\varphi(O_2)=23.5\%\sim25\%$
16	造铜期送风量（标态）	m^3/h	44000~45000	$\varphi(O_2)=22\%\sim23\%$
17	送风时率	%	88	
18	送制酸烟气量（标态）	m^3/h	90000	造渣和造铜
19	SO_2 浓度	%	8~13	
20	粗铜产量	t/a	256000	$w(Cu)\geqslant99.3\%$
21	粗铜综合能耗	kgce/t	92	含冷粗铜残极

(a)   (b)

图 10-19   铜陵金冠铜业澳炉厂（3 台 φ4.49m×13m，2H1B）
(a) 正视图；(b) 侧视图

10.3.2   中色大冶有色冶炼厂 PS 转炉生产运行情况

大冶冶炼厂是 20 世纪 50 年代苏联援建 156 个项目之一，经历多次改扩建，现在规模年矿产粗铜 30 万吨，现有 5 台 φ4.0m×11.7m PS 转炉吹炼铜锍品位 55%，4H3B 操作模式，3 台转炉鼓风机送风，从炉口加冷料、冷铜料、残极、出渣和出粗铜，转炉频次高，固定环保烟罩破损严重，吊铜锍和吹炼渣包（7m³）、粗铜包（4.5m³）偏小，吊运频繁，导致吹炼主厂房内无组织 SO₂ 烟气逸散量大，厂房没有密封，捕集厂房内逸散的无组织 SO₂ 烟气效果不佳，外逸出吹炼主厂房污染周边环境。

大冶冶炼厂目前正在生产的 φ内 5.0m×16.5m 澳斯麦特富氧顶吹炉系统协同处理废电路板（6 万吨）、含铜污泥（2 万吨）、铜精矿等混合炉料，自主开发了行业内独特的技术：(1) 废电路板清洁破碎喷雾捕集技术；(2) 铜精矿协同熔炼处置废电路板技术；(3) 废电路板熔炼烟气二噁英清洁调控技术。针对该企业铜精矿可混搭处理废电路板（6 万吨）和含铜污泥（2 万吨）的独特性，以及 PS 转炉高强脱杂能力、与澳斯麦特炉熔炼的适配性，PS 转炉进行升级改造具体措施如下：

(1) 将转炉吹炼品位铜锍由 56% 提高至 62%~65%。

(2) 现在 4H3B 操作模式改为 3H2B 操作模式组织生产，拆除 1 台 PS 转炉。

(3) 吹炼主厂房进行加固、加高，并全部密封，吊车轨顶标高由 17.50m 加高至 19.50m，将现有的 50t/20t 吊车改为 75t/20t，铜锍包由现在 7m³ 增大到 9m³，粗铜包由现在 4.5m³ 增大到 6m³。

（4）4台 ϕ4.0m×11.7m PS转炉配置冷料、冷铜、熔剂自动加料装置。

（5）新建1套（标态）400000m³/h转炉环集烟气离子液脱硫系统，处理改造后的固定和对开式环集烟罩捕集250000m³/h烟气，以及吹炼厂房内逸散的无组织SO₂烟气由全封闭厂房引流到集烟天沟后，再通过顶部环集集烟口收集150000m³/h烟气。

（6）改造转炉密封烟罩、余热锅炉、球形烟道、钟罩阀、电收尘器，降低系统漏风率，减少送制酸烟气量，满足运行1套三系列制酸系统（≤270000m³/h）条件，关停现有四系列制酸系统（160000m³/h），实现减排目标。

（7）对现有硫酸三系列进行升级改造，采用高浓度转化工艺，增加低温位热回收系统，回收低压蒸汽56t/h。

（8）吹炼系统智能化（图10-20、图10-21）。

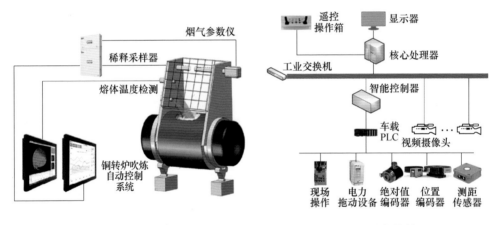

图10-20 转炉吹炼终点判断系统　　　　图10-21 吊车控制原理

经过上述措施对现有4台 ϕ4.0m×11.7m PS转炉进行升级改造，维持年矿产粗铜30万吨规模不变，PS转炉升级改造后的技术参数见表10-11。

表10-11　PS转炉升级改造后的技术参数

序号	名称	单位	参数	备注
1	转炉数量	台	4	
2	转炉炉型		筒球形	卧式
3	转炉外壳尺寸	m×m	ϕ4.0×11.7	
4	炉口尺寸	mm×mm	2700×2300	
5	风眼内径×间距	mm×mm	ϕ50×152	
6	风眼个数	个	54	

序号	名称	单位	参数	备注
7	风口鼓风强度（标态）	$m^3/(cm^2 \cdot min)$	0.56	
8	工作天数	d/a	330	
9	处理铜锍量	t/a	476889	$w(Cu) = 62\%$
10	处理外购粗铜	t/a	40000	$w(Cu) = 98.23\%$
11	处理自产残极、废铜料	t/a	60625	$w(Cu) = 99.3\%$
12	操作模式		3H2B	
13	转炉操作炉次	炉次/d	8	
14	造渣期送风量（标态）	m^3/h	32000	$\varphi(O_2) = 26\%$
15	造铜期送风量（标态）	m^3/h	33000	$\varphi(O_2) = 24\%$
16	送风时率	%	72	
17	送制酸烟气量（标态）	m^3/h	128298	造渣和造铜
18	SO_2 浓度	%	8.52	平均
19	粗铜产量	t/a	392187	$w(Cu) \geqslant 99\%$
20	矿产粗铜综合能耗	kgce/t	113.27	
21	粗铜综合能耗	kgce/t	83.55	含冷粗铜、残极

升级改造现有 4 台 $\phi4.0m \times 11.7m$ PS 转炉的优势在于匹配澳斯麦特炉处理废线路板和含铜污泥在转炉吹炼过程能更好脱除杂质元素，与热态铜锍连续吹炼技术比能多处理 4 万吨冷粗铜锭，节约天然气量（标态）120 万立方米/年；转炉吹炼产出的粗铜品位可达 99.2%，比连续吹炼产出的粗铜品位高出 0.4% ~ 0.8%；Fe、As、Sb、Bi 等杂质含量低，粗铜含硫低（约 0.03%），同时，转炉吹炼所产粗铜氧含量基本控制在 0.5% 左右，阳极炉可进行无氧化带硫还原作业，而连续吹炼产出的粗铜含硫偏高（0.2% ~ 0.7%），阳极炉精炼需进行预氧化脱硫作业，阳极炉精炼处理转炉产出的粗铜同比连续吹炼产出的粗铜每炉次减少 1 ~ 2h 的氧化作业时间，节约 $460m^3/h$ 的天然气（标态）和 800 ~ 1000m^3/h 的氧气（标态），转炉相对连续吹炼产出 39.2 万吨粗铜进行火法精炼节约天然气量（标态）40 万立方米/年；合计节约天然气量（标态）160 万立方米/年。折合节约标煤 2128t/a，减少 CO_2 排放量 3092t/a。工艺流程如图 10-22 所示。

　　PS 转炉升级改造后，从源头治理减少吹炼厂房内逸散的无组织 SO_2 烟气量（标态）30% 以上，同时加强环集烟罩和密封厂房房顶的环集烟气捕集，可避免烟气外逸到厂房周边地区和居民区造成环境污染风险；转炉固定烟罩和对开烟罩

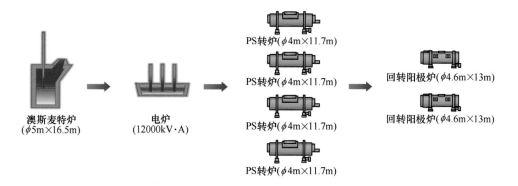

图 10-22　工艺流程（大冶有色）

捕集环集烟气量（标态）250000m³/h，密封吹炼厂房房顶捕集环集烟气量（标态）150000m³/h，总计送离子液脱硫环集烟气量（标态）400000m³/h；脱硫效率≥95%，排放尾气 SO₂ 浓度（标态）≤80mg/m³，NOₓ 排放浓度（标态）≤100mg/m³，颗粒物含量（标态）≤10mg/m³，均低于《铜、镍、钴工业污染物排放标准》（GB 25467—2010）修订单中规定的特别排放限值，满足排放要求。PS 转炉升级改造效果，如图 10-23 所示。

图 10-23　PS 转炉升级改造效果图（大冶有色）

10.3.3　新疆五鑫铜业有限责任公司 PS 转炉生产运行情况

　　新疆五鑫铜业有限责任公司（简称"五鑫铜业"）成立于 2009 年 8 月 7 日，2010 年 4 月开工建设 100kt/a 铜冶炼项目，2015 年投产。工艺流程如图 10-24 所示，PS 转炉操作参数见表 10-12，PS 转炉吹炼厂房内生产环境状况，如图 10-25 所示。

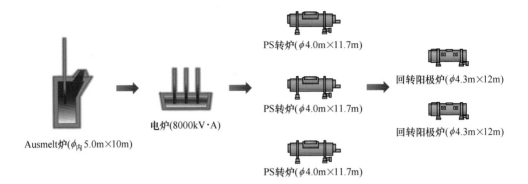

图 10-24　工艺流程（新疆五鑫）

表 10-12　PS 转炉操作参数（新疆五鑫）

序号	名称	单位	参数	备注
1	转炉数量	台	3	
2	转炉炉型		筒球形	卧式
3	转炉外壳尺寸	m×m	$\phi4.0×11.7$	3 台
4	炉口尺寸	mm×mm	2800×2300	
5	风眼内径×间距	mm×mm	$\phi50×152$	
6	风眼个数	个	54	单台
7	风口水平距离炉体中心线	mm	960	
8	风口鼓风强度（标态）	$m^3/(cm^2 \cdot min)$	0.55	
9	工作天数	d/a	312	
10	处理铜锍量	t/a	200000	$w(Cu)=50\%$
11	处理外购粗铜	t/a	20000	$w(Cu)\geqslant98\%$
12	处理自产残极、废铜料	t/a	55000	$w(Cu)\geqslant99.3\%$
13	操作模式		炉交换	
14	转炉操作炉次	炉次/d	3.36	
15	造渣期送风量（标态）	m^3/h	28000~30000	$\varphi(O_2)=22\%~23\%$
16	造铜期送风量（标态）	m^3/h	27000~29000	$\varphi(O_2)=21\%~22\%$
17	送风时率	%	80	
18	送制酸烟气量（标态）	m^3/h	60000	造渣或造铜
19	SO_2 浓度	%	7~13	
20	粗铜产量（不含自产残极）	t/a	150000	$w(Cu)\geqslant99\%$
21	粗铜综合能耗	kgce/t	213	含残极

图 10-25　PS 转炉吹炼厂房内生产环境状况（新疆五鑫）

10.4　PS 转炉吹炼与氧气底吹熔炼工序匹配运行状况

我国自主研发的氧气底吹熔炼技术于 2008 年成功应用于工业化生产，采用氧气底吹熔炼+PS 转炉吹炼+阳极炉精炼工艺的冶炼厂有 5 座；有 1 座应用于黄金冶炼，有 1 座因金融不善导致半停产状态，有 3 座在运行。

10.4.1　易门铜业有限公司 PS 转炉生产运行情况

1993 年 2 月动工建设，1995 年点火试生产，易门铜业鼓风炉工艺投入生产，设计规模为年产粗铜 1 万吨，硫酸 2 万吨，经过不断摸索，工艺指标不断稳定、逐步优化。2006 年易门铜在原有的 1 号鼓风炉的基础上，新增一台 12.5m² 的铜冶炼密闭鼓风炉，实施第一次技改，粗铜产量规模达到 3.5 万吨。2010 年，随着国务院下发的《关于进一步加强淘汰落后产能工作的通知》，工艺升级迫在眉睫，易门铜业立即开展考察对国内同行业先进熔炼工艺进行比对分析论证。最终确定以富氧底吹熔池熔炼工艺取代原有的鼓风炉熔炼工艺。2012 年终取得云南铜业 5 万吨中试基地技改项目改造，2013 年实施云铜冶炼中试基地技改项目，于 2014 年 4 月 5 万吨中试基地技改项目建成投产，采用底吹炉（炉外分离）工艺，粗铜年产 5 万吨，硫酸年产 21 万吨。2016 年建设环保高效清洁化生产改造项目，于 2017 年 4 月 17 日 10 万吨粗铜环保高效技改项目建成，并一次性投产成功，将底吹熔炼炉从 13.5m 加长至 20.5m，将炉体炉外分离改为炉内分离，通过改革创新，技术升级创新，生产规模扩能至年产粗铜 10 万吨，硫酸 42 万吨，一台底吹炉（ϕ4.2m × 20.5m），两台 80t 转炉（ϕ3.68m × 10m）。工艺流程如图 10-26 所示。PS 转炉操作参数见表 10-13。

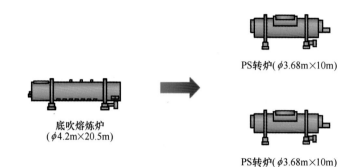

底吹熔炼炉
(ϕ4.2m×20.5m)

PS转炉(ϕ3.68m×10m)

PS转炉(ϕ3.68m×10m)

图 10-26   工艺流程（易门铜业）

表 10-13   PS 转炉操作参数（易门铜业）

序号	名称	单位	参数	备注
1	转炉数量	台	2	
2	转炉炉型		筒球形	卧式
3	转炉外壳尺寸	m×m	ϕ3.68×10	2 台
4	炉口尺寸	mm×mm	3360×2300	
5	风眼内径×间距	mm×mm	ϕ50×152	
6	风眼个数	个	46	单台
7	风口水平距离炉体中心线	mm	960	
8	风口鼓风强度（标态）	m³/(cm²·min)	0.50	
9	工作天数	d/a	理论上 365	取决底吹炉
10	处理铜锍量	t/a	114000	$w(Cu)=73.5\%$
11	处理外购粗铜	t/a	0	
12	处理自产残极、废铜料	t/a	0	
13	操作模式		1H1B	
14	转炉操作炉次	炉次/d	4	
15	造渣期送风量（标态）	m³/h	24500~27000	$\varphi(O_2)=20\%\sim22\%$
16	造铜期送风量（标态）	m³/h	24500~27000	$\varphi(O_2)=20\%\sim22\%$
17	送风时率	%	60	
18	送制酸烟气量（标态）	m³/h	45000	造渣或造铜
19	SO₂ 浓度	%	10~12	
20	粗铜产量	t/a	84000	$w(Cu)\geqslant99\%$
21	粗铜综合能耗	kgce/t	151.761	

易门铜业冶炼工艺流程为富氧底吹炉熔炼+PS 转炉吹炼，底吹炉直接产出品位（70%~75%）铜锍，通过 6m³ 铜锍包、运输小车、50t 桥式起重机转运至 PS 转炉吹炼。结合底吹炉入炉原料、生产负荷，吹炼阶段由一台 PS 转炉即可满足生产需求，生产过程具体作业方式如下：

转炉进料三包熔融铜锍约 50~60t，加入第一批冷料 13~15t 送风吹炼 40min，停风转至 65°进第四包热料（20~23t）作业时间 15min，作业完成后继续送风吹炼 60min，停风转至 65°进第五包热料（20~23t）和二批冷料 12~13t 作业时间 20min，单炉次总进料量 120~130t。作业完成后继续送风吹炼 140min 至出粗铜。过程根据吹炼情况从炉顶分批次加入石英石，单炉次加入量为 1~2t/炉。停风转至 65°分两次从炉口滗出表层氧化渣至浇铸场地浇铸成块，作业时间约 30min。滗渣结束后分 8 次从炉口倒出炉内粗铜液经电动平车运输至浇铸场地浇铸作业时间 90min。作业完成清理风眼继续加料至下一炉次吹炼，转炉生产模式，如图 10-27 所示。

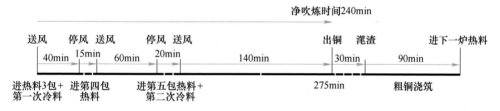

图 10-27　转炉生产模式

转炉生产用风氧气浓度 20%~22%，烟气 SO₂ 浓度 10%~12%。

转炉检修：转炉检修作业主要包含常规检查和耐火材料更换两部分，根据系统运行情况系统每月组织一次月度检修，月度检修主要对集烟罩维护和管道清灰及附属设备检查维护。耐火材料检修为每两月局部挖补风眼区耐火材料，每一年拆除、重新砌筑筒体耐火材料。每两年大修一次，拆除筒体和端墙耐火材料。平均年度送风时率 55%~60%。

10.4.2　山西北方铜业有限公司垣曲冶炼厂 PS 转炉生产运行情况

山西北方铜业有限公司垣曲冶炼厂隶属于山西北方铜业有限公司，筹建于 1966 年 4 月，采用鼓风炉熔炼+PS 转炉吹炼+反射炉精炼工艺；投产于 1970 年 10 月，位于山西省运城市垣曲县闫家池（新城镇西峰山村）。为淘汰落后工艺、推进节能减排，垣曲冶炼厂于 2011 年 3 月 31 日停炉进行年处理 50 万吨/年多金属矿综合捕集回收技术改造工程，2014 年 5 月改造完成正式投入生产，冶炼系统采用"富氧底吹熔池熔炼+转炉吹炼+阳极炉精炼"工艺；主要铜原料为铜精矿。2021 年粗铜产量为 13.25 万吨，阳极铜产量为 15.48 万吨。工艺流程如

图 10-28 所示，PS 转炉操作参数见表 10-14。

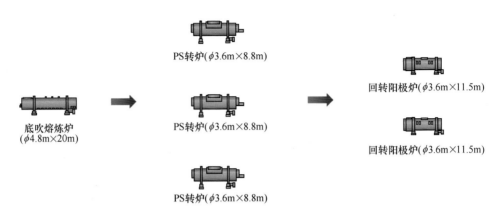

图 10-28　工艺流程（垣曲冶炼厂）

表 10-14　PS 转炉操作参数（垣曲冶炼厂）

序号	名称	单位	参数	备注
1	转炉数量	台	3	
2	转炉炉型		筒球形	卧式
3	转炉外壳尺寸	m×m	$\phi3.6×8.8$	3 台
4	炉口尺寸	mm×mm	1520×2070	
5	风眼内径×间距	mm×mm	$\phi48×152$	
6	风眼个数	个	34	单台
7	风口水平距离炉体中心线	mm	830	
8	风口鼓风强度（标态）	$m^3/(cm^2 \cdot min)$	0.50	
9	工作天数	d/a	理论上 365	取决底吹炉
10	处理铜锍量	t/a	186100	$w(Cu)=73.2\%$
11	处理外购粗铜	t/a	8500	$w(Cu)\geqslant98\%$
12	处理自产残极、废铜料	t/a	23000	$w(Cu)\geqslant99.3\%$
13	操作模式		2H1B	
14	转炉操作炉次	炉次/d	6	
15	造渣期送风量（标态）	m^3/h	20000~230000	$\varphi(O_2)=22\%\sim23\%$
16	造铜期送风量（标态）	m^3/h	20000~23000	$\varphi(O_2)=22\%\sim23\%$
17	送风时率	%	91	
18	送制酸烟气量（标态）	m^3/h	150000	造渣或造铜
19	SO_2 浓度	%	6~7	
20	粗铜产量	t/a	167500	$w(Cu)\geqslant99\%$
21	粗铜综合能耗	kgce/t	133.39	含冷粗铜、残极

10.4.3 五矿铜业（湖南）有限公司 PS 转炉生产运行情况

五矿铜业（湖南）有限公司成立于 2013 年 10 月 31 日，地址位于湖南省常宁市水口山镇，年产阴极铜 10 万吨，主要采用 SKS 炉熔炼+PS 转炉吹炼+回转式阳极炉精炼，再通过大板不锈钢湿法电解提纯，产出 A 级阴极铜。2021 年 PS 转炉粗铜产量 12.9 万吨，阳极炉产阳极板 12.2 万吨。工艺流程如图 10-29 所示，PS 转炉操作参数见表 10-15，PS 转炉吹炼厂房内生产环境状况，如图 10-30 所示。

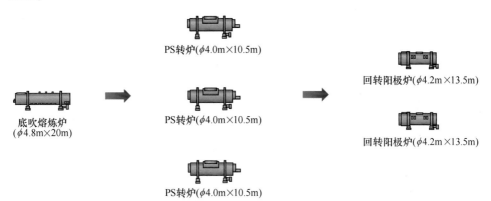

图 10-29 工艺流程（五矿铜业）

表 10-15 PS 转炉操作参数（五矿铜业）

序号	名称	单位	参数	备注
1	转炉数量	台	3	
2	转炉炉型		筒球形	卧式
3	转炉外壳尺寸	m×m	$\phi 4.0 \times 10.5$	3 台
4	炉口尺寸	mm×mm	1940×2700	
5	风眼内径×间距	mm×mm	$\phi 50 \times 152$	
6	风眼个数	个	48	单台
7	风口水平距离炉体中心线	mm	960	
8	风口鼓风强度（标态）	$m^3/(cm^2 \cdot min)$	0.53	
9	工作天数	d/a	理论上 365	取决底吹炉
10	处理铜锍量	t/a	190000	$w(Cu)=58\%$
11	处理外购粗铜	t/a	0	$w(Cu)\geqslant 98\%$
12	处理自产残极、废铜料	t/a	19000	$w(Cu)\geqslant 99.3\%$
13	操作模式		3H2B	

序号	名称	单位	参数	备注
14	转炉操作炉次	炉次/d	6	
15	造渣期送风量（标态）	m³/h	20000~23000	$\varphi(O_2)=22\%\sim23\%$
16	造铜期送风量（标态）	m³/h	20000~23000	$\varphi(O_2)=22\%\sim23\%$
17	送风时率	%	90	
18	送制酸烟气量（标态）	m³/h	106600	造渣或造铜
19	SO_2 浓度	%	7~13	
20	粗铜产量	t/a	110200	$w(Cu)\geqslant99\%$
21	粗铜综合能耗	kgce/t	91.0	含残极

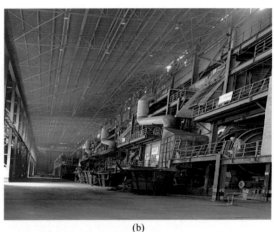

(a)   (b)

图 10-30 PS 转炉吹炼厂房内生产环境状况（五矿铜业）

(a) 正视图；(b) 侧视图

10.5 PS 转炉吹炼与双侧吹熔炼工序匹配运行状况

我国自主研发的双侧吹熔炼技术于 2009 年成功应用于工业化生产，采用双侧吹熔炼+PS 转炉吹炼+回转式阳极炉精炼工艺的冶炼厂有 4 座；有 1 座应用于黄金冶炼，有 3 座在运行。

10.5.1 赤峰金通铜业有限公司（铜陵集团）PS 转炉生产运行情况

赤峰金通铜业有限公司采用双侧吹熔炼+PS 转炉吹炼+回转式阳极炉精炼工艺的示范厂于 2020 年 10 月建成投产，3 台 PS 转炉吹炼采用 2H1B 操作模式组织生产，2021 年矿产粗铜 24.5 万吨/年，处理粗铜锭 4 万吨/年、残极 4.5 万吨/年，PS 转炉吹炼铜锍品位 60%~61%，单炉产出粗铜 260~270t。工艺流程如图

10-31 所示。PS 转炉规格参数见表 10-16。赤峰金通铜业有限公司 PS 转炉吹炼厂房内生产环境状况，如图 10-32 所示。

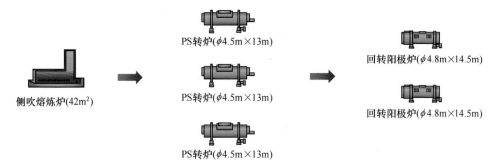

图 10-31　工艺流程图（赤峰金通）

表 10-16　PS 转炉操作参数（赤峰金通）

序号	名称	单位	参数	备注
1	转炉数量	台	3	
2	转炉炉型		筒球形	卧式
3	转炉外壳尺寸	m×m	φ4.5×13	
4	炉口尺寸	mm×mm	2800×2000	
5	风眼内径×间距	mm×mm	φ50×152	
6	风眼个数	个	64	单台
7	风口水平距离炉体中心线	mm	960	
8	风口鼓风强度（标态）	m³/(cm²·min)	0.59	
9	工作天数	d/a	理论上 365	取决双侧吹炉
10	处理铜锍量	t/a	375000	$w(Cu)=60\%$
11	处理外购粗铜	t/a	40000	$w(Cu)=98.23\%$
12	处理自产残极、废铜料	t/a	45000	$w(Cu)=99.3\%$
13	操作模式		2H1B	
14	转炉操作炉次	炉次/d	4	
15	造渣期送风量（标态）	m³/h	39000~43000	$\varphi(O_2)=24\%\sim25.5\%$
16	造铜期送风量（标态）	m³/h	43000~47000	$\varphi(O_2)=22\%\sim23\%$
17	送风时率	%	88~90	
18	送制酸烟气量（标态）	m³/h	84000	造渣或造铜
19	SO₂ 浓度	%	8~13	平均
20	粗铜产量	t/a	310000	$w(Cu)\geqslant99\%$
21	粗铜综合能耗	kgce/t	108.0	含冷粗铜、残极

(a) 　　　　　　　　　　　　　　　　(b)

图 10-32　赤峰金通铜业有限公司（3 台 φ4.5m×13m，2H1B）

（a）正视图；（b）侧视图

10.5.2　浙江江铜富冶和鼎铜业有限公司 PS 转炉生产运行情况

浙江江铜富冶和鼎铜业有限公司成立于 2011 年 2 月，由浙江富冶集团有限公司和江西铜业股份有限公司共同出资组建，位于浙江省杭州市富阳区新登工业功能区，和鼎铜业冶炼厂于 2013 年投产，主体工艺采用：侧吹熔池熔炼+PS 转炉吹炼+回转式阳极炉+不锈钢阴极电解。设计规模为 27 万吨/年阳极铜，2021 年 PS 转炉粗铜产量 32.7 万吨，工艺流程如图 10-33 所示，PS 转炉操作参数见表 10-17，PS 转炉吹炼厂房内生产环境状况，如图 10-34 所示。

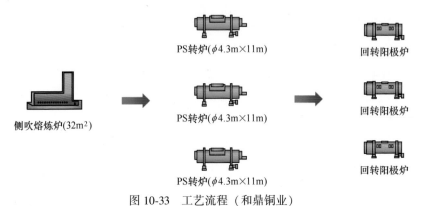

图 10-33　工艺流程（和鼎铜业）

表 10-17　PS 转炉操作参数（和鼎铜业）

序号	名称	单位	参数	备注
1	转炉数量	台	3	
2	转炉炉型		筒球形	卧式

序号	名称	单位	参数	备注
3	转炉外壳尺寸	m×m	φ4.3×11	3 台
4	炉口尺寸	mm×mm	2800×2350	
5	风眼内径×间距	mm×mm	φ50×152	
6	风眼个数	个	50	单台
7	风口水平距离炉体中心线	mm	9600	
8	风口鼓风强度（标态）	m³/(cm²·min)	0.60	
9	工作天数	d/a	理论上 365	取决双侧吹炉
10	处理铜锍量	t/a	339500	$w(Cu)=58.68\%$
11	处理外购粗铜	t/a	78000	$w(Cu)=98.23\%$
12	处理自产残极、废铜料	t/a	48200	$w(Cu)=99.3\%$
13	操作模式		3H2B	
14	转炉操作炉次	炉次/d	6	
15	造渣期送风量（标态）	m³/h	38000	$\varphi(O_2)=25\%$
16	造铜期送风量（标态）	m³/h	38000	$\varphi(O_2)=23\%$
17	送风时率	%	80	
18	送制酸烟气量（标态）	m³/h	140000	造渣或造铜
19	SO₂ 浓度	%	8~10	
20	粗铜产量	t/a	327100	$w(Cu)\geqslant99\%$
21	粗铜综合能耗	kgce/t	125.53	含冷粗铜、残极

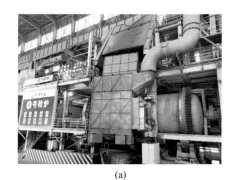
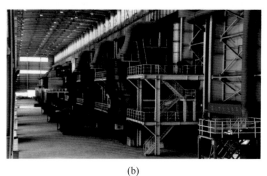

(a)　　　　　　　　　　　　　　　　　(b)

图 10-34　PS 转炉吹炼厂房内生产环境状况（和鼎铜业）

（a）正视图；（b）侧视图

10.5.3　吉林紫金铜业有限公司 PS 转炉生产运行情况

吉林紫金铜业有限公司系紫金矿业集团股份有限公司的全资子公司，成立于 2016 年 12 月，位于吉林省珲春市边境经济合作区，珲春紫金铜冶炼厂于 2015 年

10 月 13 日建成投产，主体工艺采用：侧吹熔池熔炼+PS 转炉吹炼+回转式阳极炉+永久不锈钢阴极电解。2021 年 PS 转炉粗铜产量 13.9 万吨。工艺流程如图 10-35 所示，PS 转炉操作参数见表 10-18，PS 转炉吹炼厂房内生产环境状况，如图 10-36 所示。

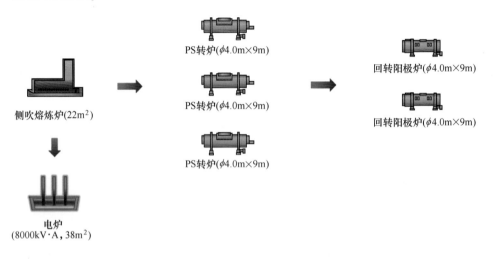

图 10-35　工艺流程（吉林紫金铜业）

表 10-18　PS 转炉操作参数（吉林紫金铜业）

序号	名称	单位	参数	备注
1	转炉数量	台	3	
2	转炉炉型		筒球形	卧式
3	转炉外壳尺寸	m×m	φ4.0×9	3 台
4	炉口尺寸	mm×mm	2240×1840	
5	风眼内径×间距	mm×mm	φ50×152	
6	风眼个数	个	43	单台
7	风口水平距离炉体中心线	mm	1000±0.5	
8	风口鼓风压力	kPa	100~120	
9	工作天数	d/a	理论上 365	取决双侧吹炉
10	处理铜锍量	t/a	210000	$w(Cu)=55\%~56\%$
11	处理外购粗铜	t/a	20000	$w(Cu)=99\%$
12	处理自产残极、废铜料	t/a	26000	$w(Cu)=99.5\%$
13	操作模式		2S2B	
14	转炉操作炉次	炉次/d	4	
15	造渣期送风量（标态）	m³/h	28000~30000	$\varphi(O_2)=23.5\%$

序号	名称	单位	参数	备注
16	造铜期送风量（标态）	m³/h	28000~30000	$\varphi(O_2)=23.5\%$
17	送风时率	%	92	
18	送制酸烟气量（标态）	m³/h	50000~60000	造渣或造铜
19	SO₂ 浓度	%	12~15	
20	粗铜产量	t/a	178000	$w(Cu)\geqslant98.5\%$
21	粗铜综合能耗	kgce/t	96	含外购粗铜

(a) (b)

图 10-36 PS 转炉吹炼厂房内生产环境状况（吉林紫金铜业）

(a) 正视图；(b) 侧视图

目前，我国采用 PS 转炉吹炼的铜冶炼厂超过 21 条生产线，转炉规格大小各异，使用台数也各不相同，总的趋势是在往大转炉发展，使用台数尽可能 3 台或 4 台，组织生产操作模式尽可能采用 2H1B，考虑到生产规模、处理冷料和炉子规格等因素，部分企业采用 3H2B 操作模式组织生产。处理铜锍品位从以前的 55%~58% 提高到 60%~62%，有些企业甚至高达 73%，在规模不变情况下，吹炼高品位铜锍可以减少处理铜锍量，减少铜锍包吊运和摇炉次数，有利于减少炉口逸散无组织 SO₂ 烟气，防治污染物扩散。总之，PS 转炉吹炼技术成熟，匹配性好，除杂能力强，可处理大量冷铜料，具有生产成本低的优势。国内几家大型铜企业仍使用 PS 转炉吹炼技术，并且在 PS 转炉吹炼过程产生低空污染的防治方面采取了许多有效措施，取得很好的治理效果。

11 PS转炉吹炼的优势及防治污染措施

11.1 PS转炉吹炼的优势

PS转炉吹炼工艺因其处理量大、熔体搅拌强烈，反应速度快，氧利用率高、可充分利用铁、硫等反应热，不需外加燃料、单位体积热强度大并处理大量废杂冷料（粗铜、残极、杂铜）等优势，目前在世界上仍广泛应用于铜锍吹炼，国外PS转炉吹炼粗铜产能占比83.2%以上。

11.1.1 搭配灵活

PS转炉吹炼对熔炼工序有着极强的适应性，对熔炼工序的炉型选择没有限制，不管是悬浮熔炼的闪速炉，还是熔池熔炼的澳斯麦特炉、艾萨炉、特尼恩特炉、诺兰达炉、底吹熔炼炉、瓦纽科夫炉和双侧吹熔炼炉等熔炼工序，均表现出良好的匹配性。我国PS转炉吹炼匹配熔炼工艺的企业见表11-1。

表 11-1 我国PS转炉吹炼匹配熔炼工艺的企业

序号	企业名称	PS转炉规格/m×m	工艺	备注
1	贵溪冶炼厂	$\phi4.0\times11.7$ $\phi4.5\times13$	闪速熔炼+PS转炉吹炼+回转阳极炉精炼	1期6台 2期3台
2	铜陵金隆铜业有限公司	$\phi4.0\times13.6$ $\phi4.3\times13$	闪速熔炼+PS转炉吹炼+回转阳极炉精炼	3台 1台
3	紫金铜业有限公司	$\phi4.5\times13$	闪速熔炼+PS转炉吹炼+回转阳极炉精炼	3台
4	金川集团铜业有限公司	$\phi4.1\times11.7$ $\phi3.6\times11.1$	合成炉熔炼+PS转炉吹炼+回转阳极炉精炼	3台 1台
5	白银有色集团股份有限公司铜业公司	$\phi4.5\times13$	闪速熔炼+PS转炉吹炼+回转阳极炉精炼	3台
6	铜陵金冠铜业澳斯麦特炉厂	$\phi4.49\times13$	澳斯麦特熔炼+PS转炉吹炼+回转阳极炉精炼	3台
7	大冶有色金属有限责任公司	$\phi4.0\times11.7$	澳斯麦特熔炼+PS转炉吹炼+回转阳极炉精炼	5台
8	新疆五鑫铜业有限责任公司	$\phi4.0\times11.7$	澳斯麦特熔炼+PS转炉吹炼+回转阳极炉精炼	3台

序号	企业名称	PS 转炉规格/m×m	工艺	备注
9	葫芦岛宏跃北方铜业有限责任公司	$\phi 3.2 \times 8.1$ $\phi 3.2 \times 8.4$ $\phi 3.6 \times 9.75$	澳斯麦特熔炼+PS 转炉吹炼+回转阳极炉精炼	1 台 2 台 1 台
10	中铜云南铜业股份有限公司西南铜业	$\phi 4.0 \times 11.7$	艾萨熔炼+PS 转炉吹炼+回转阳极炉精炼	3 台
11	中铜楚雄滇中有色金属有限责任公司	$\phi 3.62 \times 8.1$ $\phi 3.6 \times 8.8$	艾萨熔炼+PS 转炉吹炼+反射炉精炼	2 台 1 台
12	中铜凉山矿业股份有限公司	$\phi 3.592 \times 10.1$ $\phi 3.592 \times 8.1$	艾萨熔炼+PS 转炉吹炼+反射炉精炼	2 台 1 台
13	赤峰金通铜业有限公司（铜陵）	$\phi 4.5 \times 13$	双侧吹熔炼+PS 转炉吹炼+回转阳极炉精炼	3 台
14	浙江江铜富冶和鼎铜业有限公司	$\phi 4.3 \times 11$	双侧吹熔炼+PS 转炉吹炼+回转阳极炉精炼	4 台
15	吉林紫金铜业有限公司	$\phi 4.0 \times 9$	双侧吹熔炼+PS 转炉吹炼+回转阳极炉精炼	3 台
16	中铜易门铜业有限公司	$\phi 3.68 \times 10$	氧气底吹熔炼+PS 转炉吹炼	2 台
17	五矿铜业（湖南）有限公司	$\phi 4.0 \times 10.5$	氧气底吹熔炼+PS 转炉吹炼+回转阳极炉精炼	3 台
18	山西北方铜业有限公司垣曲冶炼厂	$\phi 3.6 \times 8.8$	氧气底吹熔炼+PS 转炉吹炼+回转阳极炉精炼	3 台
19	安徽池州冠华冶炼厂	$\phi 3.6 \times 8.75$	氧气底吹熔炼+PS 转炉吹炼+反射炉精炼	3 台
20	巴彦淖尔市飞尚铜业有限公司	$\phi 3.6 \times 8.75$	氧气底吹熔炼+PS 转炉吹炼+反射炉精炼	3 台
21	山东恒邦股份	$\phi 3.6 \times 7.5$	氧气底吹熔炼+PS 转炉吹炼+反射炉精炼	3 台

11.1.2 作业制度灵活，生产稳定性好

转炉的作业制度可分为单炉作业、炉交换作业、期交换作业三种。现今转炉多采用期交换作业模式。按生产规模和吹炼铜锍品位配置 2H1B 或 3H2B 模式组织生产，两种作业制度日吹炼炉数达 4.4 炉或 6 炉。同时，其中一台转炉需炉衬挖补或更换时，可启用冷备炉替换，对上下游工序生产不造成影响，生产组织灵活可控。可有效应对突发检修，保证生产连续。

11.1.3 脱除杂质能力强，粗铜品质好，可降低阳极精炼生产成本

转炉铜锍吹炼是个强氧化过程，转炉配置送风管多，单位小时鼓风量大，炉

内熔体搅拌激烈，反应速率快，除杂能力强，粗铜品位高和含硫低，有利于阳极精炼工序作业。转炉吹炼产出的粗铜品位达 99.2%，比连续吹炼产出的粗铜品位高出 0.4%~0.8%；Fe、As、Sb、Bi 等杂质含量低，粗铜含硫低（约 0.03%），同时，转炉吹炼所产粗铜氧含量基本控制在 0.5% 左右，阳极炉可进行无氧化带硫还原作业，而连续吹炼产出的粗铜含硫偏高（0.2%~0.7%），阳极炉精炼需进行预氧化脱硫作业，阳极炉精炼处理转炉产出的粗铜同比连续吹炼产出的粗铜每炉次减少 1~2h 的氧化作业时间，节约 280~560m³/h 的天然气（标态）和 600~1200m³/h 的氧气。同时，当前粗铜精炼工艺多采用回转式阳极炉，其作业模式是与转炉相匹配的周期性作业，因此，采用转炉吹炼，可使两工序之间有效衔接，方便处理各项检修事宜。

11.1.4　处理冷粗铜、残极、杂铜能力大

PS 转炉铜锍吹炼过程是过热过程，除维持铜锍吹炼自身所需的热量，还有大量富裕热。造渣期处理含铜品位较低 30%~60% 的物料，主要为包壳、床下物、精炼渣以及其他杂料，通过造渣反应一并除去杂质。造铜期主要以残极、废阳极板、溜槽铜、大块粗铜为主，偶尔也会处理含铜 70% 以上的白铍。

总之，PS 转炉吹炼过程会产生无组织 SO_2 烟气逸散，只要防治措施得当，厂房密封并加以捕集进行脱硫处理，不会扩散到厂区周围农田和居民区，环境污染可控。

11.2　PS 转炉吹炼减排 CO_2 量显著

PS 转炉吹炼造铜期可处理大量冷粗铜、残极、杂铜，保留 PS 转炉吹炼对铜冶炼行业是非常有价值的，冷铜料（粗铜、残极、杂铜）单独熔化需要消耗 30~40m³/t 的天然气（标态），我国每年进口约 80 万吨的粗铜、杂铜等冷铜料大多数都加入 PS 转炉吹炼处理，节约天然气量 2400 万~3200 万立方米/年，价值约 0.77 亿~1.024 亿元，折合节约标煤 $3192×10^4$~$4256×10^4$ kgce/a，减少 CO_2 排放量 4.624 万~6.165 万吨/年。

2021 年我国典型 10 家铜冶炼厂的 PS 转炉处理外购粗铜和残极量见表 11-2。

表 11-2　我国典型 10 家铜冶炼厂 PS 转炉年处理外购粗铜和残极量

序号	企业名称	矿产粗铜 /万吨·年⁻¹	处理外购粗铜 /万吨·年⁻¹	处理残极 /万吨·年⁻¹
1	贵溪冶炼厂	50	16.58	15.91
2	铜陵金隆铜业有限公司	33	12.8	7.4
3	铜陵金冠铜业澳斯麦特炉厂	18.7	3.45	3.49

序号	企业名称	矿产粗铜 /万吨·年$^{-1}$	处理外购粗铜 /万吨·年$^{-1}$	处理残极 /万吨·年$^{-1}$
4	赤峰金通铜业有限公司（铜陵）	24.5	4.0	4.5
5	紫金铜业有限公司	25	9.48	5.2
6	金川集团铜业有限公司	20	6.5	8.0
7	白银有色集团股份有限公司铜业公司	17.7	0.4	4.1
8	大冶有色金属有限责任公司	30	5.5	4.5
9	浙江江铜富冶和鼎铜业有限公司	20	7.89	4.82
10	中铜云南铜业股份有限公司西南铜业	19	5.9	10.4
	合计	257.9	72.5	68.32

从表 11-2 可以看出，我国典型 10 家铜冶炼厂 PS 转炉吹炼生产矿产粗铜 257.9 万吨/年，在造铜期利用富裕热可熔化外购粗铜量 72.5 万吨/年和电解自产残极量 68.32 万吨/年，节约天然气量（标态）4224.6 万～5632.8 万立方米/年，价值约 1.35 亿～1.8 亿元，折合节约标煤 5.62 万～7.49 万吨/年，减少 CO_2 排放量 8.14 万～10.85 万吨/年。PS 转炉吹炼节能减排明显。

11.3　PS 转炉吹炼与连续吹炼的节能减排比较

2005 年我国最早引进闪速吹炼代替 PS 转炉吹炼工艺，2014 年我国自主开发了多枪顶吹吹炼和底吹吹炼，连续吹炼技术逐步推广应用。现在我国铜冶炼企业的吹炼工艺主要是 PS 转炉吹炼、闪速吹炼、多枪顶吹吹炼和底吹吹炼，4 种吹炼工艺处理冷铜和环集烟气对比见表 11-3。

表 11-3　四种吹炼工艺处理冷铜和环集烟气对比

序号	吹炼工艺	铜锍状态	处理外购粗铜	处理残极	环集烟气量（标态） /万立方米·h^{-1}
1	PS 转炉吹炼	热态（吊包）	量大	全部	30～60
2	闪速吹炼	冷态、磨碎	无	无	20～30
3	多枪顶吹吹炼	热态（流槽）	无	全部	10～20
4	底吹吹炼	热态（流槽）	少量铜米	全部	10～20

单台闪速吹炼炉矿产粗铜 40 万吨/年与 PS 转炉吹炼（参照贵冶、铜陵）对比，PS 转炉吹炼可处理 13.26 万吨/年粗铜锭和 12.73 万吨/年残极，节约天然气量（标态）779.7 万～1039.6 万立方米/年，价值约 2495 万～3326 万元，折合节约标煤 1.04 万～1.38 万吨/年，减少 CO_2 排放量 1.5 万～2.0 万吨/年。

单台多枪顶吹炉或氧气底吹炉矿产粗铜 30 万吨/年与 PS 转炉吹炼（参照贵冶、铜陵）对比，PS 转炉吹炼可处理 9.95 万吨/年粗铜锭和 9.55 万吨/年残极，多枪顶吹炉和氧气底吹炉由于操作原因，目前很难加入粗铜锭，只处理自产残极，PS 转炉吹炼与之相比可多处理 9.95 万吨/年粗铜锭节约天然气量（标态）298.5 万~398 万立方米/年，价值约 955.2 万~1273.6 万元，折合节约标煤 0.4 万~0.53 万吨/年，减少 CO_2 排放量 0.58 万~0.77 万吨/年。虽然 PS 转炉吹炼需要捕集更多的环集烟气进行脱硫处理，但在利用吹炼过程富裕热处理冷铜料上仍然存在显著优势，节能和碳减排明显。

11.4 PS 转炉吹炼产生低空污染因素分析

PS 转炉吹炼属于传统吹炼技术，已存在 100 多年，但 PS 转炉吹炼产生低空污染问题一直是个难题。导致低空污染主要因素如下：

（1）吊车吊包倒运铜锍、吹炼渣和粗铜逸散无组织 SO_2 烟气。PS 转炉吹炼过程需要用冶金起重吊车将熔炼产出铜锍吊包倒运从 PS 转炉炉口倒入，吹炼产生的炉渣倒入渣包用吊车吊往厂房空地放置后再用渣包车运往渣缓冷场，吹炼产生的粗铜倒入粗铜包用吊车吊往回转式阳极炉精炼，倒完铜锍和粗铜包空置在厂房内待料，这些倒料过程都会在厂房内逸散无组织 SO_2 烟气。起重机和包子大小决定倒运铜锍、吹炼渣和粗铜频次，倒运越频繁逸散无组织 SO_2 烟气会越多。

（2）间断作业。PS 转炉吹炼过程是周期作业，分造渣期和造铜期，根据生产规模和铜锍品位配置 PS 转炉规格大小。有配置 2 台 PS 转炉，一用一备，2S2B 操作模式；有配置 3 台 PS 转炉，二用一备，2H1B 操作模式；有配置 4 台 PS 转炉，三用一备，3H2B 操作模式；有配置 5 台 PS 转炉，四用一备，4H3B 操作模式。吹炼过程的铜锍、吹炼渣和粗铜都需要摇炉从炉口倒入和倒出，摇炉休风过程会在厂房内逸散无组织 SO_2 烟气。摇炉频次多，导致炉口喷溅、SO_2 烟气逸散增加。

（3）开停风操作不当导致外逸 SO_2 烟气。在开停风操作中，因人员操作水平参差不齐造成开停风时 SO_2 烟气外逸现象。

（4）残极加料口及熔剂溜槽上方密封不严导致外逸 SO_2 烟气。残极加料口及熔剂溜槽设置在密封烟罩两侧，直接从转炉炉口加入，如果密封不严，导致外逸 SO_2 烟气。

（5）环集烟罩密封性较差会造成 SO_2 烟气外逸。从炉口进铜锍、倒炉渣和粗铜过程，环集烟罩密封性较差，排烟管和环保烟管布置和走向不合理，管路比较长，沿程阻力大，管网压力不平衡，导致 SO_2 烟气外逸。

上述这些因素导致的无组织 SO_2 烟气逸散到主厂房内，没有很好捕集处理，影响吹炼厂房内作业环境，甚至逸散到主厂房外，向周围农田和居民区扩散，造成环境污染。

11.5　PS 转炉吹炼污染防治措施的完善途径

防控 PS 转炉吹炼过程逸散的无组织 SO_2 烟气扩散到厂区周围农田和居民区的环境污染风险，需要进一步采取污染防治措施的完善途径如下：

（1）从源头上减少吹炼厂房内无组织 SO_2 烟气逸散量，提高吹炼铜锍品位（≥62%），最优采用 2H1B 操作模式组织生产，达标是 3H2B 操作模式组织生产，淘汰 4H3B 操作模式组织生产；目标是减少铜锍调运频次，减少转炉使用台数和摇炉次数。

（2）吹炼厂房需采取全密封，捕集逸散到吹炼厂房顶部的无组织 SO_2 烟气送脱硫处理，目标是吹炼厂房无组织 SO_2 烟气不外逸。

（3）赋予 PS 转炉吹炼过程智能化，在线检测炉温、判断吹炼周期、吹炼终点，减少摇炉次数，目标是减少吹炼厂房内无组织 SO_2 烟气逸散。

（4）针对转炉吹炼间断作业、烟气量和烟气 SO_2 浓度波动大等特点，加强熔炼和吹炼烟气混气室与制酸匹配；转炉炉口与密封烟罩属于非全密封结构，密封不严直接影响烟气外逸情况。操作上定期对主排烟系统进行正压实验，对主排烟系统进行查漏堵漏工作，降低炉口排烟气系统的漏风率，保障排烟主系统的密封性和负压状况，最大限度发挥主排烟气系统能力。目标是避免正常吹炼过程中主烟气外逸到吹炼厂房顶部。

（5）建立全厂环集烟气监测预警系统，实时对厂房周边烟气进行监测，预警异常状况，提前提醒操作人员进行修正操作和采取措施，在排烟气系统不平衡时工序之间相互协调，降低负荷操作，目标是防止对大气产生污染，不会扩散到厂区周围农田和居民区。

（6）制定有效的转炉操作规定，避免进料过程中铜锍与底渣反应剧烈造成环集尾排超标的情况，有效减少转炉开停风过程中烟气逸散情况，目标是减少行车倒运铜锍过程中无组织 SO_2 烟气的逸散问题。

（7）优化转炉渣挂粗铜包子方式，将挂粗铜包子移至转炉安全坑内，利用转炉环集系统收集挂粗铜包子过程中逸散的 SO_2 烟气；转运铜锍、转炉渣等包子内壁会形成结壳，在未冷却下来时会一直处于冒烟状态，在主厂房内增加缓冷包子厢设施，需要冷却的包子放入缓冷包子厢内，收集逸散 SO_2 烟气，目标是减少主厂房内逸散 SO_2 烟气量。

11.6　案例分析

11.6.1　PS 转炉生产运行过程介绍

某公司澳斯麦特炉厂区共配有 3 台 ϕ4.49m×13m 转炉，两开一备，每台转炉设有 64 个风眼。铜锍经冶金行车配备的称重系统计量后通过冶金行车倒入转炉内，转炉通过侧面 64 个风眼向炉内送风，石英熔剂通过侧面的溜槽加入炉内，造渣结束后通过炉口排出炉渣，造铜结束后通过炉口排出粗铜。转炉渣经渣包倾翻平台倾倒至渣缓冷包内，倾倒至渣缓冷包内后运至渣缓冷场冷却，粗铜经冶金行车吊运至阳极炉内进行火法精炼。转炉产生的工艺烟气经余热锅炉回收余热，烟气降至 340℃ 左右，经球形烟道、鹅颈烟道后进入电收尘器除尘后，由高温排烟风机送制酸系统。余热锅炉和球形烟道烟尘全部返回熔炼精矿库。电收尘器收集的烟尘全部返回多金属车间回收利用。PS 转炉烟气在各个阶段位置的漏风率和收尘率见表 11-4。

表 11-4　PS 转炉理论漏风率和收尘率

项目	余热锅炉	球形烟道/沉尘室	电收尘器	管道阀门	排风机	全系统
漏风率/%	5	5	10	5	5	33.71
收尘效率/%	40	30	99.5	—	—	99.79
阻力/kPa	0.5	0.3	0.5	1.8	—	3.1

11.6.2　PS 转炉工艺生产参数

PS 转炉通过两次铜锍进料、两次添加石英熔剂、两次放渣、多次添加含铜冷料和单次出铜完成整个铜锍吹炼，整个吹炼周期分 S 期造渣（分 S1 和 S2）和 B 期造铜（分 B1 和 B2）两个阶段。PS 转炉运行工艺参数见表 11-5。

表 11-5　PS 转炉运行工艺参数

序号	名称	工艺参数	单位	备注
1	作业方式	期交换		2H1B
2	冶炼周期	350	min	
3	每炉铜锍装入量	285	t	分 2 批次装入
4	单炉出铜产量	250	t	平均值
5	转炉功率	132	kW	
6	送风时率	88	%	
7	转炉炉龄	1100	炉次	
8	S1 期送风时长	80	min	平均值
9	S1 期送风量（标态）	53000	m^3	平均值
10	S1 期氧浓	25	%	平均值
11	S2 期送风时长	60	min	平均值
12	S2 期送风量（标态）	41500	m^3	平均值

序号	名称	工艺参数	单位	备注
13	S2 期氧浓	23.5	%	平均值
14	B1 期送风时长	120	min	平均值
15	B1 期送风量（标态）	88500	m³	平均值
16	B1 期氧浓	23	%	平均值
17	B2 期送风时长	90	min	平均值
18	B2 期送风量（标态）	68500	m³	平均值
19	B2 期氧浓	22.7	%	平均值
20	S1 期备料时间	150	min	平均值
21	S1 期加熔剂时间	9~10	min	平均值
22	S2 期备料时间	80	min	平均值
23	单炉出渣时间	20	min	平均值
24	S2 期加熔剂时间	7~8	min	平均值
25	S 期加冷料	10	min	平均值
26	B 期加料时间	110	min	平均值
27	单炉出铜时间	60	min	平均值

11.6.3 PS 转炉生产实况

PS 转炉吹炼 S1 进料量在 185t 左右，需要装运 5 包铜锍起吹，PS 转炉吹炼 S2 进料量 100t 左右，需要装运 3 包铜锍，S1 放渣量 80t 左右，需要倒运 2 包渣，S2 放渣量 50t 左右，需要倒运 2 包渣，单炉出铜量 250t 左右，需要倒运 5 包粗铜。每包铜锍进料时长为 1~1.5min，每包渣放渣时长为 3min，每次放粗铜时长为 3min，每次直投含铜物料时长为 2min。进料、放渣及放铜作业前需提前打开炉前环集烟罩对开门，完全开启环集烟罩对开门耗时 1min，完全关闭环集烟罩对开门耗时 0.75min。

铜锍吹炼期产生 SO₂ 烟气通过密封烟罩、余热锅炉、电收尘器以及工艺管道送往硫酸工序制酸，放渣期、放铜期和直投期含铜物料整体烟气产生较少，基本由炉体两侧环集烟罩捕集，逸散至厂房内的烟气由厂房内顶部环集烟罩捕集。3~5min 内可将零星逸散的无组织 SO₂ 烟气捕集。转炉吹炼整个生产周期逸散的无组织 SO₂ 烟气最多的阶段是进料期铜锍包吊运过程以及空冷铜锍包，空冷铜锍包放置包厢内加以捕集，吊运过程中逸散的无组织 SO₂ 烟气，由全封闭厂房通过烟气引流至集烟天沟后，再通过顶部环集口集中收集烟气入排烟管道后送脱硫处理，10min 内厂房内烟气完成捕集。

11.6.4　PS 转炉铜锍吹炼时烟气收集情况

PS 转炉铜锍吹炼分为造渣期和造铜期。造渣期分为造渣 S1 期和造铜 S2 期，造渣 S1 期送风量（标态）为 40000m³/h，平均送风总量为 53000m³，氧气浓度为 25%，送风时长为 80min；造渣 S2 期送风量为 41500m³/h，平均送风总量为 41500m³，氧气浓度为 23.5%，送风时长为 60min。造铜期分为造铜 B1 期和造铜 B2 期，造铜 B1 期送风量为 44000m³/h，平均送风总量为 88500m³，氧气浓度为 23%，送风时长为 120min；造铜 B2 期送风量为 45000m³/h，平均送风总量为 68500m³，氧气浓度为 22.7%，送风时长为 90min。

铜锍吹炼期产生烟气全部经余热锅炉、球形烟道、鹅颈烟道、沉尘室及电收尘除尘后送往硫酸工序制酸。造渣期 SO_2 浓度在 11% 左右，造铜期 SO_2 浓度在 13% 左右。炉体两侧环集排烟管道阀门基本不开，吹炼作业转炉炉顶环集排烟管道阀门根据非作业转炉的状态灵活调节，若非作业转炉正处于进料阶段，作业转炉炉顶环集排烟管道阀门开启 50%，及时将厂房内铜锍包逸散的无组织 SO_2 烟气捕集。

结论：铜锍吹炼时，工艺管道锅炉钟罩阀门开启 100%，炉体两侧环集排烟管道阀门关闭，顶部环集阀门根据厂房内烟气情况适度开启，铜锍吹炼时无烟气逸散至厂房内，未造成低空污染。

11.6.5　PS 转炉进料时烟气收集情况

PS 转炉进料时，铜锍包厢和 1 号转炉水平距离约为 45m（2 号转炉约为 65m，3 号转炉约为 85m），冶金行车从准备挂取包耳至将铜锍包吊运至安全高度耗时近 3min，冶金行车行驶至 1~3 号转炉进料口耗时近 2min，调整进料口角度耗时 1min（确保行车安全进入环集烟罩对开门内），转炉炉前环集烟罩对开门在冶金行车即将行驶至进料调整位前打开，环集烟罩对开门完全开启耗时 1min（环集烟罩对开门开启前，转炉炉体转至安全位 60°），每包铜锍倾倒至转炉内耗时约 1~1.5min，倒完铜锍后转炉炉体回转至 40°。进完料后待冶金行车退出炉前安全坑位置后，环集烟罩对开门随之关闭，完全关闭环集烟罩对开门耗时 0.75min，环集烟罩对开门开启至关闭整个过程持续时间约为 3.5min，该时期内，转炉炉内逸散的烟气大部分被炉体两侧环集烟罩捕集，仅少量逸散至厂房内被炉顶上方环集集烟口捕集。炉体两侧环集排烟管道阀门 100% 打开，炉顶环集排烟管道阀门打开 50%。进第一包料时，炉内易发生氧化还原反应，工艺排烟管道锅炉钟罩阀门开 10%~20%。冶金行车将进完料的铜锍包送回铜锍包厢，铜锍包返程耗时 4.5min（包括行车脱钩），单包铜锍进料过程耗时 12min，单包铜锍进料冶金行车吊运铜锍包在厂房内运行时间约为 10.5min，该段时间铜锍包逸散的无

组织 SO_2 烟气是造成厂房内低空污染的主要原因。此时，厂房铜锍包厢处顶部时间加权平均（TWA）SO_2 接触时间加权平均浓度（C-TWA）为 5.6mg/m³，超过接触限值时间加权平均允许浓度（PC-TWA）的标准值 5mg/m³，短时间加权平均浓度（C-STEL）15min 接触值为 10.6mg/m³，超过短时间加权平均允许浓度（PC-STEL）值 10mg/m³。职工配备配套的劳动防护用品（防护面罩采用 3M-6003CN），并要求职工按规范正确穿戴。且该部分烟气完全由顶部环集排烟口收集，通过关闭非作业转炉炉顶环集排烟管道阀门和调小作业转炉炉顶部环集排烟管道阀门，集中开启铜锍包厢处顶部环集（阀门开度为 100%）收集逸散烟气，30min 后完成厂房内低空污染的烟气收集。

结论：进料期间，单包铜锍运输+倒料总耗时 12min（不包含铜锍放料时间），冶金行车吊运铜锍包 S1 进料持续 1h 左右，S2 进料持续 0.6h 左右。铜锍倒料瞬间产生烟气，主要依靠炉体两侧环集烟罩和进料炉炉顶环集排烟管道收集（炉体两侧环集排烟管道阀门 100% 打开，炉顶环集排烟管道阀门打开 50%）。铜锍包在吊运过程中逸散烟气，由全封闭厂房通过将烟气引流至集烟天沟后，再通过顶部环集口集中收集烟气入烟气管道后送脱硫处理。进料结束后 10min 内厂房内烟气完成收集。

11.6.6　PS 转炉放渣时烟气收集情况

转炉放渣时，需提前在转炉炉前安全坑内准备好渣包（在 S1 或 S2 进最后一包铜锍后放置好），转炉停止送风，操作工 15s 内将炉体由吹炼位角度（0°）旋转至放渣位（90°）。转炉放渣期间，转炉炉前环集烟罩对开门处于完全关闭状态，转炉炉体两侧环集排烟管道阀门完全打开，炉顶环集排烟管道阀门开 20%，锅炉钟罩阀门开启 5%~20%。放渣期间产生的烟气全部入工艺集烟管道和环集集烟系统，无烟气逸散至厂房内。放完第一包渣后，转炉炉体回转至安全位 60°，环集烟罩对开门开启耗时 1min，行车吊挂渣包耗时 1~2min，由冶金行车将渣包吊运至渣包倾翻平台（渣包倾翻平台为封闭的包厢，包厢顶部设有环集集烟装置，可收集渣包倾翻时逸散的烟气），第二包渣需等待第一包完成倾翻后吊运至倾翻平台，吊运渣包过程中包内逸散烟气较少，零星烟气由顶部环集系统收集。2~3min 即可完成厂房内零星烟气收集。

由此可知，放渣期间，S1 和 S2 期实际放渣时间均持续 6min，行车吊取、放置及运输渣包耗时 14min，S1 和 S2 期放渣总持续时间均为 20min。炉前环集烟罩对开门处于关闭状态，且放渣期间烟气产生较少，主要依靠炉体两侧环集烟罩和工艺烟气管道收集，炉体两侧环集完全开启，工艺管道钟罩阀适度开启（5%~20%），主要是防止炉两侧环集烟罩收集烟气造成环集尾排超标，放渣期间无烟气逸散至厂房内，放渣结束后，行车吊运、放置渣包及运输渣包的过程中，烟气量产生较小，零星烟气由全封闭厂房通过将烟气引流到集烟天沟后，再通过顶部环集口（环集排烟管道阀门开启 50%）集中收集烟气入排烟管道后送脱硫处理，自放渣结束后 2~3min 内厂房内烟气完成捕集。

11.6.7 PS 转炉放铜时烟气收集情况

转炉放铜时，需提前在转炉炉前安全坑内准备好粗铜包（在 S2 放完渣后放置），转炉停止送风、炉体由吹炼角度（0°）旋转至放铜位（100°），转炉放铜期间，转炉炉前环集烟罩对开门处于完全关闭状态，转炉炉体两侧环集排烟管道阀门完全打开，炉顶环集排烟管道阀门开 20%，放铜期间产生的烟气大部分进入炉体两侧环集系统，少量逸散至厂房内的烟气由炉顶环集系统收集。放铜完成后，开启环集烟罩对开门耗时 1min，行车吊挂包耳耗时 1~2min，期间转炉炉体已回转至安全位 60°，放铜完成后环集烟罩对开门处于敞开状态持续 2~3min，该期间转炉处于静置状态，产生烟气较少，基本由炉两侧环集收集。同时，在行车吊运粗铜包至阳极炉过程中逸散少量烟气，由厂房顶部环集集烟口收集。1~2min 即可完成厂房内零星烟气捕集。

结论：放铜期间，放铜实际持续时间为 15min，行车吊取、放置及运输粗铜包时间为 40~45min，炉前环集烟罩对开门处于关闭状态，放铜期间烟气产生较少，主要由炉体两侧环集烟罩收集，放铜期间无烟气逸散至厂房内。放铜结束后，行车吊取、放置粗铜包及运输粗铜包过程中，逸散少量烟气、零星烟气由全封闭厂房通过将烟气引流到集烟天沟后，再通过顶部环集口（环集排烟管道阀门开启 20%）集中收集烟气入排烟管道后送脱硫处理，自放铜结束后 1~2min 内厂房内烟气完成捕集。

11.6.8 PS 转炉直投时烟气收集情况

转炉炉前直投一般选择在放渣后操作，低品位的含铜冷料（床下物和铜锍包壳等）选择在 S1 放渣完成后通过冶金行车直投，高品位的含铜冷料（尺寸不规整的大块冷铜、溜槽铜及散装残极等）选择在 S2 放渣完成后通过冶金行车直投。此目的是减少转炉摇炉次数，该期间的环集控制同放渣期控制一致，由于炉前直投会瞬间产生烟气，大部分烟气由炉体两侧环集烟罩捕集，仍有小部分会直接逸散至厂房顶部，通过厂房顶部环集集烟口收集，烟气产生会持续 2~3min，待直投完成后关闭炉前环集烟罩对开门，炉内无烟气逸散至厂房内部，直投期间逸散至厂房内的烟气由顶部环集集烟口收集，3~5min 后完成厂房内顶部烟气捕集。

由此可知，转炉直投过程中，炉前环集烟罩对开门处于完全开启状态，行车单次直投含铜物料整体耗时 10min，炉体自身逸散的烟气主要由炉体两侧环集烟罩收集（环集排烟管道阀门完全开启），在行车向炉体投料时，受物料冲击及炉内反应会产生烟气，大部分烟气由炉体两侧环集烟罩收集（环集排烟管道阀门完全开启），S 期直投时锅炉钟罩不开启，造铜 B 期锅炉钟罩阀适度开启（防止两侧环集烟罩收集烟气导致 SO_2 尾排超标），但投料瞬间仍有部分烟气逸散至厂房顶部，烟气在炉顶持续 2~3min，由全封闭厂房通过将烟气引流到集烟天沟后，再通过顶部环集口（环集排烟管道阀门开启 50%）集中收集烟气入烟气管道后送脱硫处理，自转炉直投结束后 3~5min 内厂房内烟气完成捕集。

转炉生产除进料阶段外，厂房内烟气较少，未造成低空污染，进料期间造成的烟气逸散主要由全封闭厂房通过将烟气引流到集烟天沟后，再通过顶部环集口集中收集烟气入烟气管道后送脱硫处理，自进料结束后 10min 内完成厂房内烟气收集。

11.6.9 PS 转炉污染防治措施

11.6.9.1 PS 转炉环集配置情况

澳斯麦特炉厂区转炉主厂房设计为一个相对密封的长方体结构，转炉工序共有 2 套环集系统，配有 2 台环集风机，2 台风机配置相同，可以互为备用。其中，1 号环集风机主要承担主厂房内零散烟气和渣倾翻产生的环集烟气，转炉环集烟气经布袋收尘器除尘后经 2 号环集风机脱硫系统承担，所有环集烟气送脱硫系统处理后再通过烟囱排放。环集排烟系统主要设备：

1 号环集风机：$L=300000m^3/h$；全压 $H=11000Pa$，1 台；

2 号环集风机：$L=300000m^3/h$；全压 $H=11000Pa$，1 台；

布袋收尘器：$L=336000~436800m^3/h$；净化过滤面积 $F>5600m^2$。

吹炼主厂房采用顶部捕集烟气，转炉主厂房房顶共设有 13 个集烟罩，炉两侧 8 个集烟罩，具体分布及型号见表 11-6。

表 11-6 转炉主厂房环集集烟罩分布及说明情况

序号	集烟罩位置	尺寸/mm	数量	型号	备注
1	转炉顶部	1500	7	方形	烟气进 1 号环集风机
2	主厂房东侧	2000	2	圆形	烟气进 1 号环集风机
3	主厂房东侧	1500	2	圆形	烟气进 1 号环集风机
4	主厂房西侧	1500	2	方形	烟气进 1 号环集风机
5	渣倾翻	1500	1	圆形	烟气进 1 号环集风机
6	转炉炉两侧	1200	6	方形	烟气进 2 号环集风机
7	阳极炉两侧	1000	2	圆形	烟气进 2 号环集风机

11.6.9.2 捕集逸散无组织 SO_2 烟气的措施

为进一步提升烟气捕集效果，金冠铜业澳斯麦特炉厂区建厂时立足顶层设计，根据转炉工序主厂房及现场设备布置自主设计了转炉炉口环集对开门装置、渣倾翻集烟装置和主厂房顶部环集烟气收集装置，且后期对主厂房顶部集烟管道、环集风机管道出口进行了优化。

A　转炉炉口环集对开门优化

3 台转炉均设计了环集烟罩对开门装置（图 11-1），在转炉进出料时，环集烟罩对开门处于开启状态，其他作业时间均处于关闭状态，增加了炉体的气密性，减少漏风率，防止烟气逸散至主厂房内。

图 11-1　转炉炉口环集烟罩对开门装置

该装置包括固定烟罩和活动门，固定烟罩围设在炉体的顶部和侧周且在炉体的炉口工作区域所在侧设置成敞口区域，活动门设置在该敞口区域处，活动门沿导轨移动并关闭该敞口区域或显露该敞口区域，固定烟罩和活动门围成的集烟区域与排烟通路连通。活动门沿导轨移动关闭该敞口区域，转炉生产作业时逸散的无组织 SO$_2$ 烟气处于固定烟罩与活动门围成的区域内并由排烟通路排出，当转炉进、出物料时，活动门沿导轨移动显露该敞口区域，冶金包放置于敞口区域的地面上接料，接料后活动门关闭该敞口区域，大幅减少烟气的逸散，改善厂房内的作业环境。

B　转炉渣倾翻集烟装置

为防止转炉渣在倾翻时包内烟气逸散至主厂房内，根据现场空间布局设计了渣倾翻集烟装置（图 11-2），整个转炉渣倾翻过程处于相对密封的环境，逸散的烟气通过顶部设置的环集烟罩出口统一收集，防止烟气逸散至主厂房内。

转炉渣包倾翻装置的集烟装置包括固定烟罩、前活动烟罩和后活动烟罩，所述固定烟罩、前活动烟罩和后活动烟罩构成将转炉渣包倾翻装置容纳在内的密闭空间，所述固定烟罩的顶部开设有出烟口。该装置的好处是整个倒渣作业过程处于一个相对密闭的环境中进行，可以有效解决低空污染问题，改善车间的操作环

图 11-2 转炉渣倾翻集烟装置

境；同时漏风率低，烟气的捕集率高，可以有效地降低后续的环集烟气处理成本。

C 主厂房顶部环集排烟管道优化

为加快顶部环集管道收集烟气效果、缓解厂房内低空污染和保障职工职业健康安全，现对环集管道进风口进行改造优化。主厂房顶部通过优化改进后的效果，如图 11-3 所示。主厂房顶部环集管道主要做了三方面的设计改进。

图 11-3 主厂房顶部环集排烟管道

a 进风口设计优化

根据空气动力学原理，设计新的进风口，提高其烟气收集能力。进风口设计优化前后对比，如图 11-4、图 11-5 所示。

通过 CFD 对设计优化前后进风口流场进行模拟，结果如图 11-6、图 11-7 所示。

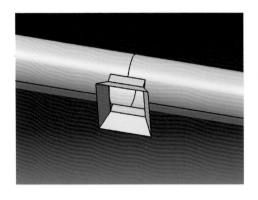

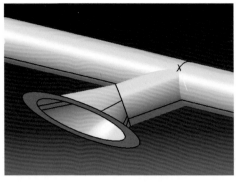

图 11-4　优化前进风口设计　　　　　　图 11-5　优化后进风口设计

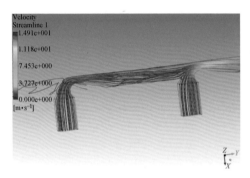

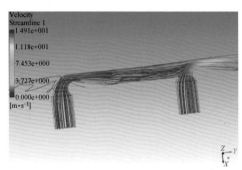

图 11-6　优化前进风口流场　　　　　　图 11-7　优化后进风口流场

从图中可以看出，优化后进风口流线更加顺畅，流动状况较优化前有较大改善。

b　管道接口设计优化

车间东侧支管道与 1 号环集风机主管道接口目前为垂直接入，流动阻力较大，亦须进行设计优化，设计优化前后对比，如图 11-8、图 11-9 所示。

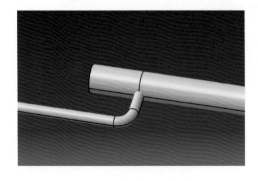

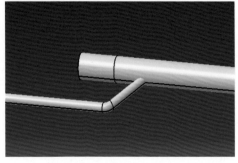

图 11-8　管道接口设计优化前　　　　　　图 11-9　管道接口设计优化后

通过 CFD 对设计优化前后管道接口流场进行模拟，结果如图 11-10、图11-11 所示。

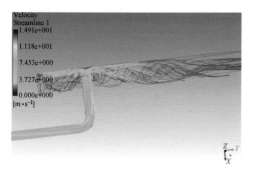

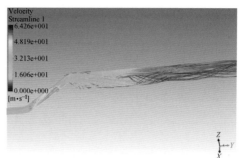

图 11-10　管道接口设计优化前流场　　　图 11-11　管道接口设计优化后流场

从图中 11-11 可以看出，优化后管道接口处及下游流线更加顺畅，流动状况较优化前有较大改善。

c　控制优化

考虑到必要时需要对各进风口的风量进行调节，因此在各进风口汇入主管道后，于主管道直管段处增设阀门，以便于调节。

11.6.9.3　捕集逸散无组织 SO_2 烟气的管理举措

A　备料阶段

转炉 S 期备料阶段。

（1）炉长在进料前提升 1 号环集风机频率，调节厂房顶环集排烟管道阀门，无烟区域环集排烟管道阀门全部关闭，进料炉炉顶环集排烟管道阀门全开，通知硫酸主控加大混气室的负压，打开出口钟罩阀开度约 20%~30%（以操作炉顶不冒烟为准）。

（2）将转炉两侧环集排烟管道阀门开 50%，在进第一包和第二包料后控制好炉体角度，活动烟罩放至合适位置，尽量利用高排抽走烟气，环集烟气浓度（标态）控制在 5000mg/m³ 以内，如超则及时关闭炉两侧环集排烟管道阀门，确保环集尾气达标排放。

（3）环集烟气浓度缓慢降低后，及时全开转炉两侧环集排烟管道阀门，关闭出口钟罩阀并通知硫酸主控。每一包铜锍进好后炉长及时关闭对开烟罩。

（4）备料期间班长要在主厂房现场，根据厂房内烟气通知炉长调节房顶环集排烟管道阀门和风机频率。进完料的空包迅速放至平板车上的过程并要有人指挥，联系电炉操作工及时将平板车开至包厢内，缩短冒烟包在厂房停留时间。由于包内冒烟较大，如需放入转炉炉前安全坑内，班长或炉长要在进料时通知行车工，避免冒烟的空包在厂房内停留时间长，造成烟气无组织排放。

（5）主厂房内无逸散烟气应及时降低 1 号环集风机频率。

B　生产吹炼期间

（1）操作炉吹炼期间炉两侧环集排烟管道阀门关闭，如炉顶冒烟大而另一台炉子在备料时，可联系硫酸车间操作人员，将高排频率增加些或适量降低送风量。

（2）B 期结束倒粗铜前炉两侧环集排烟管道阀门全开，行车将包子吊出安全坑后及时将对开烟罩关闭。为了缩短进料时间，炉长可通过视频监控或由班长通知提前打开对开烟罩。

（3）转炉调节环集阀门时，禁止将三台炉两侧环集排烟管道阀门同时全部关闭，防止阳极炉排烟风机跳闸。

（4）正常生产期间主厂房门窗要保持关闭状态，转炉备料期间要禁止铲运物料，如有生产需求要及时关闭，防止造成烟气无组织排放。

11.7　措施建议

针对规模大（≥20 万吨/年）、转炉规格大（≥ϕ4.0m×11.7m）的铜冶炼企业，建议提高熔炼产出铜锍品位（≥62%），PS 转炉吹炼实现 2H1B 或 3H2B 操作模式，升级成智能化数控转炉，造渣期和造铜期转炉次数均降至 4～6 次，进一步减少 PS 转炉吹炼过程无组织 SO_2 烟气逸散，同时，环保烟罩是旋转式改造成对开式，吹炼厂房未密封的进行密封，并捕集逸散到吹炼厂房顶部的无组织 SO_2 烟气送脱硫处理。通过这些治理措施的完善，环境污染风险完全可控，传统 PS 转炉吹炼可以得到更好的发展。

针对规模偏小（≤20 万吨/年）、转炉规格偏小（≤ϕ4.0m×10.5m）的铜冶炼企业，建议提高熔炼产出铜锍品位（≥70%），PS 转炉吹炼实现 2S2B 或 2H1B 操作模式，升级成智能化数控转炉，吹炼渣和冷料返熔炼炉处理，造渣期和造铜期摇炉次数均降至 4 次，减少 PS 转炉铜锍吹炼过程无组织 SO_2 烟气逸散，同时，环保烟罩是旋转式改造成对开式，吹炼厂房未密封的进行密封，并捕集逸散到吹炼厂房顶部的无组织 SO_2 烟气送脱硫处理。通过这些治理措施的完善，PS 转炉吹炼过程无组织 SO_2 烟气逸散还不能有效控制，可采用我国拥有自主知识产权的氧气底吹连续吹炼或多枪顶吹连续吹炼工艺替代 PS 转炉吹炼。

为了加强环境污染防控治理，PS 转炉吹炼采用 2H1B 或 3H2B 操作模式组织生产，采用固定式加对开式环集烟罩，吹炼厂房全密封捕集逸散到房顶的无组织 SO_2 烟气送环集烟气脱硫处理，避免无组织 SO_2 烟气外逸到吹炼厂房厂区周边和周边居民区，只要环境治理措施得当，PS 转炉吹炼过程环境污染风险完全可控。

针对 PS 转炉与不同熔炼工艺匹配性好、脱杂能力强、处理冷铜料强等优势明显，特别是我国每年要进口大量冷粗铜锭和杂铜料，这些铜物料非常便于加入

PS 转炉处理，并不消耗燃料，与国家"双碳"战略契合，存在价值突出，可长期保留。国外仍有 90% 的铜冶炼厂采用 PS 转炉吹炼，环境污染防治措施远落后于我国。未来需发展大规格的 PS 转炉吹炼，"二用一备"或"一用一备"，吹炼高品位铜锍，减少吊车吊包倒运铜锍频次，也减少摇炉次数，从而减少无组织 SO_2 烟气外逸。

进入新时代，我国铜冶炼企业积极践行绿色发展理念，认真落实国家"双碳"战略部署，始终将"节能降碳，绿色发展"作为企业的生命线及可持续发展的命脉，实现清洁生产。

12 PS 转炉环集烟气捕集

PS 转炉吹炼产生的烟气包括一次烟气，也称工艺烟气，由布置在炉口上方的密封烟罩收集。在炉门打开，进出铜锍、吹炼渣和粗铜时，会有烟气从炉口逸散出来，并由环集烟罩捕集，这部分烟气称为二次烟气。从环集烟罩逃逸烟气，以及吊包过程包子冒出的烟气，并扩散到厂房顶部的烟气称为三次烟气，可由厂房顶部环集排烟管道捕集。二次烟气和三次烟气统称为环集烟气。因此，合理有效的环集烟气捕集系统对 PS 转炉吹炼产生的低空污染可进行有效治理，大大改善吹炼厂房内的操作环境。

12.1 环集气量计算

通风量的取值关系着车间内部环集效果以及环集系统的能耗水平。合理计算通风量是环集烟气系统的基础。PS 转炉在放出高温熔融体时，热气流以射流方式向上流动，在向上流动过程中不断地卷入周围空气，流量越来越大，射流断面也越来越大，形成一个圆锥体。采用热过程高悬伞形罩的设计方式计算通风量。高悬伞形罩的工作示意图，如图 12-1 所示。

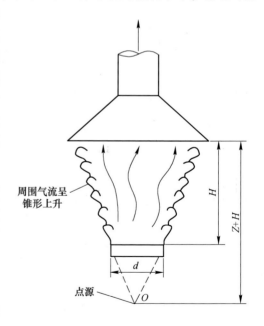

该圆锥体的锥顶为假想热点源。图 12-1 所示中 d 表示圆形热源的直径或矩形热源的长边，O 点即为假想热点源。

$$D_C = 0.434(H + Z)^{0.88}$$

$$(12-1)$$

式中　D_C——热点源 O 至罩口距离为 $(Z+H)$ 处的热射流直径，m；

　　　H——热源上表面至罩口距离，m；

　　　Z——热点源至热源上表面的距离，m。

图 12-1　高悬伞形罩的工作示意图

罩口尺寸和罩口处热射流的直径有关，在干扰气流存在时，可确定罩口尺寸为：

$$D_f = D_C + KH \qquad (12-2)$$

式中　D_f——罩口直径，m；

K——干扰系数，有干扰时通常取 0.5~0.8，无干扰时取 1。

罩口处的热射流平均流速 v_C(m/s) 可计算为：

$$v_C = 0.085 \frac{A_s^{1/3} \Delta t^{5/12}}{(H + Z)^{1/4}} \qquad (12-3)$$

式中　A_s——热源表面积，m^2；

Δt——热源表面温度与周围空气温度的温差，℃。

则罩口处热射流流量 Q_C（m^3/h）可计算为：

$$Q_C = \frac{\pi}{4} D_C^2 v_C \times 3600 \qquad (12-4)$$

高悬罩的排风量包括热射流的流量和罩口从周围空气吸入罩内的气量，总排风量为：

$$Q = Q_C + v_r(F_f - F_C) \times 3600 \qquad (12-5)$$

式中　v_r——罩口热射流断面多余面积上的流速，m/s，它取决于抽力大小、罩口高度以及横向干扰气流的大小等因素，一般取 0.5~0.75m/s；

F_f——罩口面积，m；

F_C——罩口处热射流截面积，m^2，$F_C = \frac{\pi}{4} D_C^2$。

12.2　环集烟罩

20 世纪 80 年代以前 PS 转炉密封烟罩采用翻板形式，不设环集烟罩，操作过程从炉口逸散 SO_2 烟气严重；直至 20 世纪 80 年代贵冶采用带密封小车新型密封烟罩，外加固定式和旋转式双层环集烟罩，操作过程从炉口逸散的二次 SO_2 烟气进行捕集，密封效果得到大大改善，近 10 年发展成外加固定式和对开式双层环集烟罩，密封效果更好，我国铜冶炼厂不同规格的 PS 转炉都采用该新型环集烟罩。

12.2.1　ϕ4.5m×13m 转炉炉口配套的环集烟罩

ϕ4.5m×13m 转炉炉口配套的环集烟罩由固定烟罩和对开烟罩组成，对开烟罩与固定烟罩配合，用于捕集 PS 转炉炉口转出密封烟罩逸散的 SO_2 烟气，捕集的逸散 SO_2 烟气（二次烟气）经排烟管道和排烟风机送脱硫系统，如图 12-2 所示。

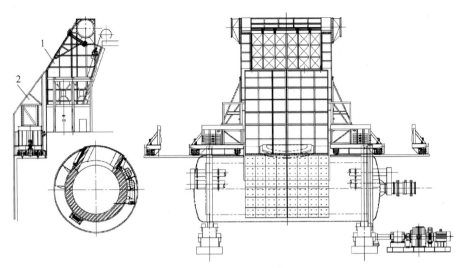

图 12-2　φ4.5m×13m 转炉环集烟罩

1—固定烟罩；2—对开烟罩

12.2.2　φ4m×11.7m 转炉炉口配套的环集烟罩

　　φ4m×11.7m 转炉炉口配套的环集烟罩由固定烟罩和对开烟罩组成，对开烟罩与固定烟罩配合，用于捕集 PS 转炉炉口转出密封烟罩逸散的 SO_2 烟气，捕集的逸散 SO_2 烟气（二次烟气）经排烟管道和排烟风机送脱硫系统，如图 12-3 所示。

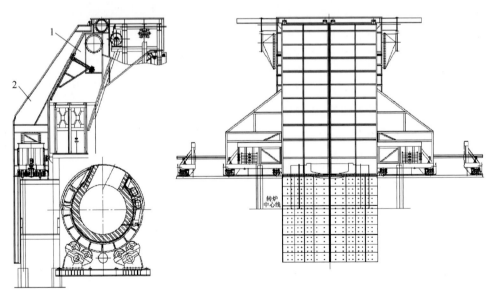

图 12-3　φ4m×11.7m 转炉环集烟罩

1—固定烟罩；2—对开烟罩

12.3 环集管道

环集管道是 PS 转炉环集烟气系统的重要组成部分。环集管道作用是合理组织烟气流动，在保证使用效果（即按要求分配风量）的前提下，合理确定风管结构、布置和尺寸，使系统的投资和运行费用达到最优。环集管道的设置直接影响 PS 转炉环集烟气系统的使用效果和技术经济性能。

12.3.1 管道材料及形状

PS 转炉环集烟气一般含有一定量的 SO_2 气体，因此，环集烟气系统管道宜采用经除锈及防腐涂装处理的 Q235 钢板制作。

环集管道的断面形状有圆形和矩形两种。在同样断面积下，圆形风管周长最短，最为经济。由于矩形风管四角存在局部涡流，在同样风量下，矩形风管的压力损失要比圆形风管大。当建筑安装空间有限时，可使用矩形风管节约安装高度。因此，一般情况下，环集管道优先采用圆形风管，只有在建筑受限便于和建筑配合时可采用矩形风管。

矩形风管与相同断面积的圆形风管的压力损失比值可计算为：

$$\frac{R_{mj}}{R_{my}} = \frac{0.49(a+b)^{1.25}}{(a+b)^{0.625}} \qquad (12\text{-}6)$$

式中　R_{mj}——矩形风管的单位长度摩擦压力损失，Pa/m；

　　　R_{my}——圆形风管的单位长度摩擦压力损失，Pa/m；

　　　a，b——矩形风管的边长。

从计算结果可以看出，随着 a/b 的增大，压力损失比 R_{mj}/R_{my} 也相应增大。由于矩形风管的表面积也是随 a/b 的增大而增大。因此设计时应尽量使 a/b 接近于 1，最多不宜超过 3。

12.3.2 管道尺寸计算

圆形风管　　　　　　　$D_n = \sqrt{\dfrac{4Q}{3600\pi v}}$

矩形风管　　　　　　　$a \times b = \dfrac{Q}{3600v}$

式中　D_n——圆形管道内径，m；

　　　Q——烟气量，m^3/h；

　　　v——风管内烟气的平均流速，m/s；

　　　a，b——矩形风管的边长。

12.3.3　管道压力损失计算

烟气在管道内流动时，会发生烟气和管壁摩擦而引起的摩擦阻力损失，以及烟气在经过各种管道附件或设备而引起的局部阻力损失。

12.3.3.1　摩擦阻力损失

烟气在管道内流动时，单位长度管道的摩擦阻力损失计算为：

$$R_{\mathrm{m}} = \frac{\lambda}{4R_{\mathrm{s}}} \frac{v^2}{2} \rho$$

式中　R_{m}——单位长度摩擦阻力损失，Pa/m；

　　　　v——风管内烟气的平均流速，m/s；

　　　　ρ——烟气密度，kg/m³；

　　　　λ——摩擦阻力系数；

　　　　R_{s}——风管的水利半径，kg/m³。

圆形风管　　　　　　　　　　　　　$R_{\mathrm{s}} = \frac{D}{4}$

式中　D——风管直径，m。

矩形风管　　　　　　　　　$R_{\mathrm{s}} = \frac{ab}{2(a+b)}$

式中　a，b——矩形风管的边长。

$$\Delta P_{\mathrm{m}} = R_{\mathrm{m}} \times L$$

式中　ΔP_{m}——摩擦阻力损失，Pa；

　　　　L——风管长度，m。

12.3.3.2　局部阻力损失

局部阻力损失在管件形状和流动状态不变时正比与动压 $\frac{v^2}{2}\rho$，可计算为：

$$\Delta P_{\zeta} = \zeta \frac{v^2}{2} \rho$$

式中　ΔP_{ζ}——局部阻力损失，Pa；

　　　　ζ——局部阻力系数；

　　　　v——风管内烟气的平均流速，m/s；

　　　　ρ——烟气密度，kg/m³。

12.3.3.3　管道布置与气流组织

管道布置直接关系到环集烟气系统的总体布置，它与工艺、土建、电气、给排水等专业密切相关，应相互配合、协调一致。

管道布置的方式不仅影响着各支管间的压力平衡，还关系到室内气流组织形式，从而影响烟气收集与排放效果。

气流组织设计的任务是合理地组织室内空气的流动，有效地收集逸散烟气。影响气流组织的因素有很多，如排风口的位置及形式、房间的几何尺寸、室内的各种扰动等。

12.4 环集烟气处理

PS 转炉环集烟气一般由转炉炉气，烟尘以及室内空气组成。

转炉炉气的成分主要为 SO_2、SO_3、O_2 和 N_2。由于 PS 转炉炉口的物料进出需要吊车倒运，吊车运输的铜锍包和渣包温度极高，物料仍为熔融状态，尤其是铜锍包的硫含量较高，会逸散出大量含 SO_2 气体的无组织烟气。

PS 转炉吹炼过程的烟尘率一般为 1%~2%，其主要成分是细粒的石英、炉渣、铜锍、金属铜及某些高温下挥发的化合物，如 PbO、ZnO、As_2O_3 等。

所以出于环保需要，对于收集的环集烟气要进行脱硫处理，满足排放标准后排空。由于环集烟气中含有一定量的烟尘，首先采用袋式除尘器进行过滤，充分回收环集烟气中的有价物料。过滤后的环集烟气再送至脱硫工段，吸收环集烟气中的 SO_2 等成分，达到排放标准后方可排至大气。PS 转炉环集烟气处理流程如图 12-4 所示。

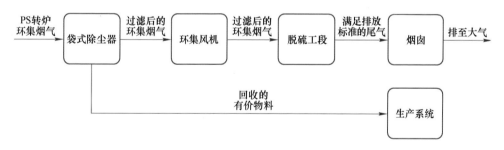

图 12-4 PS 转炉环集烟气处理流程

12.5 环集系统调控

PS 转炉环集烟气系统的调控装置关系着系统的运行效果，是环集系统正常运行中重要组成部分。

一套 PS 转炉环集烟气系统会有多个排烟口，每个排烟口依据转炉不同的工况所收集的烟气量也不尽相同。例如，在转炉进料时，炉前环集对开门处于完全开启状态，此时从炉口逸散出的烟气量最大，排烟口需要捕集的气量也最大；在转炉吹炼时，炉前环集对开门完全关闭，且炉内处于负压状态，此时从炉口逸散出的烟气量最小，排烟口需要捕集的气量也最小。因此，环集系统在每个排烟口处设置电动通风调节阀，根据转炉的不同工作阶段调节阀门开度，从而控制系统排烟量。电动通风调节阀配有电动执行器及有关配件，可实现现场手动操控、远程自动操控等。

此外，PS 转炉环集烟气系统还配有高压变频环集排烟风机。根据 PS 转炉不同的工作状态，可调节排烟风机转速，改变系统风量，从而达到节能高效的运行效果。

12.6 赤峰金通案例

12.6.1 环集烟气捕集系统

赤峰金通铜业有限责任公司铜冶炼熔炼主厂房分为熔炼工段、吹炼工段以及精炼工段。熔炼工段设有 1 台侧吹熔炼炉；吹炼工段设有 3 台 PS 转炉（两用一备）；精炼工段设有 2 台回转阳极炉。

熔炼工段设有 1 套环集烟气系统（PY-1），吹炼工段和精炼工段共设 1 套环集烟气系统（PY-2）。为了充分捕集铜锍包和渣包在转运过程中逸散至车间内的二次烟气，针对逃出环集烟罩逸散到厂房顶部的三次环集烟气设厂房顶部环集烟气系统（PY-3）。此外，为了减少无组织烟气的排放，进一步保护环境，有利于 PY-3 环集系统高效工作，熔炼主厂房上部设计为一个相对密闭的空间，厂房内不设天窗以及可开启的高侧外窗，只有底层外窗供进风使用。吹炼工段气流组织示意图，如图 12-5 所示。

吹炼工段的环集烟气系统收集的环集烟气经气箱脉冲袋式除尘器过滤，充分回收有价物料后，送至脱硫工段进一步处理。厂房顶部环集烟气系统的环集烟气含尘量很低，因此直接送至脱硫工段处理。

吹炼工段和厂房顶部环集烟气系统流程，如图 12-6 所示。2 套系统的环集风机之间设旁通管，旁通管上设有电动阀门，当出现紧急情况时，两台排烟风机可互为备用。

吹炼工段环集烟气系统共设 6 个排烟口，设计排烟量（标态）160000m³/h。每个排烟口均设有电动调节阀，可供调节排烟量使用。PS 转炉环集烟气捕集流程，如图 12-7 所示。

厂房顶部环集烟气系统采用换气次数法计算排烟量，换气次数取 1.5 次/h，共设 30 个排烟口，常用排烟口为 17 个，设计总排烟量（标态）350000m³/h，其中吹炼工段共有 9 个排烟口，常用排烟口为 6 个，设计排烟量 140000m³/h。该系统中每个排烟口均设有电动百叶风门，可供调节排烟量使用。吹炼工段厂房顶部环集烟气捕集系统，如图 12-8 所示。

12.6.2 排烟量分配模拟

由于厂房顶部环集烟气系统排烟口较多，运行情况复杂，因此利用流体计算

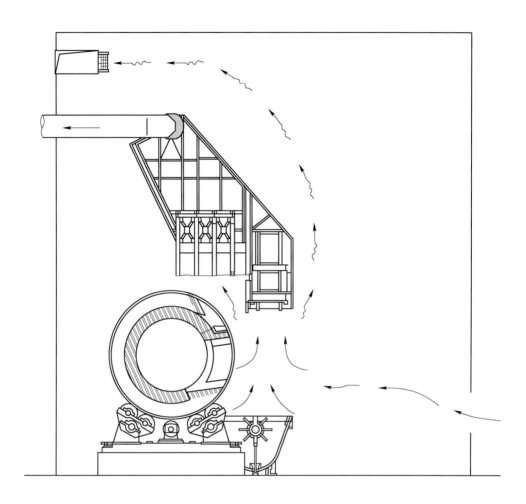

图 12-5 吹炼工段气流组织示意图

力学方法，计算分析厂房顶部环集系统排烟量分配情况。根据系统配置，建立几何模型，直管道部分总长 276m，其中位于吹炼工段部分长 116m，如图 12-9 所示。由于系统有多处变径，因此采用非结构四面体网络。对于较细的风管及风口，网络进行加密处理，最终网格数量约 138 万。

入口边界条件：环集系统入口为各支路风口，各风口为百叶吸风口，采用有遮挡的进口条件，设定周围环境大气压为 101325Pa，阻力系数为 2.14。

出口边界条件：环集系统出口为系统总管排烟口，选择速度入口边界类型，由于往外排风，速度值为负值。系统总设计排烟量 350000m³/h，根据出口尺寸，出口风速为 19.44m/s。

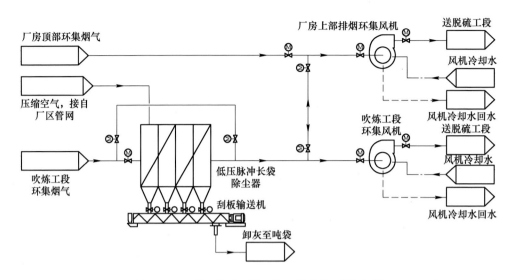

图 12-6　吹炼工段和厂房顶部环集烟气系统流程

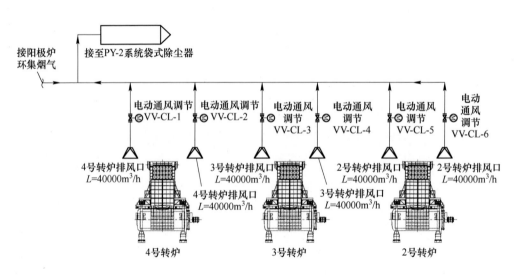

图 12-7　PS 转炉环集烟气捕集流程

壁面条件：由于模拟中不考虑换热效果，管道设置为壁面边界类型，且壁面无厚度。

为便于计算结果的处理，为各风口编号，转炉工段各风口依次是 2-1、2-2、2-3、…、2-8、2-9，如图 12-10 所示。

为便于分析结果，本次计算选择具有代表性的三种工况，分别为前端风口开启（案例-1）、中间风口开启（案例-2）、末端风口开启（案例-3），具体设置见表 12-1。

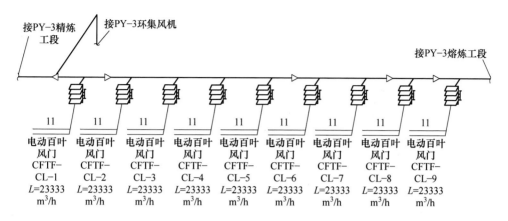

图 12-8　吹炼工段厂房顶部环集烟气捕集系统图

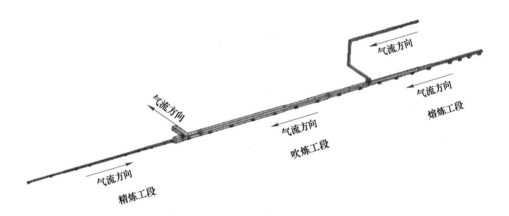

图 12-9　厂房顶部环集烟气系统模型示意图

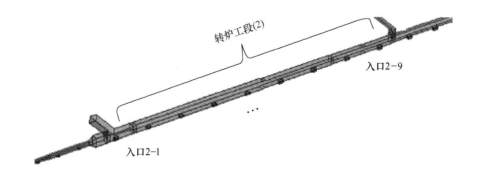

图 12-10　转炉工段各风口编号示意图

表 12-1　计算工况设置明细

名称	前端风口开启		中间风口开启		末端风口开启	
	风口编号	是否开启	风口编号	是否开启	风口编号	是否开启
转炉工段	入口 2-1	√	入口 2-1		入口 2-1	
	入口 2-2	√	入口 2-2		入口 2-2	
	入口 2-3	√	入口 2-3	√	入口 2-3	
	入口 2-4	√	入口 2-4	√	入口 2-4	√
	入口 2-5	√	入口 2-5	√	入口 2-5	√
	入口 2-6	√	入口 2-6	√	入口 2-6	√
	入口 2-7		入口 2-7	√	入口 2-7	√
	入口 2-8		入口 2-8	√	入口 2-8	√
	入口 2-9		入口 2-9		入口 2-9	√

　　初始未调节风口开度时，各风口排烟量计算结果见表 12-2、表 12-3。由计算结果可知，转炉工段计算排烟量与设计排烟量相差较大，几乎达到设计排烟量的 2 倍，从而造成其他工段排烟量减少，无法满足设计要求。

表 12-2　各风口排烟量计算结果（未调节）

名称	前端风口开启		中间风口开启		末端风口开启	
	风口编号	实际烟量 /$m^3 \cdot h^{-1}$	风口编号	实际烟量 /$m^3 \cdot h^{-1}$	风口编号	实际烟量 /$m^3 \cdot h^{-1}$
转炉工段	入口 2-1	64857	入口 2-1		入口 2-1	
	入口 2-2	53151	入口 2-2		入口 2-2	
	入口 2-3	44054	入口 2-3	65680	入口 2-3	
	入口 2-4	36957	入口 2-4	54491	入口 2-4	66659
	入口 2-5	31421	入口 2-5	45660	入口 2-5	55857
	入口 2-6	27314	入口 2-6	38950	入口 2-6	47641
	入口 2-7		入口 2-7	31625	入口 2-7	38634
	入口 2-8		入口 2-8	25364	入口 2-8	31325
	入口 2-9		入口 2-9		入口 2-9	24318

表 12-3　转炉工段设计和计算排烟量对比（未调节）　　　　（%）

名称	风口总数/个	常开数量/个	设计排烟量分配比例	案例-1	案例-2	案例-3
转炉工段	9	6	40	73.6	74.8	75.5

　　对各风口阀门开度进行调节，各风口排烟量计算结果见表 12-4、表 12-5。由计算结果可知，转炉工段计算排烟量接近设计值，风量偏差值大部分控制在 10% 以内，满足设计要求。

表 12-4　各风口排烟量计算结果（调节阀门开度）

名称	前端风口开启		中间风口开启		末端风口开启	
	风口编号	实际烟量 /m³·h⁻¹	风口编号	实际烟量 /m³·h⁻¹	风口编号	实际烟量 /m³·h⁻¹
转炉工段	入口 2-1	22855	入口 2-1		入口 2-1	
	入口 2-2	21242	入口 2-2		入口 2-2	
	入口 2-3	21422	入口 2-3	21429	入口 2-3	
	入口 2-4	23345	入口 2-4	23196	入口 2-4	22447
	入口 2-5	22252	入口 2-5	21931	入口 2-5	21268
	入口 2-6	22135	入口 2-6	21890	入口 2-6	21140
	入口 2-7		入口 2-7	22528	入口 2-7	21761
	入口 2-8		入口 2-8	21474	入口 2-8	20658
	入口 2-9		入口 2-9		入口 2-9	19661

表 12-5　转炉工段设计和计算排烟量对比（调节阀门开度）　　　　（%）

名称	风口总数/个	常开数量/个	设计排烟量 分配比例	前端风口开启	中间风口开启	末端风口开启
转炉工段	9	6	40	38.1	38.1	36.3

　　风口阀门开度调节前后系统风量对比，如图 12-11 所示。调节前，转炉工段各风口排烟量远大于设计值，越靠近起始段，排烟量越大，转炉工段设计偏差较大。调节后，转炉工段各风口排烟量接近设计值，满足设计要求，转炉工段设计偏差较小。

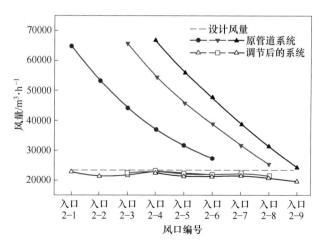

图 12-11　转炉工段风口阀门调节前和调节后排烟量对比

　　因此，厂房上部环集烟气系统在安装完成后，经过系统初调节，确定各风口阀门开度范围，保证系统风量的均衡性，从而达到设计要求。在实际生产中，结合现场具体情况，可依据初调节的结果，对系统进行再次调节，以满足实际需要。

13 PS 转炉环集烟气脱硫处理

13.1 PS 转炉环集烟气特征

13.1.1 PS 转炉有组织排放烟气

PS 转炉烟气有两个有组织烟气排放系统：制酸系统和环集烟气脱硫处理系统。

PS 转炉吹炼过程中产生的炉气（一次烟气）和烟尘均通过炉口上方的矩形断面密封烟罩收集进入烟道系统。烟气从炉口流出，经过余热锅炉回收余热后经烟道和钟罩阀进入电收尘器除尘，除尘后的烟气由高温排烟机送制酸系统，一般 PS 转炉的一次烟气与匹配熔炼烟气混合后送制酸净化系统，最终经制酸系统的尾气烟囱排入大气环境。经过余热锅炉时烟气缓慢流动时沉降下粗烟尘，电收尘器收集较细的烟尘，烟尘都返熔炼炉处理。

PS 转炉吹炼过程间断作业，在炉门打开进出铜锍、吹炼渣和粗铜时，会有烟气从炉口逸散出来，并由环集烟罩捕集，这部分烟气称为二次烟气。从环集烟罩逃逸的 SO_2 烟气，以及吊包过程包子冒出的 SO_2 烟气，并扩散到厂房顶部的烟气称为三次烟气，可由厂房顶部排烟系统捕集。二次烟气和三次烟气统称为环集烟气，这部分烟气主要是空气和捕集部分逃逸的 SO_2 烟气和粉尘，通过环集烟气系统捕集变为有组织排放，后经布袋除尘、脱硫后由尾气烟囱排入大气环境。

PS 转炉工艺烟气中 SO_2 浓度很高，一般均进入制酸系统生产硫酸产品，而逸散在外的环集烟气中 SO_2 浓度较低，无法直接生产硫酸产品，需采用脱硫技术将烟气中的 SO_2 脱除后排放。

13.1.2 PS 转炉环集烟气成分

根据调查的铜冶炼企业 PS 转炉环集烟气进口的监测数据，主要污染物浓度监测结果见表 13-1，各铜冶炼企业的 PS 转炉环集烟气进口污染物监测数据差距较大。通过结果可以看出，烟气中的主要污染物为 SO_2，其次为颗粒物、NO_x、As、Pb、Hg。

表 13-1　PS 转炉环集烟气主要污染物进口浓度监测值

企业	颗粒物 /mg·m^{-3}	SO$_2$ /mg·m^{-3}	NO$_x$ /mg·m^{-3}	As /mg·m^{-3}	Pb /mg·m^{-3}	Hg /mg·m^{-3}
1 号	158.30	1149.00	10.92	0.527167	0.005047	0.000296
2 号	174.58	2262.70	2.25	2.252500	10.169920	0.000467
5 号	193.67	419.56	83.30	12.663100	2.801100	0.002294
6 号	28.40	3614.40	82.80	0.016500	0.040200	0.006660
7 号	75.38	947.13	<3	1.346167	0.645333	<0.0025
8 号	6.79	2077.00	未监测	0.009667	0.031667	<0.0013
最小值	6.79	419.56	<3	0.009667	0.005047	<0.0013
最大值	193.67	3614.40	83.30	12.663100	10.169920	0.006660
均值	106.19	1744.96	29.88	2.802517	2.282211	0.001619

　　根据调查的不同工艺铜冶炼企业 PS 转炉环集烟气进口的主要污染物监测数据，结果见表 13-2，各工艺匹配的 PS 转炉环集烟气进口污染物监测数据差距较大，闪速炉+PS 转炉工艺的颗粒物进口浓度较高，另外 As、Pb 重金属的进口浓度较高，但 SO$_2$ 浓度较低，NO$_x$ 浓度处于平均水平。澳炉+PS 转炉工艺的颗粒物、SO$_2$ 排放与闪速炉相近，但重金属 As、Pb 重金属的进口浓度低，NO$_x$ 浓度较低。艾萨炉+PS 转炉工艺的颗粒物、NO$_x$、重金属 As 排放浓度最低，SO$_2$ 排放浓度略高于中等水平。底吹炉+PS 转炉工艺的颗粒物排放浓度较低，但是 SO$_2$、NO$_x$ 排放浓度高。

表 13-2　不同工艺 PS 转炉环集烟气主要污染物进口浓度监测值

污染物名称	闪速+PS/mg·m^{-3}	澳炉+PS/mg·m^{-3}	艾萨炉+PS/mg·m^{-3}	底吹炉+PS/mg·m^{-3}
颗粒物	147.88	158.30	6.79	28.40
SO$_2$	1209.79	1149.00	2077.00	3614.40
NO$_x$	42.78	10.92	<3	82.80
As	5.420589	0.527167	0.009667	0.016500
Pb	4.538784	0.005047	0.031667	0.040200
Hg	0.001380	0.000296	<0.0013	0.006660

　　根据表 13-1、表 13-2 的调查数据，同时结合实际工程经验，经过除尘后环集烟气中颗粒物浓度一般不超过 30mg/m^3，烟气中 SO$_2$ 浓度平均在 2000 ~ 3000mg/m^3 之间，烟气流量根据不同项目情况有所区别，约在 200000 ~ 400000m^3/h 之间。总体来说，PS 转炉环集烟气流量波动较小、污染物成分较稳定，易处理，可适用的脱硫技术较多。

13.2　PS 转炉环集烟气脱硫技术

　　根据 PS 转炉环集烟气的特征，目前国内外应用到工程案例上的脱硫技术主要有以下几类：

（1）通过酸碱中和达到脱硫目的的脱硫技术，如石灰（石）-石膏法、钠碱法等；

（2）以吸附再生或缓冲机理回收硫资源的脱硫技术，如离子液（有机胺）法、活性焦法等；

（3）通过直接氧化将 SO_2 转化为 SO_3，最终转化为稀硫酸，如双氧水法等。

烟气脱硫方法的选择主要取决于烟气条件、吸收剂的供应条件及工厂的地理条件、副产品的利用、工程投资和运行成本等多方面因素，并且应遵循安全、可靠、技术先进合理、满足环保排放要求等原则。

以下对常用的离子液（有机胺）法、双氧水法、活性焦法、石灰（石）-石膏法和钠碱法 5 种脱硫技术从技术原理、工艺流程和技术特点 3 个方面进行介绍。

13.2.1　离子液（有机胺）法脱硫技术

13.2.1.1　技术原理

离子液（有机胺）法脱硫工艺采用特定的吸收剂吸收烟气中的 SO_2 气体。该吸收剂对 SO_2 具有良好的吸收和解吸能力；在低温下吸收剂吸收烟气中的 SO_2，高温下将吸收剂中的 SO_2 解吸出来，从而达到吸收和回收烟气中 SO_2 的目的。

其脱硫机理如下：

$$SO_2 + H_2O \Longrightarrow H^+ + HSO_3^- \tag{13-1}$$

$$R + H^+ \Longrightarrow RH^+ \tag{13-2}$$

总反应式：

$$SO_2 + H_2O + R \Longrightarrow RH^+ + HSO_3^- \tag{13-3}$$

上式中 R 代表吸收剂，式（13-3）是可逆反应，低温下反应式（13-3）从左向右进行，高温下反应式（13-3）从右向左进行。循环吸收法正是利用此原理，在低温下吸收 SO_2，高温下将吸收剂中的 SO_2 再生出来，从而达到脱除和回收烟气中 SO_2 的目的。

该工艺方法是一种新颖的烟气脱硫技术，吸收剂再生时产生的高纯度 SO_2 气体是液体 SO_2、硫酸、硫黄和其他硫化工产品的优良原料。

13.2.1.2　工艺流程简述

离子液（有机胺）法烟气脱硫技术对烟气中尘、重金属等杂质含量有一定要求，因此对于除尘后的烟气进入脱硫系统前首先应经过烟气洗涤净化装置，一般采用洗涤塔和电除雾器，为了节约占地面积、节省系统投资，一般将洗涤塔和电除雾器设为一体式，电除雾器安装在洗涤塔上部。经过净化后的烟气进入脱硫塔下部，与从脱硫塔上部喷淋下来的脱硫贫液逆流接触，气体中的 SO_2 被吸收，经过脱硫后的烟气进入尾气烟囱排放。

吸收了 SO_2 的离子液称为富液，从脱硫塔底部出来，经富液泵加压后，进入贫富液换热器升温至约 $100℃$，然后进入再生塔内与从再生塔底部再生出来的水蒸气和 SO_2 气体逆向接触，温度进一步升高，同时解吸出部分 SO_2 气体。随后离子液进入再沸器进一步升温，SO_2 气体全部解析出来。从再沸器出来的气液混合物在再生塔底部分离，液体从底部出口流出，经贫液泵加压后进入贫富液换热器、贫液换热器换热降温后，进入脱硫塔吸收段上部继续吸收 SO_2，从而达到循环利用的目的。从再生塔底部分离出来的 SO_2 气体和水蒸气向上流动，从顶部出口出来首先进入再生气冷却器降温，随后进入再生气分离器进行气液分离，分离出的高纯度 SO_2 气体可进入后续硫产品加工系统。

同时，吸收液经过长期循环使用后其中的热稳定性盐浓度增加，影响吸收液对 SO_2 的吸收效率，因此为了维持脱硫系统的正常运行，保持较高的脱硫效率，需设置吸收液净化装置，贫液从贫液冷却器出来后，一小部分吸收剂进入离子净化装置净化后，再返回系统内继续使用。该技术工艺流程，如图 13-1 所示。

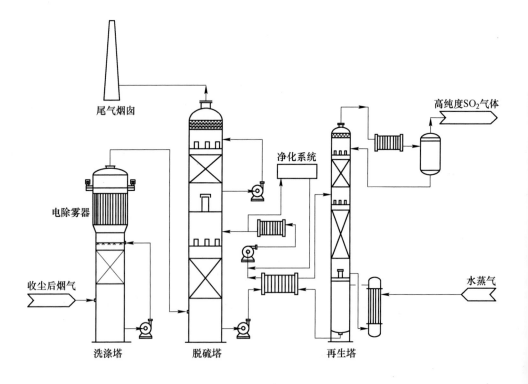

图 13-1　离子液（有机胺）法烟气脱硫技术工艺流程

13.2.1.3　技术特点

（1）脱硫效率高：脱硫效率可达 99%，出口烟气中 SO_2 浓度可控制在 $30mg/m^3$ 以下（标态），且脱硫效率可灵活调节，对烟气中 SO_2 含量无限制。在烟气中 SO_2 含量较高时，该技术的投资和操作成本更具优势。

（2）消耗蒸汽：离子液解吸所需热源一般采用蒸汽换热，厂内需要能提供一定量的蒸汽。

（3）系统运行可靠：工艺流程简洁，不存在系统堵塞等问题，开停车方便。

（4）极少量废渣、废液等二次污染物产生。

（5）吸收剂可循环使用，每年定期补充。

（6）副产品可利用：副产品为 99% 干基的 SO_2 气体，可作为液体二氧化硫、硫酸、硫黄或其他硫化工产品的优良原料，使得系统投资有回收的可能，处理烟气中 SO_2 浓度越高，系统投资回收期越短。

（7）离子液吸收剂具有一定的腐蚀性，对设备材质要求高，大部分采用碳钢衬 SMO254 或整体 316L 不锈钢材质，使得系统投资较高。

（8）离子液吸收剂市场上难以买到，需从特定厂家购买。

13.2.2　双氧水法脱硫技术

13.2.2.1　技术原理

双氧水脱硫工艺采用双氧水溶液为吸收介质，将烟气中的 SO_2 氧化为硫酸，反应方程式如下：

$$H_2O_2 + SO_2 =\!=\!= H_2SO_4$$

采用双氧水作为吸收剂脱除烟气中的二氧化硫气体，脱硫效率高，可达 95%，生成的稀硫酸可直接返回制酸系统进行回用，整个工艺过程没有任何废弃物产生，节省了吸收后副产物的处理成本，减轻了排污负担，还能创造一定的经济效益。

13.2.2.2　工艺流程简述

脱硫系统由烟气洗涤系统、脱硫塔循环系统、双氧水供给系统组成。

由于对副产的稀硫酸品质有一定要求，因此烟气需先经过洗涤净化后，再从脱硫塔下部进入，在填料段与过氧化氢循环液逆流接触，进行吸收脱硫反应并生成硫酸；脱硫后烟气经尾气除雾器脱除雾沫后送尾气烟囱排放。

吸收剂大部分采用 27.5% 浓度的双氧水，吸收产生的约 20%~30% 的稀硫酸输送至制酸系统干吸工段，作为酸浓调节用水。同时监控循环液中过氧化氢浓度，通过泵向脱硫塔内计量补充吸收剂过氧化氢溶液，以补充其消耗损失。该技术工艺流程，如图 13-2 所示。

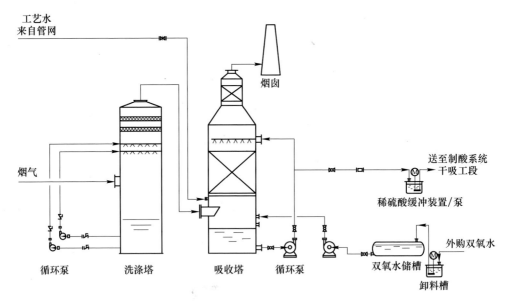

图 13-2　双氧水法烟气脱硫技术工艺流程

13.2.2.3　技术特点

（1）流程简短，投资省。流程简短，控制简便，可操作性强，无须额外增加操作人员，有效节约投资成本、运行成本和占地空间。

（2）脱硫效率高。脱硫装置高效、方便，过氧化氢活性强、反应速率快。

（3）控制精确。根据吸收前后 SO_2 浓度，采用计量控制系统精确的控制过氧化氢吸收剂的加入量，在保证脱硫效果的同时，降低了运行成本。

（4）不堵塔、阻力小。脱硫副产品为稀硫酸，不存在结晶堵塔等问题，吸收塔为大开孔率填料塔或空塔，系统阻力小，节省主鼓风机动力消耗。

（5）副产品稀酸可全部回收。系统产生的稀硫酸直接返回至制酸系统干吸工段用于调节干燥及吸收酸浓，副产品不需二次加工，回收成本低。

（6）无二次污染物产生。整个生产过程中不产生新的二次污染物，属于典型的清洁生产工艺技术。

（7）危险性。吸收剂过氧化氢是强氧化剂，属于危险化学品，长途运输具有一定危险性，因此该工艺适用于周边有过氧化氢生产厂家的地方。

13.2.3　活性焦法脱硫技术

13.2.3.1　技术原理

活性焦法烟气脱硫是一种可资源化的干法烟气净化技术，该技术利用具有独特吸附性能的活性焦对烟气中的 SO_2 进行选择性吸附，吸附态的 SO_2 在烟气中氧气和水蒸气存在的条件下被氧化为 H_2SO_4 并被储存在活性焦孔隙内；同时活性焦吸附层相当于高效颗粒层过滤器，在惯性碰撞和拦截效应作用下，烟气中的大部分粉尘颗粒在床层内部不同部位被捕集，完成烟气脱硫除尘净化。

吸附 SO_2 后的活性焦，在加热情况下，其所吸附的 H_2SO_4 与 C（活性焦）反应被还原为 SO_2，同时活性焦恢复吸附性能，循环使用；活性焦的加热再生反应相当于对活性焦进行再次活化，吸附和催化活性不但不会降低，还会有一定程度的提高。其化学反应式如下：

吸附反应：$SO_2 + 1/2O_2 + H_2O \rule[0.5ex]{2em}{0.4pt} H_2SO_4$

解吸反应：$\qquad 2H_2SO_4 + C \rule[0.5ex]{2em}{0.4pt} 2SO_2 + CO_2 + 2H_2O$

13.2.3.2　工艺流程简述

烟气由底部进入脱硫塔，通过活性焦吸附层被脱硫、净化，随后从脱硫塔顶部排出，进入烟囱排空。吸附饱和的活性焦靠重力排出脱硫塔，利用链斗提升机送至振动筛，经筛选排出碎焦后，由再生塔顶部加入，利用氮气作为加热或冷却介质，通过换热风机、电加热器等设备，实现再生塔内活性焦的再生；再生时释放出的高浓度 SO_2 混合气体，经再生气风机送至硫酸车间生产硫酸。再生后的活性焦由链斗提升机送入脱硫塔循环使用。备用的活性焦储存在料仓中，需要补充活性焦时可通过链斗提升机将其送至顶置料仓，进而加入脱硫塔中。活性焦输送过程中产生的活性焦粉尘，通过收尘风机、除尘器、烟尘罐予以收集。该技术工艺流程，如图 13-3 所示。

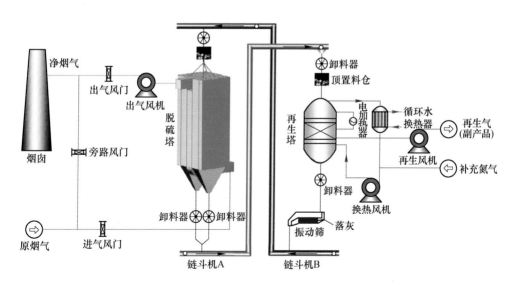

图 13-3　活性焦法烟气脱硫技术工艺流程

13.2.3.3　技术特点

（1）该技术为干法烟气脱硫技术，脱硫效率较低，对于有特殊排放限值要求的地区有一定的使用限制。

（2）可实现 SO_2、NO_x、粉尘、二噁英、重金属等污染物一体化脱除。

（3）无废水、废渣等二次污染物产生。

（4）节水：脱硫过程基本不耗水，尤其适合干旱缺水地区。

（5）资源回收：脱硫系统释放的高纯度 SO_2 气体可用于回收硫资源。

（6）脱硫过程烟气温度基本不降低，腐蚀性低。

（7）脱硫后的烟气湿度低，不存在烟囱雨和冒白烟的现象。

13.2.4　石灰(石)-石膏法脱硫技术

13.2.4.1　技术原理

石灰(石)-石膏法烟气脱硫技术以石灰石（$CaCO_3$）或石灰（CaO）磨成的细小粉末与水混合制成浆液作为 SO_2 的吸收剂，含 SO_2 的烟气与含钙基的浆液在脱硫塔内充分接触。在此过程中，SO_2 气体被溶解、吸收，生成亚硫酸钙。在搅拌器作用下，吸收过程中生成的亚硫酸钙与鼓入的空气充分接触，使其强制氧化为硫酸钙。反应机理如下：

吸收反应：
$$SO_2(g) \longrightarrow SO_2(l)$$
$$SO_2(l) + H_2O \longrightarrow H_2SO_3$$
$$H_2SO_3 \longrightarrow H^+ + HSO_3^-$$
$$HSO_3^- \longrightarrow H^+ + SO_3^{2-}$$

溶解反应：
$$CaCO_3(s) + H^+ \longrightarrow Ca^{2+} + HCO_3^-$$
$$CaO + H_2O \longrightarrow Ca^{2+} + 2OH^-$$

中和反应：
$$HCO_3^- + H^+ \longrightarrow H_2O + CO_2(g)$$
$$H^+ + OH^- \longrightarrow H_2O$$

氧化反应：
$$HSO_3^- + 1/2O_2 \longrightarrow H^+ + SO_4^{2-}$$
$$SO_3^{2-} + 1/2O_2 \longrightarrow SO_4^{2-}$$

结晶反应：$Ca^{2+} + SO_4^{2-} + 2H_2O \longrightarrow CaSO_4 \cdot 2H_2O(s)$

上述反应过程，可以用下面的总反应方程式来概括：

$$CaCO_3(s) + SO_2(g) + 1/2O_2 + 2H_2O \longrightarrow CaSO_4 \cdot 2H_2O(s) + CO_2(g)$$
$$CaO(s) + SO_2(g) + 1/2O_2 + 2H_2O \longrightarrow CaSO_4 \cdot 2H_2O(s)$$

该技术成熟可靠、脱硫效率高、吸收剂原料成本低廉且利用率高，但废水外排量大、系统易磨损结垢、副产物石膏无法利用。

13.2.4.2　工艺流程简述

石灰(石)-石膏法脱硫技术主要由浆液制备系统、吸收系统、石膏脱水处理系统、事故浆液排放系统等组成。外购石灰石/石灰粉经罐车运输到厂内粉仓储存，脱硫系统启动时，石灰石/石灰粉经称重皮带给料机输送到浆液制备槽内，与工艺水配制成一定浓度的钙基浆液，经泵将浆液送至吸收系统吸收烟气中的 SO_2 气体。

收尘后的烟气直接进入脱硫塔下部，入塔后 90°折向朝上流动，与自塔顶喷淋下来的浆液进行大液气比接触，烟气中的 SO_2 被吸收浆液洗涤，同时烟气中的尘和其他杂质也在脱硫塔中被除去，脱除 SO_2 后的烟气经塔顶除雾器去除烟气中的液滴后进入尾气烟囱排放。烟气中的 SO_2 与浆液进行吸收反应，生成亚硫酸氢根（HSO_3^-），HSO_3^- 被鼓入的空气氧化为硫酸根（SO_4^{2-}），SO_4^{2-} 与浆液中的钙离子（Ca^{2+}）反应生成硫酸钙（$CaSO_4$），$CaSO_4$ 进一步结晶为石膏（$CaSO_4 \cdot 2H_2O$）。含有石膏、尘和杂质的浆液落入脱硫塔底部浆池。脱硫塔顶部设有冲洗水系统，定期对除雾器进行冲洗，防止雾滴中的石膏颗粒堵塞除雾器。为了维持系统的正常运行，需连续从脱硫塔底部外排一定量的石膏浆液，外排石膏浆液经旋流器初步浓缩后进入皮带脱水机处理，得到含水量约10%的固体石膏，可外售或运输至厂外堆存；滤液部分回系统利用、部分外排至废水处理站。

同时脱硫系统一般设有事故浆液池和地坑，当脱硫系统检修或者发生故障时，可将脱硫塔内浆液用泵打到事故浆液池内储存，脱硫系统启动时浆液可返回重新利用。管道内的浆液依靠重力自流至地坑内，可由地坑泵打到事故浆液池或脱硫塔内使用。为了防止浆液沉淀，脱硫塔浆池和浆液储槽内均设有搅拌器。浆液管道设有冲洗水，以便管道不使用时得到及时冲洗，防止浆液中的不溶物沉淀、结块。该技术工艺流程，如图 13-4 所示。

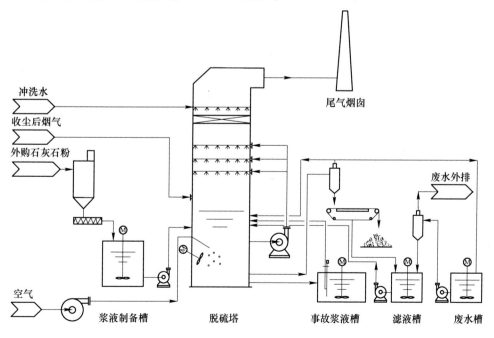

图 13-4　石灰(石)-石膏法烟气脱硫技术工艺流程

13.2.4.3　技术特点

（1）脱硫效率高：可达95%。

（2）技术成熟：应用较普遍、可靠的脱硫技术。

（3）吸收剂来源广泛：我国石灰石储量丰富，易于购买、价格低廉。

（4）系统流程较复杂，系统易磨损结垢，运行不当会造成系统堵塞，开停车不方便。

（5）二次污染物产生量大：副产物石膏因品质较差，难以利用，大部分堆存处理，造成对环境的二次污染；废水外排量大。

（6）吸收剂腐蚀性较低，对设备材质要求不高，一般采用碳钢衬防腐材料即可，系统投资较低。

13.2.5　钠碱法脱硫技术

13.2.5.1　技术原理

钠碱法烟气脱硫采用可溶性碱作为脱硫剂吸收烟气中的SO_2，一般常用的脱硫剂为碳酸钠或氢氧化钠。

采用碳酸钠作为脱硫剂时，主反应方程式如下：

$$SO_2 + Na_2CO_3 \longrightarrow Na_2SO_3 + CO_2$$

副反应为：

$$Na_2SO_3 + 1/2O_2 \longrightarrow Na_2SO_4$$

采用氢氧化钠作为脱硫剂时，主反应方程式如下：

$$SO_2 + 2NaOH \longrightarrow Na_2SO_3 + H_2O$$

副反应为：

$$Na_2SO_3 + 1/2O_2 \longrightarrow Na_2SO_4$$

13.2.5.2　工艺流程简述

烟气首先进入脱硫塔中部，90°折向朝上流动，与自喷淋层而下的循环液进行气液接触，烟气中的SO_2被吸收循环液洗涤，并与循环液中的碱性物质发生化学反应，完成烟气脱硫。系统向脱硫塔内连续补充新鲜钠碱溶液，同时连续外排一定量的亚硫酸钠溶液。脱硫后的净烟气通过脱硫塔顶部机械除雾器或电除雾器除去气流中夹带的雾滴后经尾气烟囱排放。

外购的碳酸钠/氢氧化钠固体与水混合后配制成一定浓度的溶液，经泵打入脱硫塔内，同时为了维持脱硫塔的脱硫效率和水平衡，塔内生成的亚硫酸钠溶液不断外排。该技术工艺流程，如图13-5所示。

13.2.5.3　技术特点

（1）脱硫效率高，可达98%以上。

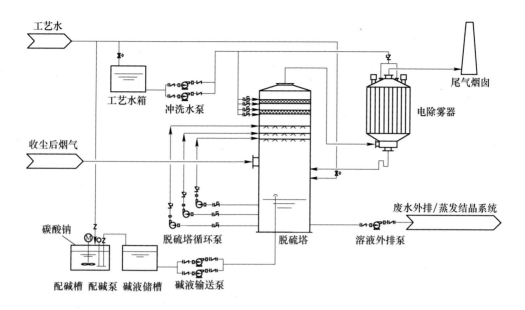

图 13-5　钠碱法烟气脱硫技术工艺流程

（2）工艺成熟，脱硫剂来源广泛。

（3）脱硫剂价格较贵，运行成本高。

（4）外排亚硫酸钠溶液处理分两种情况，一种情况是把达到一定浓度的亚硫酸钠溶液直接排放，但是这部分水不好处理；另一种情况是亚硫酸钠溶液经过中和、结晶、干燥生产无水亚硫酸钠产品外售，它的优点是运行经济性较好，不存在二次污染问题，缺点是流程复杂，设备种类众多，占地大，一次投资高。

13.3　环集烟气脱硫技术对比分析

以酸碱中和机理的脱硫技术，如石灰(石)-石膏法，钠碱法等，脱硫剂易得，脱硫效率高，但通常会副产废渣、废液，后续处理难度较大。

吸附再生类脱硫技术，如离子液（有机胺）法、活性焦法等，工艺相对复杂，有少量废渣、废液产生，需要蒸汽、冷却水等工质，能耗较高。

直接氧化类，如双氧水法，工艺相对简单，脱硫效率高，副产稀硫酸，适宜于有制酸系统或周边有稀硫酸需求的项目。

下面对离子液（有机胺）法、双氧水法、活性焦法、石灰(石)-石膏法、钠碱法五种脱硫技术进行对比分析见表 13-3。

表 13-3　环集烟气脱硫技术对比分析

名称	离子液（有机胺）法	双氧水法	活性焦法	石灰（石）-石膏法	钠碱法
脱硫效率	≥98%	≥95%	≥80%	≥95%	≥98%
脱硫剂（吸附剂）	离子液	双氧水	活性焦	石灰石/石灰粉	氢氧化钠/碳酸钠
脱硫副产品	高纯度 SO_2 气体	稀硫酸	SO_2 气体	石膏	亚硫酸钠溶液/亚硫酸钠固体
副产品去向	制酸系统/制备液体 SO_2/生产其他硫化工产品	制酸系统干吸工段	制酸系统/生产其他硫化工产品	外售或堆存	亚钠溶液外排/亚硫酸钠固体外售
流程复杂程度	中等	简单	中等	中等	产品为亚硫酸钠溶液：简单；产品为亚硫酸钠固体：复杂
系统是否易堵塞	否	否	否	是	否
有无废渣产生	少量	无	无	有	无
有无废液产生	少量	无	无	有	产品为亚硫酸钠溶液：有；产品为亚硫酸钠固体：少量
是否需要冷却水	是	否	少量	否	否
是否需要蒸汽	是	否	否	否	产品为亚硫酸钠溶液：否；产品为亚硫酸钠固体：是
电耗	中等	低	高	高	低
投资费用	高	低	高	稍高	产品为亚硫酸钠溶液：低；产品为亚硫酸钠固体：高
运行费用	高	高	高	低	高
技术优点	脱硫效率高；可回收硫产品；二次污染物极少	流程简单；可回收产品；无二次污染物	无废水、废渣、烟气二次污染物产生，可回收产品	技术成熟；吸收剂来源广泛	脱硫效率高；工艺成熟；脱硫剂来源广泛
技术缺点	蒸汽消耗量大；投资高	双氧水是危险化学品，对于运输和储存有一定要求	脱硫效率不高	废渣、废液产生量大	亚硫酸钠固体产品质量等级不高，销路有限

　　每种脱硫技术都有各自的优缺点，PS 转炉环集烟气脱硫采用何种方法，需结合项目所在地的情况综合考虑。对于有制酸系统的工厂，可选择采用离子液（有机胺）法、活性焦法等可回收烟气中 SO_2 气体，脱硫系统副产的 SO_2 气体送制酸系统生产硫酸产品。也可选择双氧水法，脱硫副产的稀硫酸返回干吸工段作为补充水，但是需核算干吸工段的补水能力，保证脱硫系统产生的稀硫酸能全部返回干吸工段。

　　对于没有制酸系统或者制酸系统没有富裕的工厂，可采用石灰（石）-石膏法或钠碱法脱硫，将烟气中的 SO_2 转变为硫酸盐或亚硫酸盐固定下来，该类技术不足之处是副产一定量的废渣或废液，后续处理难度较大。

　　制酸排放尾气中 SO_2、NO_x、硫酸雾、颗粒物含量均低于《铜、镍、钴工业污染物排放标准》（GB 25467—2010）修订单中规定的特别排放限值（标态）SO_2 浓度 $\leqslant 100mg/m^3$，NO_x 浓度 $\leqslant 100mg/m^3$，硫酸雾 $\leqslant 20mg/m^3$，颗粒物浓度 $\leqslant 10mg/m^3$，满足排放要求。

　　环集烟气脱硫后排放尾气中 SO_2、颗粒物含量均低于《铜、镍、钴工业污染物排放标准》（GB 25467—2010）修订单中规定的特别排放限值 SO_2 浓度 $\leqslant 100mg/m^3$，颗粒物浓度 $\leqslant 10mg/m^3$，满足排放要求。

14 PS 转炉大气污染物特征及治理效果

14.1 PS 转炉大气污染物产生与排放

14.1.1 PS 转炉吹炼过程中大气污染物的来源

PS 转炉吹炼属于传统吹炼技术，已存在 100 多年，主要用于吹炼铜锍，产生吹炼渣、粗铜以及吹炼烟气；PS 转炉吹炼过程是周期作业，分造渣期和造铜期，配置多台 PS 转炉同时送风作业。产生的大气污染物主要来源于铜锍中的硫和杂质元素，随着铜锍品位提高，含硫和杂质元素量会减少。

铜锍理论成分见表 14-1，实际铜锍含硫量一般低于理论量，提高铜锍含铜量会降低 SO_2 以及其他污染物的产生量和排放量。

表 14-1 铜锍理论成分

元素成分/%				物相成分/%		
$w(Cu)$	$w(Fe)$	$w(S)$	其他	$w(Cu_2S)$	$w(FeS)$	其他
56	16.95	23.01	4.04	70.11	26.59	3.3
62	11.62	22.25	4.13	77.62	18.23	4.15
68	6.16	21.43	4.41	85.14	9.68	5.18
72	2.78	20.87	4.35	90.15	4.37	5.48

Pb、Zn、As、Sb、Bi、Cd、Hg 等杂质元素以及 Au、Ag 等稀贵元素主要伴随铜精矿带入，经熔炼工序大部分脱除进入熔炼烟气，少部分进入铜锍送 PS 转炉吹炼进行进一步脱除，次要元素在火法冶炼各工序的走向见表 14-2。

表 14-2 次要元素在火法冶炼各工序的走向

元素	熔炼/%			PS 转炉吹炼/%			精炼/%		
	铜锍	炉渣	烟气	粗铜	炉渣	烟气	阳极铜	炉渣	烟气
Pb	30	21	49	20	32	48	55	45	0
Zn	22	63	15	5	81	15	20	80	0
As	5	15	80	33	34	33	30	70	0
Sb	10	53	37	35	20	45	30	70	0

元素	熔炼/%			PS 转炉吹炼/%			精炼/%		
	铜锍	炉渣	烟气	粗铜	炉渣	烟气	阳极铜	炉渣	烟气
Bi	15	9	76	23	44	33	30	70	0
Cd	5	36	59	20	10	70	60	40	0
Hg	5	6.0	89	0	1.0	99	0	0	0
Au	92	7	1	98.61	0.22	1.18	99.75	0.25	0
Ag	90	9	1	98.46	0.36	1.18	99.75	0.25	0

14.1.2 PS 转炉吹炼过程中大气污染物的产生节点

PS 转炉产生的大气污染物主要是吹炼过程中的烟气、颗粒物和炉口频繁摇炉从炉口逸散的烟气和喷溅物产生的颗粒物。

14.1.2.1 一次烟气

一次烟气是 PS 转炉吹炼过程产生的工艺烟气，其主要成分为 SO_2、SO_3、O_2 和 N_2。由于吹炼过程分为造渣期和造铜期，两个阶段的化学反应不同，以及铜锍品位不同，产生烟气成分不同，PS 转炉规格不同产生烟气量不同。

PS 转炉吹炼烟气成分及烟气量（案例：铜锍品位 62%，转炉规格 $\phi4.5m\times13m$）见表 14-3。吹炼过程产生的工艺烟气含 SO_2 浓度比较高，经过密封烟罩、余热锅炉、电收尘器由高温排烟风机送制酸系统。

表 14-3 PS 转炉吹炼烟气成分及烟气量（案例：铜锍品位 62%，转炉规格 $\phi4.5m\times13m$）

工段	名称		烟气成分					烟气量（标态）/$m^3 \cdot (h \cdot 台)^{-1}$	烟气温度/℃	烟气含尘（标态）/$g \cdot m^{-3}$
			SO_2	SO_3	O_2	N_2	H_2O			
造渣期	吹炼炉出口	m^3/h	6599	—	523	30629	799	38550	1230	89.36
		%	17.12	—	1.36	79.45	2.07	100	—	—
	锅炉入口	m^3/h	6599	—	6082	51538	1328	65547	778	52.55
		%	10.07	—	9.28	78.63	2.03	100	—	—
	锅炉出口	m^3/h	6368	130	7106	56616	1457	71676	350	30.02
		%	8.88	0.18	9.91	78.99	2.03	100	—	—
	电收尘器出口	m^3/h	6368	130	8227	60833	1563	77121	280	0.28
		%	8.26	0.17	10.67	78.88	2.03	100	—	—

工段	名称		烟气成分					烟气量 (标态) /m³·(h·台)⁻¹	烟气温度 /℃	烟气含尘 (标态) /g·m⁻³
			SO_2	SO_3	O_2	N_2	H_2O			
造铜期	吹炼炉出口	m³/h	8613	—	781	31874	806	42073	1198	20.59
		%	20.47	—	1.86	75.76	1.92	100	—	—
	锅炉入口	m³/h	8613		6845	54684	1383	71525	753	12.11
		%	12.04		9.57	76.46	1.93	100	—	—
	锅炉出口	m³/h	8333	170	8111	60224	1523	78361	350	9.77
		%	10.63	0.22	10.35	76.85	1.94	100	—	—
	电收尘器出口	m³/h	8333	170	9302	64705	1637	84147	280	1.08
		%	9.90	0.20	11.05	76.90	1.95	100	—	—

14.1.2.2　二次烟气和三次烟气

PS 转炉吹炼过程间断作业，在炉门打开进出铜锍、吹炼渣、粗铜和其他物料时，会有烟气从炉口逸散出来，并由环集烟罩捕集，这部分未进入工艺系统而被环集系统捕集的烟气称为二次烟气。

从环集烟罩逃逸、在吊包过程包子逸散并扩散到厂房上空的烟气称为三次烟气，可由厂房顶部排烟系统捕集。二次烟气和三次烟气统称为环集烟气，这部分烟气主要是空气，捕集部分逃逸的 SO_2 烟气和颗粒物，其烟气量和主要污染物参数见表 14-4。

表 14-4　环集烟气成分和烟气量

名　称	烟气量（标态)/m³·h⁻¹	烟气含 SO_2/mg·m⁻³	烟气含尘/mg·m⁻³	备注
二次烟气	200000~250000	1000~1500	300~400	炉口
三次烟气	10000~250000	100~500	30~50	屋顶

目前环集烟气常见的处置方式为：经管道输送至布袋除尘器除尘后由排烟风机送脱硫系统脱除烟气中 SO_2 和其他大气污染物。

14.1.2.3　烟气中颗粒物

PS转炉吹炼过程中颗粒物在烟气中的含量（质量分数）一般为1%~2%，其主要成分是细粒的石英石、炉渣、铜锍、金属铜及某些高温下挥发的重金属化合物，如PbO、ZnO、As$_2$O$_3$等。

余热锅炉、沉降烟道、钟罩阀以及电收尘器一、二级电场收集的颗粒物粒径大、含铜品位较高，一般返回铜熔炼系统进行配料；电收尘器三级电场及后续电场收集的颗粒物粒径小，含挥发性金属如铅、锌较高，一般作为开路颗粒物，委托铅锌冶炼厂协同处理，或设置独立颗粒物处理系统回收有价元素。

14.1.3　PS转炉吹炼过程中大气污染物的排放去向

吹炼过程产生的工艺烟气含SO$_2$浓度比较高，经过密封烟罩、余热锅炉、钟罩阀、电收尘器由高温排烟风机送制酸系统，将一次烟气中的SO$_2$转化成98%的硫酸产品外售，制酸尾气进一步脱硫后排入大气。

二次和三次烟气（被捕集部分）经管道输送至布袋除尘器除尘后由排烟风机送脱硫系统脱除烟气中SO$_2$和颗粒物，SO$_2$的捕集产物取决于脱硫工艺，如离子液法产出液态SO$_2$送制酸系统产出成品酸外售，石灰石法产出石膏外售，脱硫尾气排入大气。

除了制酸烟囱和环保烟囱的有组织排放外，PS转炉还有一些逸散的无组织SO$_2$烟气未能全部捕集到，三次烟气的捕集率一般为50%~60%，捕集率取决于厂房的密封程度、收集系统排烟风机气量等，部分企业未建设厂房顶部集气系统，三次烟气会在厂房车间内停留集聚，大粒径颗粒物会产生沉降，其他气态污染物会通过天窗等途径扩散至生产单元外，造成一定程度的低空污染。

根据对铜冶炼不同工艺下PS转炉的物质平衡估算可知，目前国际炼铜企业PS转炉逸散的二氧化硫大约占其排放总量的1.5%~6.5%。我国近年来十分重视环境保护，采用PS转炉吹炼的企业已经普及了二次烟气捕集系统，部分企业建设实施了三次烟气的捕集系统，并送除尘、脱硫处理，国内企业PS转炉逸散的二氧化硫大约占其排放总量的0.3%~0.5%。

综上所述，PS转炉吹炼过程产生的绝大部分烟气最终会通过制酸尾气烟囱和环保集烟烟囱有组织排放，少量烟气未被捕集通过无组织形式逸散至厂区和外环境，如图14-1所示。

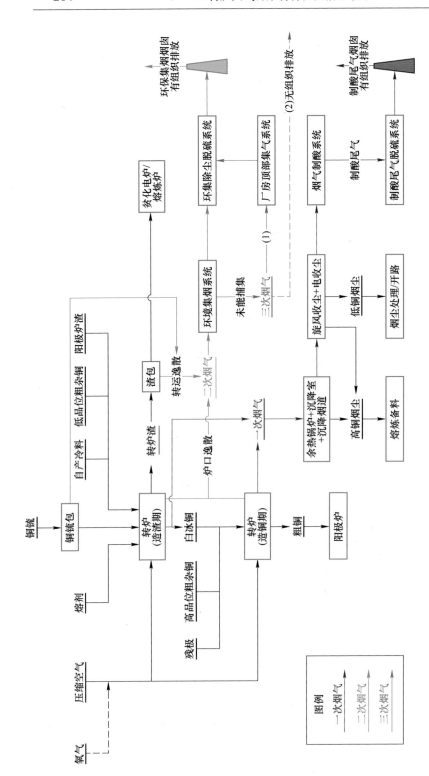

图 14-1　PS 转炉大气污染物产排污节点

注：(1) 为被厂房顶部集气系统捕集的三次烟气，经处理后从环保烟囱有组织排放；

(2) 为未被捕集的三次烟气经天窗等途径扩散至厂区和厂外环境，为无组织排放，

如未设置顶部集气系统，(1)和(2)均为无组织排放，目前尚未完全普及。

14.2 PS 转炉大气污染物特征

PS 转炉的烟气排放分有组织排放和无组织排放两种形式。其中，有组织排放即大气污染物经过烟囱或排气筒有规律的集中排放，这种排放形式的污染物通过排放标准来控制，因此易于管理；而无组织排放是针对有组织排放而言的，是指烟气未经排气筒或烟囱直接在生产过程中逸散排出，无组织管控的两个重要措施是从根本上减少无组织逸散烟气溢出以及提高不可避免的无组织烟气捕集率，尽可能将无组织排放转为有组织排放。

14.2.1 有组织烟气污染特征

PS 转炉有组织烟气包括制酸烟囱尾气和环集烟囱尾气。

制酸烟囱尾气即 PS 转炉工艺烟气经余热锅炉和电收尘后，与熔炼工段的工艺烟气合并制酸，制酸尾气脱硫后由制酸烟囱排入大气环境。

环集烟囱尾气是炉口、铜锍排出口、渣排出口、铜锍包、渣包等现场逸散的烟气经除尘脱硫后，由环集烟囱排入大气环境。PS 转炉的环集烟气一般也会合并熔炼工段的环集烟气，很少单独收集排放。

14.2.1.1 污染物产排浓度特征

根据《铜冶炼烟气治理工程技术规范》（HJ 2060—2018）和《铜、镍、钴工业污染物排放标准》（GB 25467—2010）及其修改单，吹炼工段涉及的有组织烟气中各污染物浓度见表 14-5。

表 14-5 吹炼工段涉及的有组织烟气污染物浓度 　　　　（mg/m³）

工序		吹炼①	烟气制酸②	环集烟气③
产排污节点		吹炼炉工艺烟气	制酸脱硫尾气	熔炼、吹炼、精炼及渣贫化过程各炉窑进料口、出渣口、出铜口等
颗粒物	产生浓度	40000~100000	0~300	300~2000
	排放标准	—	50	80
	特排限值④	—	10	10
二氧化硫	产生浓度	120000~430000	100~1000	100~1500
	排放标准	—	400	400
	特排限值④	—	100	100
氮氧化物	产生浓度	100~200	20~100	50~200
	排放标准	—	—	—
	特排限值④	—	100	100
硫酸雾	产生浓度		20~200	
	排放标准		40	40
	特排限值④		20	20

工序		吹炼①	烟气制酸②	环集烟气③
铅及其化合物	产生浓度	60~800	60~800	60~800
	排放标准	—	0.7	0.7
	特排限值④	—	0.7	0.7
砷及其化合物	产生浓度	10~80	10~80	10~80
	排放标准	—	0.4	0.4
	特排限值④	—	0.4	0.4
汞及其化合物	产生浓度	10~100	10~100	10~100
	排放标准		0.012	0.012
	特排限值④	—	0.4	0.4
镉及其化合物	产生浓度	1~4	1~4	1~4
	排放标准	—	—	—
	特排限值④	—	—	—

① 吹炼工艺烟气, 用于制酸, 无直接排放口。

② 制酸的烟气来源于熔炼工艺和吹炼工艺两股烟气。

③ 不单独针对 PS 转炉, 目前尚未有单独针对 PS 转炉的环集烟气数据可查询。

④ 特别排放限值。在国土开发密度较高、环境承载能力开始减弱, 或大气环境容量较小、生态环境脆弱, 容易发生严重大气环境污染问题而需要采取特别保护措施的地区, 应执行《铜、镍、钴工业污染物排放标准》(GB 25467—2010) 修改单中的大气污染物特别排放限值。

　　我国现有铜冶炼企业 PS 转炉所涉及的制酸烟囱尾气和环集烟囱尾气排放浓度均满足《铜、镍、钴工业污染物排放标准》(GB 25467—2010) 及其修改单的要求。

14.2.1.2　颗粒物粒径及成分特征

　　对 PS 转炉工序产生的颗粒物, 采用电除尘法收尘后, 送制酸系统, 对该收尘灰进行粒度分析, 见图 14-2 和表 14-6。

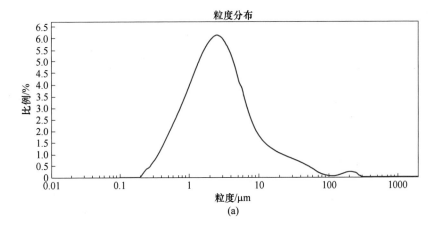

(a)

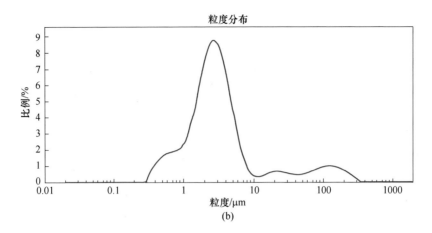

图 14-2 铜火法冶炼转炉烟尘粒度分析

（a）铜冶炼厂 1；（b）铜冶炼厂 2

表 14-6 铜火法冶炼转炉烟尘粒度分布

序号	粒度区间/μm	铜冶炼厂 1 所占比例/%	铜冶炼厂 2 所占比例/%	平均值
1	0~1	17.5	11.59	14.55
2	1~2.5	31.2	31.87	31.54
3	2.5~10	38.68	42.79	40.74
4	>10	12.62	13.75	13.19
5	合计	100.00	100.00	100.00

由图 14-2 和表 14-6 可知，收尘灰中在 0~2.5μm 粒度区间的占 46.09%，PM$_{2.5}$ 为细颗粒物，可通过肺泡进入人体内部；在 0~10μm 粒度区间的占 86.81%，PM$_{10}$ 为可吸入颗粒物，可通过口鼻进入人体呼吸系统。

基于上述数据可知该收尘灰的粒度较小，主要以 0~10μm 区间为主。工艺烟气经过余热锅炉沉降、收尘后集中收集，送熔炼配料或开路处置。

PS 转炉吹炼过程的烟尘率一般为 1%~2%，其主要成分是细粒的石英、炉渣、铜锍、金属铜及某些高温下挥发的化合物，如 PbO、ZnO、As$_2$O$_3$ 等。粗尘含铜高，返回铜熔炼系统；细尘含挥发性金属如铅、锌高，送铅锌系统处理。不同粒度烟尘分析结果见表 14-7。

表 14-7 不同粒度烟尘成分分析结果

粒别	占总烟尘量/%	化学成分/%					
		w(Cu)	w(Pb)	w(Zn)	w(SiO$_2$)	w(Fe)	w(S)
>10μm	20~25	35~40	4~8	1~4	1~2	7~8	11~14
0~10μm	75~80	2~8	30~40	9~11	2~3	2~3	10~14

注：数据来自《铜冶炼工艺》，2012。

14.2.2　无组织烟气污染特征

PS 转炉虽经历了一百年的历史，但其无组织排放一直是其较为突出的一个问题，主要体现在以下几个方面：

（1）吹炼烟气是间断产生的，摇炉时无组织烟气多且污染物浓度高，而不摇炉时很少，特别是摇出炉口休风时或摇入炉口开始鼓风时阵发性烟气更大。

（2）从转炉炉口加铜锍、倒炉渣和粗铜时，对开式环保烟罩必须打开以方便操作，烟气从炉口外逸，烟罩难以完全捕集无组织烟气，同时伴有大面积的热辐射，给捕集烟罩的设置带来较大的难度。

（3）炉口加铜锍、倒炉渣和粗铜为开放式，易受横向气流干扰，给烟气的烟罩捕集带来困难。

（4）高温物料通过吊车吊包子运输时，铜锍包、渣包、粗铜包逸散无组织烟气扩散至屋顶，吊车作业环境较差。

由以上烟气的特性分析可知：多台 PS 转炉同时作业，逸散无组织 SO_2 烟气难以避免。国内目前对 PS 转炉无组织污染特征没有太多公开的数据。PS 转炉吹炼过程产生的无组织逸散的污染物以重金属的硫化物、氧化物为主，污染物的成分、比例与产生时段、位置相关。

14.2.2.1　污染物产排浓度特征

我国《铜、镍、钴工业污染物排放标准》（GB 25467—2010）中仅有厂界无组织排放浓度限值要求，并没有车间内、生产单元边界无组织排放限值要求，其无组织烟气的管控更多体现在对工人职业健康的岗位浓度要求，即《工作场所有害因素职业接触限值　第 1 部分：化学有害因素》（GBZ 2.1—2019），具体见表 14-8。

表 14-8　工作场所空气中化学有害因素职业接触限值　　　（mg/m³）

监测因子	SO_2	铜烟	铅烟	Cd	As
最高允许浓度（MAC）	—	—	—	—	—
时间加权平均允许浓度（PC-TWA）	5	0.2	0.03	0.01	0.01
短时间接触允许浓度（PC-STEL）	10	—	—	0.02	0.02

田月针对某铜冶炼厂熔炼车间的环境空气污染特征进行了研究，得到了转炉操作平台处 SO_2、Cu、Pb、As、Cd、Hg 的浓度，具体见表 14-9。

表 14-9　我国某铜冶炼厂转炉无组织大气污染物浓度　　　（mg/m³）

监测因子		SO_2	Cu	Pb	Cd	As
转炉操作平台	浓度范围	0.30~1.70	0.005~0.032	0.003~0.010	0.002~0.013	0.006~0.037
	时间加权平均允许浓度	—	0.081	0.008	—	—
	短时间接触容许浓度	1.70	0.032	0.010	0.013	0.037
转炉工段车间外		0.16~0.18	—	—	—	—

对照表 14-9 中的职业卫生标准，该铜冶炼厂 PS 转炉操作平台的 As 有超标的现象，超过短时间接触允许浓度的 0.85 倍，其他均达标。与转炉工段车间外的浓度相比，转炉操作平台二氧化硫的浓度更高，可见大气污染物在扩散过程中发生了稀释。

我国铜冶炼厂 PS 转炉操作平台各污染物的岗位浓度为：二氧化硫 0.024 ～ 16.5mg/m³，氮氧化物 0.00985 ～ 0.03875mg/m³，颗粒物 0.37 ～ 6.243mg/m³，砷 0.000235～ 0.01575mg/m³，铅 0.001191 ～ 0.076mg/m³，汞 0.000194 ～ 0.00506mg/m³。总体看来，除个别企业的二氧化硫、颗粒物和砷以外，其他监测因子的岗位浓度均满足《工作场所有害因素职业接触限值 第 1 部分：化学有害因素》（GBZ 2.1—2019）的要求，且各企业的浓度差别比较大，但同一企业不同时期（加料期、造渣期、出渣期、造铜期和出铜期）的差别不大。

14.2.2.2 颗粒物粒径及成分特征

对某铜冶炼厂转炉操作平台无组织排放的颗粒物进行粒度分析，如图 14-3 所示，铜火法冶炼转炉无组织颗粒物粒度分布见表 14-10。

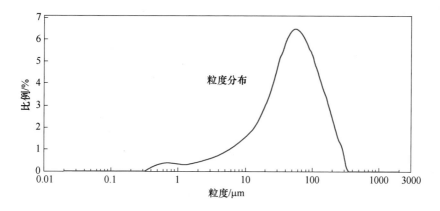

图 14-3 铜冶炼厂转炉无组织颗粒物粒度分析

表 14-10 铜火法冶炼转炉无组织颗粒物粒度分布

序号	粒度区间/μm	某铜冶炼厂所占比例/%
1	0～1	1.94
2	1～2.5	2.05
3	2.5～10	8.21
4	>10	87.8

可见，无组织排放的颗粒物粒度较大，会有大部分沉降在厂房内，不会逸散到车间外，包括转炉在内的冶炼车间内颗粒物监测点浓度与车间外浓度相差可达

到 1~3 倍。

无组织颗粒物的成分特征与有组织污染物有高度的相关性，二次烟气物相组成与一次工艺烟气一致，同时有周期性的变化，三次烟气中含有物料包子逸散的烟气。

14.3　PS 转炉大气污染物特征的影响因素分析

PS 转炉大气污染物特征的影响因素主要包括原料成分、工艺设备参数、操作控制方式、环保治理措施等几个方面，其中吹炼的主要原料是铜锍，其成分受铜精矿成分、熔炼工艺的影响，由于铜精矿成分在实际生产中存在一定的波动，特别是重金属杂质元素波动性更为明显，因此，原料成分不作为重点分析的影响因素。

14.3.1　吹炼工艺设备参数的影响

PS 转炉的大气污染特征主要是无组织排放控制难度较大，PS 转炉无组织排放的主要途径是从转炉水冷活动烟罩、环集集气罩和转炉炉口之间的开口区域逃逸出来，因此其排放速率取决于开口的大小和通过转炉口到烟罩系统的排放气体流量。

采用富氧吹炼可以降低 PS 转炉的吹气速率，源头上减少烟气量，从而减少无组织排放。鼓入含氧浓度高的富氧空气会增加进入制酸系统的气体流中的 SO_2 浓度，生产实践中发现提高转炉生产用风的氧气浓度，有利于保持炉口负压效果、源头上减少烟气外逸。通过将平均氧气浓度从 22.5% 提高至 25% 后，送风量（标态）40000m^3/h 调整至 35000m^3/h，烟气量减少了 12.5% 以上。

我国主要铜冶炼厂 PS 转炉的炉口大小、送风量和生产用风的氧气浓度与其对应的车间内无组织排放污染物浓度进行了关联度分析。PS 转炉不同工艺参数下的无组织排放情况见表 14-11。

表 14-11　PS 转炉不同工艺参数下的无组织排放情况

炉口面积 /mm^2	送风量（标态） /$m^3 \cdot h^{-1}$	氧气浓度 /%	SO_2 /$mg \cdot m^{-3}$	颗粒物 /$mg \cdot m^{-3}$	NO_x /$mg \cdot m^{-3}$	Pb /$mg \cdot m^{-3}$	As /$mg \cdot m^{-3}$
6697500	45000	25	1.0125	6.243333	0.03875		
8060000	40000	24		1.116667	0.143333	0.092667	0.01121
6210000	35000	25		0.86		0.0104	0.0023
6580000	36500			3.0625	0.0305	0.003219	0.000525
5722650	38000	24	17.1	1.7725	0.022	0.30075	0.0191
6580000	52000	25	0.02	0.303	0.035		

炉口面积 /mm²	送风量（标态） /m³·h⁻¹	氧气浓度 /%	SO₂ /mg·m⁻³	颗粒物 /mg·m⁻³	NOₓ /mg·m⁻³	Pb /mg·m⁻³	As /mg·m⁻³
6440000		23.5	0.4	0.8		0.02	0.002
3900000	24500	21	2.2	4.83725		0.0175	0.017
7728000	27500	22	3.545	3.4		0.00825	0.000448
3146400		20.5	3.995	7.109		0.0535	0.0145
6580000	38000	25		1.19	0.03		
4536000	37000	27		1.1		0.025	0.0183

通过分析发现：

（1）PS 转炉炉口尺寸仅与 NOₓ 的浓度正相关，但是对其他污染物浓度没有明显影响。

（2）PS 转炉送风量对无组织排放的污染物浓度没有明显影响。生产鼓风的氧气浓度对无组织排放的污染物浓度正相关，但污染物浓度变化不明显。

总体来看，PS 转炉大气污染物特征受转炉工艺参数的影响较小。

14.3.2　吹炼过程操作方式的影响

14.3.2.1　摇炉过程送停风的影响

根据 PS 转炉吹炼过程的特点每个作业周期都要频繁地摇炉、送停风操作，平均每炉次要操作 6 次，频繁地摇炉增加了操作工的单炉工作量。送风过程中等待风量、风压（摇炉操作风量、风压必须达到一定的条件）时，鼓风机大约以 20000~30000m³/h 的风量（标态）送往转炉炉内；停风操作从吹炼位（以 0° 为例）摇到停止位（60°），20° 左右风眼离开熔体，从 20° 位置到停止位（60°）时间约 20s，这 20s 时间内还在以 37000m³/h 左右的风量向炉体送风。大部分送往炉体的冷风量通过高温排风机抽出进入主烟道送往硫酸工艺、部分风量带着烟气被环集排烟风机抽到环集系统、部分外逸到空气中造成低空污染，影响主厂房的环境治理。如果在转炉摇炉过程中提前打开放空阀，转炉在转出过程中风压会明显下降，进转炉的风量同步明显下降。这样使转炉在转出过程中，向环集烟道送入的烟气和向厂房喷射的烟气明显减少。

因此，在送、停风过程中有效的控制无效送风，可大大降低低空污染，使低空污染得到有效的治理，厂房内环境得到大大的改善，大大降低工厂治理低空污染的成本。

14.3.2.2　冷料加入方式的影响

冷料通过钢包加入的话，炉口转进转出频繁会有大量烟气外逸。如果是两台一周期，平均单台转炉一个生产周期因加入冷料需要炉体转出 3 次，对于一个 30 万吨/年阴极铜的铜冶炼厂，每天合计转出 27~30 次，会给现场环保收集系统带来巨大负荷，大量未能收集的烟气形成散排。

如果将现场自产冷料 60% 的铜锍包壳破碎后，通过石英熔剂皮带加入系统入炉。在生产炉台不用转出的角度加入冷料，从根本上解决了加入冷料过程中产生的外逸烟气。

14.3.2.3　物料运输方式的影响

目前国内的铜锍包、渣包、粗铜包均通过吊车运输，包子内高温熔融态物料外逸的烟气量大，污染物浓度高，尤其是二氧化硫。如果在物料运输过程中合理操作，也会降低大气污染物排放，如天车在进料时视冒烟情况调整好进料量，如果进料时有烟气逸散，天车工应立即减缓进料速度，如果烟气逸散情况加剧，天车工应立即落副钩停止进料，待没有逸散烟气时再进料，直至进完料。进完料后小车在炉口位置等 20s，环集系统可以收集铜锍包逸散出来的烟气，如果进完料之后的铜锍包仍有部分烟气逸散，可将铜锍包放至另外一台冷备炉体安全坑内，并关闭相应炉体的活动门帘，开一个环集蝶阀辅助集烟。

14.3.2.4　烟道负压控制的影响

提高主烟道的负压可以减少转炉炉口外逸烟气量。

大冶有色转炉主烟道布局是 5 台转炉的烟气共同经一根 $\phi 3m$ 烟管通往制酸系统，各台转炉炉口负压分配不均。由于厂区布局限制，改造主要是调整烟道管网走向，各台转炉之间烟道彼此隔断，再增加一根 $\phi 3m$ 主烟管分配负压，保证转炉负压均衡，改造后的烟气管网如图 14-4 所示。改造完成后，1 号、2 号、

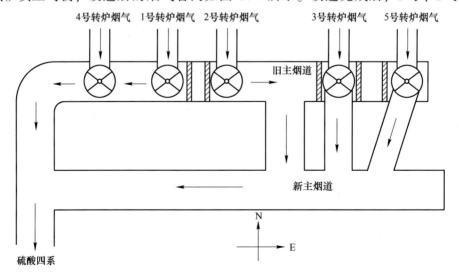

图 14-4　大冶有色改造后主烟道烟气管网图

3 号、5 号转炉锅炉出口平均负压相比改造前分别提高了 60Pa、35Pa、30Pa、40Pa，4 号转炉锅炉出口平均负压虽降低约 20Pa，5 台转炉烟气入口负压均衡，但 4 号转炉管线短，负压效果为 5 台转炉中最佳的。

除此之外，定期检查炉口、集气罩等的配合情况以及设备其他可能发生泄漏的区域对于控制 PS 转炉大气污染也非常重要。

14.3.3　环保措施对大气污染物特征的影响分析

PS 转炉吹炼的烟气包括用来制酸的工艺烟气（一次烟气）和从炉口、铜锍包、渣包和粗铜包等处逸散出来的二次和三次烟气。由于目前所有铜冶炼厂的转炉工艺烟气均通过炉口上方的主烟道进入制酸系统，收集处理措施相同，因此本报告分析的环保措施影响不考虑工艺烟气，仅考虑逸散的环集捕集二次、三次烟气。

14.3.3.1　烟气捕集措施的影响

A　固定环集烟罩

为了收集 PS 转炉的环集烟气，传统的 PS 转炉均在炉顶上方设置固定环集烟罩，将从炉口逸散的无组织烟气收集与熔炼工艺的环集烟气一起除尘脱硫后由环集烟囱排放。PS 转炉炉顶固定环集烟罩，如图 14-5 所示。

图 14-5　PS 转炉炉顶固定环集烟罩

B　对开式活动环集烟罩

在转炉倒渣、粗铜和正常吹炼时，将对开门环集烟罩关闭捕集逸散的无组织 SO_2 烟气，因此不少企业在炉体侧方设置了环集对开门，固定烟罩和对开门围成的集烟区域与排烟通路连通。在转炉进铜锍时，环集对开门处于开启状态，其他作业时间均处于关闭状态，防止烟气逸散至厂房。PS 转炉对开环集烟罩结构外观，如图 14-6 所示。

图 14-6　PS 转炉对开环集烟罩

C　屋顶环集烟气捕集管道

为了更好的捕集吊车运输铜锍、炉渣、粗铜以及摇炉等作业过程逸散的无组织 SO_2 烟气，有部分企业对吹炼主厂房进行密封，在屋顶设置环集烟气捕集管道，将车间内的未能捕集的烟气捕集后转为有组织排放。通过调查数据的分析，设有屋顶环集烟气捕集管道的车间内大气污染物浓度明显较低。PS 转炉厂房屋顶环集烟气捕集管道，如图 14-7 所示。

图 14-7　PS 转炉厂房屋顶环集烟气捕集管道

14.3.3.2　封闭厂房设计的影响

封闭厂房可以有效捕集厂房内的无组织烟气，防止无组织烟气逸散到厂房外。

据统计，不同烟气捕集措施的有效率见表 14-12。

表 14-12　不同烟气捕集措施的有效率　　　　　　（%）

烟气捕集措施	加料期	出铜期	出渣期	吹炼（包括造铜和造渣）
固定集气罩	30~50	30~50	30~50	60~70
固定集气罩+旋转式集气罩	30~50	40~70	40~70	70~90
固定集气罩+对开式集气罩	30~50	80~90	50~70	80~90
固定集气罩+对开式集气罩+屋顶集气管路	30~50	80~90	50~70	80~90
封闭厂房	30~50	80~90	60~80	80~90

14.3.3.3　末端环保措施的影响

环集烟气常用的除尘技术包括过滤除尘法和湿式除尘法，脱硫技术包括石灰石膏法、有机溶液循环吸收法、金属氧化物吸收法、钠碱法、活性焦吸附法、氨法吸收法。各种治理技术的去除效率见表 14-13。

表 14-13　大气污染物常用末端治理技术去除效率

序号	治理技术（设备）名称	污染物名称	去除率/%
1	湿式除尘法（喷淋塔）	颗粒物及重金属	>95
2	湿式除尘法（文丘里）	颗粒物及重金属	90~95
3	湿式除尘法（泡沫塔）	颗粒物及重金属	>97.0
4	湿式除尘法（动力波）	颗粒物及重金属	>99.5
5	袋式除尘器（常规针刺毡）	颗粒物及重金属	99.5~99.9
6	袋式除尘器（高精过滤滤料）	颗粒物及重金属	
7	电除尘（干式电除尘）	颗粒物及重金属	99.2~99.85
8	电除尘（湿式电除尘）	颗粒物及重金属	>90
9	湿法脱硫（石灰石膏法）	二氧化硫	>90.0
		颗粒物及重金属	>90.0
10	石灰/石灰石-石膏法	二氧化硫	>95.0
		颗粒物及重金属	>60.0
11	有机溶液循环吸收法	二氧化硫	>96
		颗粒物及重金属	>80.0
12	金属氧化物吸收法	二氧化硫	>90
		颗粒物及重金属	>80.0
13	活性焦吸附法	二氧化硫	>95
		颗粒物及重金属	>60.0
14	氨法吸收法	二氧化硫	>95
		颗粒物及重金属	>80.0
15	钠碱法	二氧化硫	>95
		颗粒物及重金属	>80.0

14.4　我国主要企业 PS 转炉大气污染物排放现状

14.4.1　主要企业基本情况及烟气收集措施

根据调查统计，目前我国采用 PS 转炉吹炼生产企业超过 21 家，典型工艺包括如下 6 种工艺：

(1) 富氧底吹熔炼+PS 转炉吹炼+回转阳极炉/反射炉精炼（6 家）。

(2) 闪速熔炼+PS 转炉吹炼+回转阳极炉精炼（4 家）。

(3) 澳斯麦特熔炼+PS 转炉吹炼+回转阳极炉精炼（4 家）。

(4) 艾萨炉熔炼+PS 转炉吹炼+回转阳极炉/反射炉精炼（3 家）。

(5) 双侧吹熔炼+PS 转炉吹炼+回转阳极炉精炼（3 家）。

(6) 合成炉熔炼+PS 转炉吹炼+回转阳极炉精炼（1 家）。

转炉主要环集烟气处理措施分为 3 种：炉口固定环集烟罩+炉侧活旋转环集烟罩；炉口固定环集烟罩+炉侧对开环集烟罩；炉口固定环集烟罩+炉侧对开集烟罩+屋顶集气管路，根据统计约有半数的企业设置了屋顶集气系统，对三次烟气进行了捕集和处理。目前收集到 14 家典型生产企业吹炼环集烟气收集措施的情况，具体见表 14-14。

表 14-14　主要生产企业情况及烟气收集措施一览表

序号	企业名称	冶炼工艺	PS 转炉规格/m×m	转炉数量/台	吹炼环集烟气收集措施
1	江铜贵溪冶炼厂	闪速熔炼+PS 转炉吹炼+回转阳极炉精炼	φ4.0×11.7	(1 期) 6	炉口固定环集烟罩+炉侧对开环集烟罩
			φ4.5×13	(2 期) 3	
2	铜陵金隆铜业有限公司	闪速熔炼+PS 转炉吹炼+回转阳极炉精炼	φ4.0×13.6	1	炉口固定环集烟罩+炉侧对开环集烟罩+厂房顶部环集管路
			φ4.3×13	3	
3	紫金铜业有限公司	闪速熔炼+PS 转炉吹炼+回转阳极炉精炼	φ4.5×13	3	炉口固定环集烟罩+炉侧对开环集烟罩+厂房顶部环集管路
4	白银有色集团股份有限公司铜业公司	闪速熔炼+PS 转炉吹炼+回转阳极炉精炼	φ4.5×13	3	炉口固定环集烟罩+炉侧对开环集烟罩
5	金川集团铜业有限公司	合成炉熔炼+PS 转炉吹炼+回转阳极炉精炼	φ4.1×11.7	3	转炉密封集气烟罩+旋转活动烟罩
			φ3.6×11.1	1	
6	铜陵金冠铜业澳斯麦特炉厂	澳斯麦特熔炼+PS 转炉吹炼+回转阳极炉精炼	φ4.49×13	3	炉口固定环集烟罩+炉侧对开环集烟罩+厂房顶部环集管路

续表 14-14

序号	企业名称	冶炼工艺	PS 转炉规格/m×m	转炉数量/台	吹炼环集烟气收集措施
7	大冶有色金属有限责任公司	澳斯麦特熔炼+PS 转炉吹炼+回转阳极炉精炼	φ4.0×11.7	5	炉口固定环集烟罩+炉侧对开环集烟罩+厂房顶部环集管路（改造中）
8	葫芦岛宏跃北方铜业有限责任公司	澳斯麦特熔炼+PS 转炉吹炼+回转阳极炉精炼	φ3.2×8.1	1	炉口固定环集烟罩+炉侧对开环集烟罩
			φ3.2×8.4	2	
			φ3.6×9.75	1	
9	中铜云南铜业股份有限公司西南铜业	艾萨熔炼+PS 转炉吹炼+回转阳极炉精炼	φ4.0×11.7	3	炉口固定环集烟罩+炉侧对开环集烟罩+屋顶封闭
10	中铜楚雄滇中有色金属有限责任公司	艾萨熔炼+PS 转炉吹炼+反射炉精炼	φ3.62×8.1	2	炉口固定环集烟罩+炉侧对开环集烟罩+厂房顶部环集管路
			φ3.6×8.8	1	
11	中铜凉山矿业股份有限公司	艾萨熔炼+PS 转炉吹炼+反射炉精炼	φ3.592×10.1	2	转炉固定环集烟罩+旋转活动烟罩
			φ3.592×8.1	1	
12	中铜易门铜业有限公司	氧气底吹熔炼+PS 转炉吹炼+反射炉精炼	φ3.68×10	2	转炉固定环集烟罩+旋转活动烟罩
13	五矿铜业（湖南）有限公司	氧气底吹熔炼+PS 转炉吹炼+回转阳极炉精炼	φ4.0×10.5	3	转炉固定环集烟罩+旋转活动烟罩+厂房顶部环集管路
14	山西北方铜业有限公司垣曲冶炼厂	氧气底吹熔炼+PS 转炉吹炼+回转阳极炉精炼	φ3.6×8.8	3	转炉固定环集烟罩+旋转活动烟罩+密闭铜包房

14.4.2 有组织排放现状

14.4.2.1 不同规模工艺的排放现状与比较

PS 转炉有组织排放包括制酸尾气和环境烟气，但两股烟气一般都不是单独排放。制酸烟气一般是除了 PS 转炉的工艺烟气外，还汇集了熔炼工段的工艺烟气，且这股工艺烟气在 PS 转炉没有排放口，在制酸尾气烟囱排放。环集烟气一般汇集熔炼工艺或阳极炉等环集烟气混合处理，出口数据不是单一的 PS 环集烟气，根据收集到的在线监测数据、自行监测数据，均显示各污染物排放可以满足《铜、镍、钴工业污染物排放标准》（GB 25467—2010）及其修改单中的排放要求，因此着重从进口浓度来说明单独 PS 转炉的有组织排放情况。

本次分别选取了三家不同熔炼工艺和生产规模铜冶炼企业作为案例，收集其 PS 转炉环集烟气出口的监测数据，浓度监测结果，见表 14-15～表 14-17，由于烟气排放量、污染物浓度、排放速率与企业产能规模密切相关，因此在横向比较不同冶炼工艺的企业排放水平时，通过计算单位产品排放量进行比较和分析。

表 14-15　闪速熔炼+PS 转炉环集烟气出口监测浓度值

污染源	生产工艺	气量（标态）/m³·h⁻¹	污染物类别	排放浓度/mg·m⁻³	排放速率/kg·h⁻¹	排放量/t·a⁻¹	产能规模/万吨·年⁻¹	单位产品排放量/kg·t⁻¹	年工作时数/h·a⁻¹
PS 转炉环境烟气	闪速熔炼 + PS 转炉吹炼	一系统 514747	SO_2	53.7508	27.668	219.131	60	0.3652	7920
			NO_x	1.67	0.860	6.808		0.0113	
			颗粒物	5.7338	2.951	23.376		0.0390	
			砷	0.1336	0.069	0.545		0.0009	
			铅	0.0842	0.043	0.343		0.0006	
			汞	$1.06×10^{-3}$	$5.47×10^{-4}$	$4.33×10^{-3}$		$7.22×10^{-6}$	
		二系统 444485.8	SO_2	34.21	15.206	120.430	42	0.2867	
			NO_x	2.34	1.040	8.238		0.0196	
			颗粒物	8.556	3.803	30.120		0.0717	
			砷	0.024	0.011	0.084		0.0002	
			铅	0.0626	0.028	0.220		0.0005	
			汞	$7.68×10^{-4}$	$3.41×10^{-4}$	$2.70×10^{-3}$		$6.44×10^{-6}$	
		合计 959232.8	SO_2		42.874	339.561	102	0.3329	
			NO_x		1.900	15.046		0.0148	
			颗粒物		6.754	53.495		0.0524	
			砷		0.079	0.629		$6.17×10^{-4}$	
			铅		0.071	0.564		$5.53×10^{-4}$	
			汞		$8.88×10^{-4}$	$7.03×10^{-3}$		$6.90×10^{-6}$	

表 14-16　艾萨炉熔炼+PS 转炉环集烟气出口监测浓度值

污染源	生产工艺	气量（标态）/m³·h⁻¹	污染物类别	排放浓度/mg·m⁻³	排放速率/kg·h⁻¹	排放量/t·a⁻¹	产能规模/万吨·年⁻¹	单位产品排放量/kg·t⁻¹	年工作时数/h·a⁻¹
PS 转炉环境烟气	艾萨炉熔炼 + PS 转炉吹炼	45060	SO_2	211.47	5.05	39.99	20	0.3999	7920
			NO_x	8.968	0.21	1.70		0.0170	
			颗粒物	13.108	0.31	2.48		0.0248	
			砷	0.007	$1.67×10^{-4}$	$1.32×10^{-3}$		$1.32×10^{-5}$	
			铅	0.050	$1.19×10^{-3}$	$9.45×10^{-3}$		$9.45×10^{-5}$	
			汞	0.0013	$2.98×10^{-5}$	$2.36×10^{-4}$		$2.36×10^{-6}$	

表 14-17 底吹炉熔炼+PS 转炉环集烟气出口监测浓度值

污染源	生产工艺	气量（标态）/m³·h⁻¹	污染物类别	排放浓度/mg·m⁻³	排放速率/kg·h⁻¹	排放量/t·a⁻¹	产能规模/万吨·年⁻¹	单位产品排放量/kg·t⁻¹	年工作时数/h·a⁻¹
PS 转炉环境烟气	底吹炉熔炼+PS 转炉吹炼	23875	SO_2	12.00	0.29	2.27	10	0.0227	7920
			NO_x	5.865	0.14	1.11		0.0111	
			颗粒物	5.500	0.13	1.04		0.0104	
			砷	0.148	$3.53×10^{-3}$	$2.79×10^{-2}$		$2.79×10^{-4}$	
			铅	0.085	$2.02×10^{-3}$	$1.60×10^{-2}$		$1.60×10^{-4}$	
			汞	0.0034	8.0710^{-5}	$6.39×10^{-4}$		$6.39×10^{-6}$	

通过分析图 14-8、图 14-9 可以看出，环集烟气出口的主要污染物首先为 SO_2，其次各污染物排放浓度顺序为颗粒物、NO_x、As、Pb、Hg。根据调查的不同工艺铜冶炼企业 PS 转炉环集烟气出口的监测数据，各工艺的 PS 转炉环集烟气出口污染物监测数据差距较大，通过计算单位产品排放量可知，除 SO_2 外，其他污染物的排放量水平相差较小，底吹熔炼+PS 转炉吹炼环境集烟废气出口的 SO_2 浓度相对较低，其他两种工艺的排放强度基本持平；就重金属污染物而言，单位产品排放量基本处于同一水平，艾萨炉熔炼+转炉吹炼的排放量较低，由于重金属污染物的产生和排放波动性较大，且没有长期在线监测数据，因此仅分析例行监测数据作为参考。

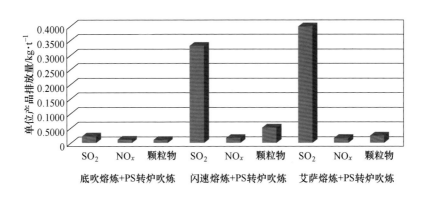

图 14-8 主要污染物单位产品排放量柱状图

14.4.2.2 不同工作周期的排放水平

某企业在不同生产周期对 PS 转炉环集烟气出口污染物浓度开展了监测，具体生产周期包括加料期、造渣期、出渣期、造铜期、出铜期，合成一个完整的生产周期。转炉车间环集烟气不同生产周期环境出口污染物排放浓度情况见表 14-18，主要污染物二氧化硫、氮氧化物以及颗粒物的排放浓度情况如

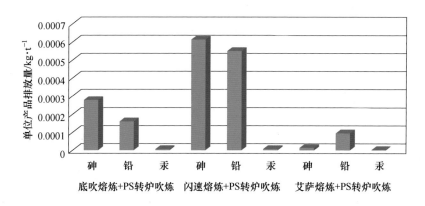

图 14-9 重金属污染物单位产品排放量柱状图

图 14-10~图 14-12 所示；特征污染物铅及其化合物、砷及其化合物、汞及其化合物的排放浓度情况，如图 14-13 所示。

表 14-18 转炉车间环集烟气不同周期浓度值 （mg/m³）

项目	生产周期	污染物排放浓度					
		二氧化硫	氮氧化物	颗粒物	砷及其化合物	铅及其化合物	汞及其化合物
一系统	加料期	39.49	1.20	4.87	0.20	0.27	0.00039
	造渣期	114.71	1.20	3.07	0.04	0.01	0.00232
	出渣期	15.00	2.10	2.36	0.02	0.07	0.00008
	造铜期	62.93	1.20	5.33	0.10	0.03	0.00037
	出铜期	36.62	2.65	13.04	0.31	0.04	0.00215
二系统	加料期	15.00	1.20	3.11	0.01	0.09	0.00010
	造渣期	92.18	1.20	4.01	0.01	0.01	0.00172
	出渣期	15.00	2.60	3.29	0.01	0.02	0.00004
	造铜期	15.00	3.96	15.09	0.02	0.02	0.00070
	出铜期	33.87	2.74	17.28	0.07	0.17	0.00128
均值	加料期	27.25	1.20	3.99	0.11	0.18	0.00025
	造渣期	103.45	1.20	3.54	0.02	0.01	0.00202
	出渣期	15.00	2.35	2.82	0.02	0.05	0.00006
	造铜期	38.97	2.58	10.21	0.06	0.03	0.00054
	出铜期	35.25	2.70	15.16	0.19	0.11	0.00172

从 PS 转炉环集烟气排放的分期监测数据可以看出，SO₂ 排放浓度造渣期最高，造铜期和出铜期略高，氮氧化物造铜期和出铜期略高，颗粒物出铜期最高、造铜期次之，重金属污染物的加料期和出铜期较高，与常规污染物有所区别。

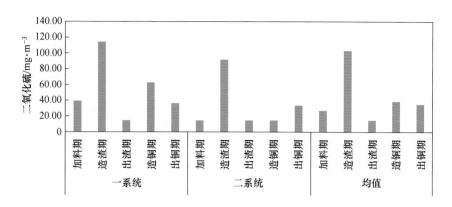

图 14-10 不同生产周期二氧化硫排放浓度情况

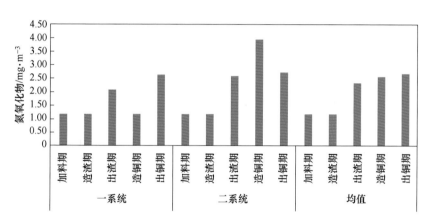

图 14-11 不同生产周期氮氧化物排放浓度情况

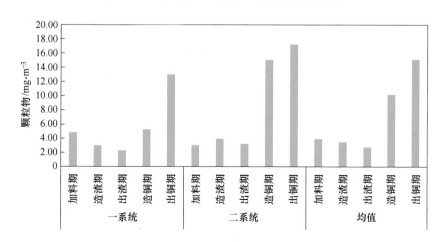

图 14-12 不同生产周期颗粒物排放浓度情况

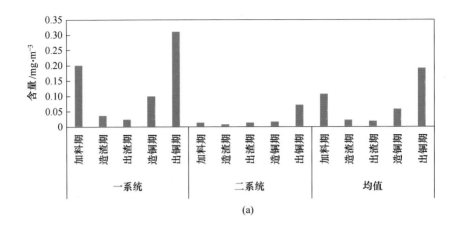

(a)

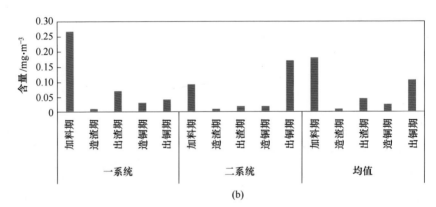

(b)

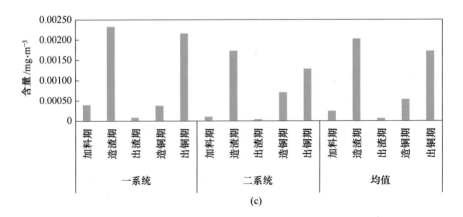

(c)

图 14-13　不同生产周期重金属污染物排放浓度情况

(a) 砷及其化合物；(b) 铅及其化合物；(c) 汞及其化合物

14.4.3 无组织排放现状

14.4.3.1 企业厂界

各企业厂界无组织监测数据的均值及最大值情况见表 14-19，厂界无组织监测均值占标率可以看出，各企业厂界无组织主要污染物为颗粒物，其次为 Pb、Hg、SO_2 和 As。

通过无组织厂界监测值的最大值可以看出，各污染物均可以满足《铜、镍、钴工业污染物排放标准》（GB 25467—2010）中的厂界排放要求，且占标率均在 65% 以下，厂界监测值受当地气象条件、总平面布置、厂房密闭情况等因素影响。

表 14-19　厂界无组织监测均值　　　　　　　　　　　（mg/m³）

项目	颗粒物	SO_2	NO_x	As	Pb	Hg
1	0.226	0.019	未监测	未检出	未检出	未检出
2	0.213	0.024	0.051	0.000489	0.000693	未检出
3	0.253	0.015	0.066	0.000475	0.000426	未检出
4	0.133	0.011	未监测	0.000009	未检出	未检出
5	0.295	0.035	0.022	0.000003	0.000259	未检出
6	0.229	0.065	0.011	0.000013	0.000478	未检出
7	0.396	0.126	未监测	0.001124	0.001612	未检出
8	0.067	0.012	未监测	0.000223	0.000652	0.000063
9	0.512	0.083	0.075	0.000416	0.000133	0.000175
最小值	0.067	0.011	0.011	0.000003	0.000133	0.000063
最大值	0.512	0.126	0.075	0.001124	0.001612	0.000175
均值	0.258	0.043	0.045	0.000344	0.000608	0.000119
执行标准	1	0.5	—	0.01	0.006	0.0012
最大值占标率/%	51.22	25.20	—	11.24	26.86	14.54
均值占标率/%	25.84	8.68	—	3.44	10.13	9.90

14.4.3.2 转炉车间界

两家企业进行转炉车间界无组织监测，这两家企业均为底吹炉+PS 转炉工艺，监测数据见表 14-20。从表中可以看出，这两家企业转炉车间界的主要污染物为颗粒物，占标率在 16.1%~56.8% 之间，其次为二氧化硫，占标率在 9.93%~20.93% 之间。但是在重金属 As、Pb、Hg 方面污染物排放情况不一致。氮氧化物无组织厂界浓度小于 SO_2 浓度。

表 14-20　转炉车间界无组织监测情况　　　　（mg/m³）

转炉车间一	颗粒物	SO₂	NOₓ	As	Pb	Hg
G1 上风向厂界	0.184	0.079	0.012	8.27×10⁻⁶	0.000563	未检出
G2 下风向厂界 1	0.383	0.068	0.010	6.46×10⁻⁶	0.000459	未检出
G3 下风向厂界 2	0.189	0.064	0.009	7.64×10⁻⁶	0.00039	未检出
G4 下风向厂界 3	0.161	0.050	0.013	2.79×10⁻⁵	0.000501	未检出
最小值	0.161	0.050	0.009	6.46×10⁻⁶	0.00039	未检出
最大值	0.383	0.079	0.013	2.79×10⁻⁵	0.000563	未检出
均值	0.229	0.065	0.011	1.26×10⁻⁵	0.000478	未检出
执行标准	1	0.5	—	0.01	0.006	0.0012
最小值占标率/%	16.10	9.93	—	0.06	6.51	—
最大值占标率/%	38.33	15.80	—	0.28	9.38	—
均值占标率/%	22.94	13.05	—	0.13	7.97	—
转炉车间二	颗粒物	SO₂	NOₓ	As	Pb	Hg
G1 上风向厂界外	0.377	0.027	0.044	0.00027	5.02×10⁻⁵	2.84×10⁻⁵
G2 下风向厂界外 1	0.551	0.105	0.083	0.000423	0.000158	0.00018
G3 下风向厂界外 2	0.552	0.098	0.084	0.000456	0.00016	0.000235
G4 下风向厂界外 3	0.568	0.103	0.088	0.000513	0.000164	0.000255
最小值	0.377	0.027	0.044	0.00027	5.02×10⁻⁵	2.84×10⁻⁵
最大值	0.568	0.105	0.088	0.000513	0.000164	0.000255
均值	0.512	0.083	0.075	0.000416	0.000133	0.000175
执行标准	1	0.5	—	0.01	0.006	0.0012
最小值占标率/%	37.70	5.47	—	2.70	0.84	2.37
最大值占标率/%	56.80	20.93	—	5.13	2.73	21.25
均值占标率/%	51.22	16.68	—	4.16	2.22	14.54

14.4.3.3　转炉车间内

转炉车间内污染物排放特征，将进一步论证环集烟气的漏烟情况。参照《工作场所有害因素职业接触限值　第 1 部分：化学有害因素》（GBZ 2.1—2019）和《工作场所空气中有害物质监测的采样规范》（GBZ 159—2004），对各企业的转炉车间内选取炉前、炉后或操作间等位置，进行了时间加权平均容许浓度（CTWA）和短时间接触容许浓度（CSTEL）的测量。

各企业的时间加权平均容许浓度（CTWA）、短时间接触容许浓度（CSTEL）最大值结果见表 14-21 及表 14-22。由表 14-21 可知，部分企业的各别采样点位存在着颗粒物、As、Pb 超过 CTWA 标准限值要求的情况，总体来说，达标率较高。从污染物浓度来看，大多数情况下颗粒物浓度最大，其次为 SO_2、NO_x。

表 14-21　转炉车间内 CTWA 浓度情况　　　　（mg/m^3）

时间加权平均允许浓度（CTWA）	颗粒物	SO_2	NO_x	As	Pb	Hg
3 号	16.11	未检测	未检测	0.0141	0.013	未检测
7 号	0.303	0.028	0.035	$<7×10^{-7}$	$<6×10^{-7}$	$<5×10^{-6}$
9.1 号	0.8	0.4	未检测	0.002	0.02	未检测
10 号	1.1	<0.6	0.012	<0.00012	<0.004	未检测
最小值	0.303	0.028	0.012	0.002	0.013	—
最大值	16.11	0.4	0.035	0.0141	0.02	—
时间加权平均允许浓度（PC-TWA）	8	5	5	0.01	0.03	—
最小值占标率/%	3.79	0.56	0.24	20.00	43.33	3.79
最大值占标率/%	201.38	8.00	0.70	141.00	66.67	201.38

表 14-22　转炉车间内 CSTEL 浓度情况　　　　（mg/m^3）

短时间接触容许浓度（CSTEL）	颗粒物	SO_2	NO_x	As	Pb	Hg
1 号	7.01	1.4	0.047	$<1.2×10^{-4}$	0.066	<0.0013
2 号	1.19	<0.6	0.19	0.01796	0.129	<0.0013
3 号	0.86	未检测	未检测	0.0023	0.0104	未检测
5 号	5	<0.6	0.061	0.00075	0.006875	0.00053
6 号	2.821	18.3	0.152	0.0197	0.0734	0.0136
9.2 号	14.81	2.3	<0.009	0.017	0.017	<0.0013
9.3 号	3.8	6.18	<0.009	0.000645	0.0133	<0.0013
9.4 号	7.882	4.23	<0.009	0.015	0.063	<0.0013
10 号	1.19	<0.6	0.03	<0.00012	<0.004	未检测
12 号	1.1	<0.6	未检测	0.0183	0.025	未检测
最小值	0.86	1.4	0.03	0.000645	0.006875	0.00053
最大值	14.81	18.3	0.19	0.0197	0.129	0.0136
时间加权平均允许浓度（PC-TWA）	8×3	10	10	0.02	0.03×3	0.04
最小值占标率/%	3.58	14.00	0.30	3.23	7.64	1.33
最大值占标率/%	61.71	183.00	1.90	98.50	143.33	34.00

14.5　小结

14.5.1　PS 转炉大气污染物治理效果

14.5.1.1　有组织污染源

PS 转炉有组织排放包括制酸烟气和环集烟气。我国主要铜冶炼企业的制酸烟气和环集烟气均不是单独收集 PS 转炉烟气，其中制酸烟气同时合并有熔炼炉工艺烟气，而环集烟气同时合并有熔炼炉或阳极炉环集烟气。

数据显示：

我国主要铜冶炼企业制酸烟囱和环集烟囱各污染物的排放浓度均可满足《铜、镍、钴工业污染物排放标准》（GB 25467—2010）及其修改单中的排放要求。排放浓度主要与包括 PS 转炉烟气等进口浓度、烟气收集措施、烟气除尘、脱硫工艺有关。

不同熔炼工艺下 PS 转炉环集烟气进口的浓度差别较大：对于颗粒物进口浓度来说，闪速炉≈澳斯麦特炉>富氧底吹炉>艾萨炉；对于 SO_2 进口浓度来说，富氧底吹炉>艾萨炉>闪速炉≈澳斯麦特炉；对于 NO_x 来说，富氧底吹炉>闪速炉>澳斯麦特炉>艾萨炉；对于 As、Pb 重金属来说，闪速炉>富氧底吹炉>澳斯麦特炉>艾萨炉。熔炼工艺对该浓度的影响主要是由于不同熔炼工艺产生的铜锍成分不同。理论而言，含硫量会随着铜锍中铜含量的升高而降低，由此大气污染物 SO_2 的含量也会降低。

从 PS 转炉环集烟气进口的分期监测数据可以看出，SO_2 浓度造铜期明显高于造渣期，造铜期 SO_2 产生量较大，同时颗粒物产生浓度也较高。

14.5.1.2　无组织污染源

A　企业厂界

我国主要铜冶炼企业厂界无组织排放的污染物浓度为：颗粒物 0.067 ~ 0.512mg/m³，SO_2 0.011 ~ 0.126mg/m³，NO_x 0.011 ~ 0.075mg/m³，As 未检出约 0.002380mg/m³，Pb 未检出约 0.002590mg/m³，Hg 未检出约 0.000255mg/m³。

各企业厂界无组主要污染物为颗粒物，其次为 Pb、Hg、SO_2 和 As，Pb 0.000133 ~ 0.001612；As 0.000003 ~ 0.001124；Hg 0.000063 ~ 0.000175。

B　转炉车间界

我国主要铜冶炼企业转炉车间界无组织排放的污染物浓度为：颗粒物 0.161 ~ 0.568mg/m³，SO_2 0.027 ~ 0.105mg/m³，NO_x 0.009 ~ 0.088mg/m³，As 6.46×10^{-6} ~ 5.13×10^{-4} mg/m³，Pb 0.000133 ~ 0.000563mg/m³，Hg 0.0000284 ~ 0.000255。

C　转炉车间内

我国主要铜冶炼企业转炉车间内炉前、炉后或操作平台等位置的职业接触限值时间加权平均容许浓度（CTWA）为粉尘 0.303~16.11mg/m³，二氧化硫 0.028~0.4mg/m³，氮氧化物未检出约 0.035mg/m³，砷 0.002~0.0141mg/m³、铅 0.013~0.02mg/m³、汞 0.012~0.035，CSTEL（短时间接触允许浓度）为粉尘 0.86~14.81mg/m³，二氧化硫 1.4~18.3mg/m³，氮氧化物 0.03~0.19mg/m³，砷未检出 0.000645~0.0197mg/m³，铅未检出 0.006875~0.129mg/m³、汞未检出 0.00053~0.0136mg/m³。

从污染物浓度来看，大多数情况下颗粒物浓度最大，其次为 SO_2，NO_x 最低。这说明 SO_2 无组织逸散量较小。由于我国主要铜冶炼企业的转炉车间内均设有两台以上 PS 转炉，且为 2S2B、2H1B、3H2B 操作模式组织生产，个别为 4H3B 操作模式组织生产，因此从不同分期的车间污染物数据来看，暂时没有发现明显的分期规律。

环保措施对车间内无组织排放的影响最大，"固定环集烟罩+对开环集烟罩+厂房封闭+厂房屋顶环集烟气捕集"的无组织排放最小，"固定环集烟罩+对开环集烟罩+厂房未完全封闭+厂房屋顶环集烟气捕集"较大，"固定环集烟罩+旋转环集烟罩+厂房未完全封闭"最大。

14.5.2 PS 转炉环保可控性分析

通过对我国主要铜冶炼企业 PS 转炉有组织和无组织大气污染物排放的研究调查发现，我国 PS 转炉的制酸脱硫尾气、环集脱硫烟气等外排废气大气污染物以及企业厂界大气污染物排放浓度均可满足《铜、镍、钴工业污染物排放标准》（GB 25467—2010）及其修改单中的排放要求，实施严格的无组织烟气管控措施后，PS 转炉炉前、炉后和操作平台的污染物职业接触限值均可满足《工作场所有害因素职业接触限值 第 1 部分：化学有害因素》（GBZ 2.1—2019）的要求。因此，针对 PS 转炉吹炼过程的低空污染问题，只要防治措施得当，环保可控。

参 考 文 献

［1］黄其兴，颜杰. 世界铜冶炼技术的新进展［N］. 中国有色金属报，2014-07-19（8）.

［2］周松林，葛哲令. 中国铜冶炼技术进步与发展趋势［J］. 中国有色冶金，2014，43（5）：8-12.

［3］姚素平. 近几年我国铜冶炼技术的进步和展望［J］. 有色冶金设计与研究，2002，23（3）：1-5.

［4］唐尊球. 论我国铜吹炼技术发展方向［J］. 中国有色冶金，2002，31（6）：6-7.

［5］黄辉荣. 铜锍吹炼工艺的选择及发展方向［J］. 矿冶，2004，13（4）：72-75.

［6］吴玲. 《THE UTILIZATION OF COPPER CONTINUOUSLY SMELTING，CONVERTING AND FIRE-REFINING PROCESSES IN CHINA》［C］. 世界铜金属年会，2019.

［7］颜杰. Recent Operation of SKS+BCC Process［C］. 世界铜金属年会，Copper 2016.

［8］唐尊球. 铜 PS 转炉与闪速吹炼技术比较［J］. 有色冶金（冶炼部分），2003（1）：9-11.

［9］Morris T M. History of Copper Converting［J］. JOM，1968，20：73-75.

［10］Southwick L M. William Peirce and E. A. Cappelen Smith and their amazing copper converting machine［J］. JOM，2008，60：24-34.

［11］Pelletier A，Mackey P J，Southwick L M，et al. Before Peirce and Smith-The manhes converter：Its development and some reflections for today［A］. The International Peirce-Smith Converting Centennial Symposium［C］. TMS，2009.

［12］Tylecote R F. 世界冶金发展史［M］. 华觉明，译. 北京：科学技术文献出版社，1985.

［13］北京钢铁学院《中国冶金简史》编写小组. 中国冶金简史［M］. 北京：科学出版社，1978.

［14］田长许. 中国金属技术史［M］. 成都：四川科学技术出版社，1987.

［15］有色金属科学技术编委会. 中国有色金属科学技术［M］. 北京：冶金工业出版社，1999.

［16］徐绍龄，徐其亨，田应朝，等. 无机化学丛书（第六卷　铜分族）［M］. 北京：科学出版社，2018.

［17］尹敬执，申泮文. 基础无机化学［M］. 北京：人民教育出版社，1980.

［18］West E G. 铜和铜冶金［M］. 陈北盈，等译. 长沙：中南工业大学出版社，1987.

［19］朱祖泽，贺家齐. 现代铜冶金学［M］. 北京：科学出版社，2003.

［20］Schlesinger M E，King M J，Sole K C，et al. 铜提取冶金（第 5 版 影印版）［M］. 长沙：中南大学出版社，2017.

［21］翟秀静，谢锋. 重金属冶金学［M］. 2 版. 北京：冶金工业出版社，2019.

［22］邱竹贤. 有色金属冶金学［M］. 北京：冶金工业出版社，2006.

［23］傅崇说. 有色冶金原理［M］. 北京：冶金工业出版社，1993.

［24］刘纯鹏，铜冶金物理化学［M］. 上海：上海科学技术出版社，1990.

［25］重有色金属冶炼设计手册编委会. 重有色金属冶炼设计手册（铜镍卷）［M］. 北京：冶金工业出版社，1996.

［26］赵天丛. 重金属冶金学（上册）［M］. 北京：冶金工业出版社，1981.

［27］W J 陈, C. 迪亚兹, A. 卢拉斯奇, 等. 铜的火法冶金 ［A］. 邓文基, 等译. 1995 年铜国际会议论文集 ［C］. 北京: 冶金工业出版社, 1998.

［28］日本金属学会编. 有色金属冶金 ［M］. 徐秀芝, 等译. 北京: 冶金工业出版社, 1998.

［29］毛月波, 祝明星. 富氧在有色冶金中的应用 ［M］. 北京: 冶金工业出版社, 1988.

［30］陈国发. 重金属冶金学 ［M］. 北京: 冶金工业出版社, 1992.

［31］沈峰满. 冶金物理化学 ［M］. 北京: 高等教育出版社, 2017.

［32］陈新民. 火法冶金过程物理化学 ［M］. 北京: 冶金工业出版社, 1984.

［33］东北工学院重冶教研室. 密闭鼓风炉炼铜 ［M］. 北京: 冶金工业出版社, 1974.

［34］彭容秋. 重金属冶金学 ［M］. 2 版. 长沙: 中南大学出版社, 2004.

［35］株冶《冶金读本》编写小组. 铜的精炼 ［M］. 长沙: 湖南人民出版社, 1973.

［36］罗庆文. 有色冶金概论 ［M］. 北京: 冶金工业出版社, 2004.

［37］屠海令, 赵国权, 郭青蔚. 有色金属冶金、材料、再生与环保 ［M］. 北京: 化学工业出版社, 2003.

［38］徐家振, 王英, 叶国瑞, 等. 耐火材料转炉渣侵蚀机理的研究 ［J］. 有色矿冶, 2000, 16 (2): 20, 29-30.

［39］许并社, 李明照. 铜冶炼工艺 ［M］. 北京: 化学工业出版社, 2007.

［40］Johns M J. Copper Metallurgy-Practice and Theory ［M］. London: The Institution of Mining and Metallurgy, 1975.

［41］Yazawa A. Thermodynamic considerations of copper smelting ［J］. Canadian Metallurgical Quarterly, 1974, 13 (3): 443-453.

［42］Sohn H Y, Wadsorth M E. 提取冶金速率过程 ［M］. 郑蒂基, 译. 北京: 冶金工业出版社, 1984.

［43］彭一川, 肖泽强. 收缩喷嘴中气粉流行为的理论计算 ［J］. 东北工学院学报, 1986, 48 (3): 16-21.

［44］Brimacombe J K. Basic Aspects of Gas Injection in Metallurgical process ［A］ // T. Lehner et al. International Symposium on Processes Metallurgical ［C］. 1991: 13-42.

［45］Rao Y K, Kudryk V. Physical Chemistry of Extractive Metallurgical ［M］. New York: Metallurgical Society of AIME, 1985.

［46］杨慧振, 吴扣根. 铜转炉富氧吹炼节能模型研究 ［J］. 昆明理工大学学报 (理工版), 1998, 23 (3): 5.

［47］刘震, 缪兴义. 铜转炉富氧吹炼炉衬腐蚀机理 ［J］. 有色金属, 2000, 52 (2).

［48］任鸿九, 王立川. 有色金属提取冶金手册 (铜镍) ［M］. 北京: 冶金工业出版社, 2000.

［49］有色冶金炉设计手册编委会. 有色冶金炉设计手册 ［M］. 北京: 冶金工业出版社, 2004.

［50］黄辉荣. 铜锍吹炼工艺的选择及发展方向 ［J］. 矿冶, 2004, 13 (4): 72-75.

［51］Prévost Y, Lapointe R, Levac C A, et al. First Year of Operation of the Noranda Continuous Converter ［A］ // Copper 99-Cobre 99 (Fourth International Conference) ［C］. 1999, 5: 269-282.

［52］Zamalloa M, Carissimi E. Slag chemistry of the New Noranda Continuous Converter ［A］ //

Copper 99-Cobre 99 (Fourth International Conference) [C], 1999, 5: 123-136.

[53] Kachaniwsky G, Newman C J. Proceeding of the International Symposium on the Impact of Oxygen on Productivity of Non-Ferrous Metallurgical Processes [C]. Winnipe, Canada, 1987.

[54] Mackey P J. The Physical Chemistry of Copper Smelting Slags-A Review [J]. Canadian Metallurgical Quarterly, 1982, 21 (3): 221-260.

[55] 梅炽, 周萍. 有色金属炉窑设计手册 [M]. 长沙: 中南大学出版社, 2018.

[56] 有色冶金炉设计手册编委会. 有色冶金炉设计手册 [M]. 北京: 冶金工业出版社, 2000.

[57] 于海波, 刘大方, 杜昱初, 等. 新型炼铜转炉设计应用与实践 [J]. 有色金属科学与工程, 2020, 11 (6): 43-47.

[58] 钱之荣, 范广学. 耐火材料使用手册 [M]. 北京: 冶金工业出版社, 1992.

[59] 李红霞. 耐火材料手册 [M]. 北京: 冶金工业出版社, 2007.

[60] 钱之荣, 范广举. 耐火材料实用手册 [M]. 北京, 冶金工业出版社, 1992.

[61] 陈肇友. 炼铜炼镍炉用耐火材料的选择与发展趋向 [J]. 耐火材料, 1992 (2): 108-113.

[62] 陈肇友. 有色金属火法冶炼用耐火材料及其发展动向 [J]. 耐火材料, 2008, 42 (2): 81-91.

[63] Barthel H. Wear of chrome magnestie bricks in copper smelting furnaces [J]. Interceram, 1981, 30: 250-255.

[64] Taschler T. Refractory materials for the copper and lead industry [J]. Proceedings of Tehran International Conference on Refractories, 2004: 302-319.

[65] Rigby A J. Wear mechanisms of refractory linings of converters and anodefurnaces [C] // Proceedings of the EPD Congress 1993-Converting, Fire Refining and Casting, 1993: 155-168.

[66] 陈浩, 王玺堂, 夏涛. 不同类型高温窑炉用镁铬砖损毁机理分析 [J]. 武汉科技大学学报, 2009, 32 (5): 514-517.

[67] 王继宝, 梁永和, 李勇, 等. 炼铜诺兰达炉用镁铬砖损毁机理的探讨 [J]. 耐火材料, 2007, 41 (1): 74-79.

[68] Malfliet, Lotfian, Scheunis. Review Degradation mechanisms and use of refractory linings incopper production processes: A critical review [J]. Journal of the European Ceramic Society, 2014, 34: 849-876.

[69] 于仁红, 陈开献, 李勇, 等. 粗铜对镁铬砖的侵蚀 [J]. 耐火材料, 2002, 36 (5): 259-261.

[70] 陈开献, 于仁红, 李勇, 等. 影响镁铬耐火材料抗粗铜侵蚀的因素 [J]. 耐火材料, 2002, 36 (2): 92-94.

[71] 张原. 炼铜转炉用镁铬质耐火材料侵蚀机理的研究 [D]. 郑州: 郑州大学, 2014.

[72] 北京有色冶金设计研究总院. 余热锅炉设计与运行 [M]. 北京: 冶金工业出版社, 1982.

[73] 张殿印, 王纯. 除尘工程设计手册 [M]. 北京: 化学工业出版社, 2010.

[74] 孙一坚. 简明通风设计手册 [M]. 北京: 中国建筑工业出版社, 1997.

［75］陆耀庆. 实用供热空调设计手册［M］. 2 版. 北京：中国建筑工业出版社，2008.

［76］涂传寿. 高汞铜精矿工业处理探索［J］. 中国有色冶金，2014（5）：32-33.

［77］徐磊，阮胜寿. 矿铜冶炼过程中汞的走向及回收工艺探讨［J］. 铜业工程，2017（1）：71-74.

［78］徐养良. 云铜铜火法冶炼全过程元素分布［J］. 有色冶炼，2002（2）：23-26.

［79］杨丹. 铜冶炼过程中金属镉元素的分布及控制工艺探析［J］. 铜业工程，2022（1）：38-41.

［80］杨晓松. 有色金属冶炼重点行业重金属污染控制与管理［M］. 北京：中国环境科学出版社，2014.

冶金工业出版社部分图书推荐

书　　名	作　　者	定价(元)
稀土冶金学	廖春发	35.00
计算机在现代化工中的应用	李立清　等	29.00
化工原理简明教程式	张延安	68.00
传递现象相似原理及其应用	冯权莉　等	49.00
化工原理实验	辛志玲　等	33.00
化工原理课程设计(上册)	朱　晟　等	45.00
化工原理课程设计(下册)	朱　晟　等	45.00
化工设计课程设计	郭文瑶　等	39.00
水处理系统运行与控制综合训练指导	赵晓丹　等	35.00
化工安全与实践	李立清　等	36.00
现代表面镀覆科学与技术基础	孟　昭　等	60.00
耐火材料学(第2版)	李　楠　等	65.00
耐火材料与燃烧燃烧(第2版)	陈　敏　等	49.00
生物技术制药实验指南	董　彬	28.00
涂装车间课程设计教程	曹献龙	49.00
湿法冶金——浸出技术(高职高专)	刘洪萍　等	18.00
冶金概论	宫　娜	59.00
烧结生产与操作	刘燕霞　等	48.00
钢铁厂实用安全技术	吕国成　等	43.00
金属材料生产技术	刘玉英　等	33.00
炉外精炼技术	张志超	56.00
炉外精炼技术(第2版)	张士宪　等	56.00
湿法冶金维护	黄　卉　等	31.00
炼钢设备维护(第2版)	时彦林	39.00
镍及镍铁冶炼	张凤霞　等	38.00
电弧炉炼钢技术	杨桂生　等	39.00
矿热炉控制与操作(第2版)	石　富　等	39.00
有色冶金技术专业技能考核标准与题库	贾菁华	20.00
富钛料制备及加工	李永佳　等	29.00
制药工艺学	王　菲　等	39.00